JN173847

海・川・湖の奇想天外な生きもの図鑑

監修 武田正倫 masatsune takeda
イラスト 川崎悟司 satoshi kawasaki

X-Knowledge

海・川・湖の奇想天外な生きもの図鑑◉もくじ

湖

川

浅海

サンゴ礁

外洋

生息地の紹介

この本では
「湖・川・浅海・サンゴ礁・外洋」
という生息地ごとに、
生きものの奇想天外な
生き方を紹介します。

湖

まわりが陸地で囲まれている湖。水の流れのあまりない静かな環境には、不思議な進化をとげた生きものたちであふれている。

川

絶えず水が流れ続ける川。場所によって大きく環境の異なるこの水辺には、巧妙に生き抜く術を身につけたものたちがいる。

浅海

生きものにとって栄養豊富な浅海。人間にとって身近なこの環境でも、まだまだ知られざる生態をもつ生きものたちがくらしている。

サンゴ礁

10万種類以上の海の生きものたちが、サンゴ礁とともに生きている。色鮮やかで暖かい海には、奇妙な生きざまをもつ生きものたちがいる。

外洋

陸から遠く離れた海や、暗く冷たい深海は、熾烈《しれつ》な生存競争がおこなわれる。この環境で淘汰《とうた》されずに生き残る術を勝ち得た生きものたちがいる。

湖

にすむ生きもの

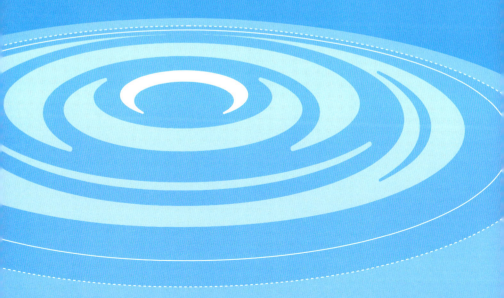

魚なのに肺で呼吸をする「生きた化石」

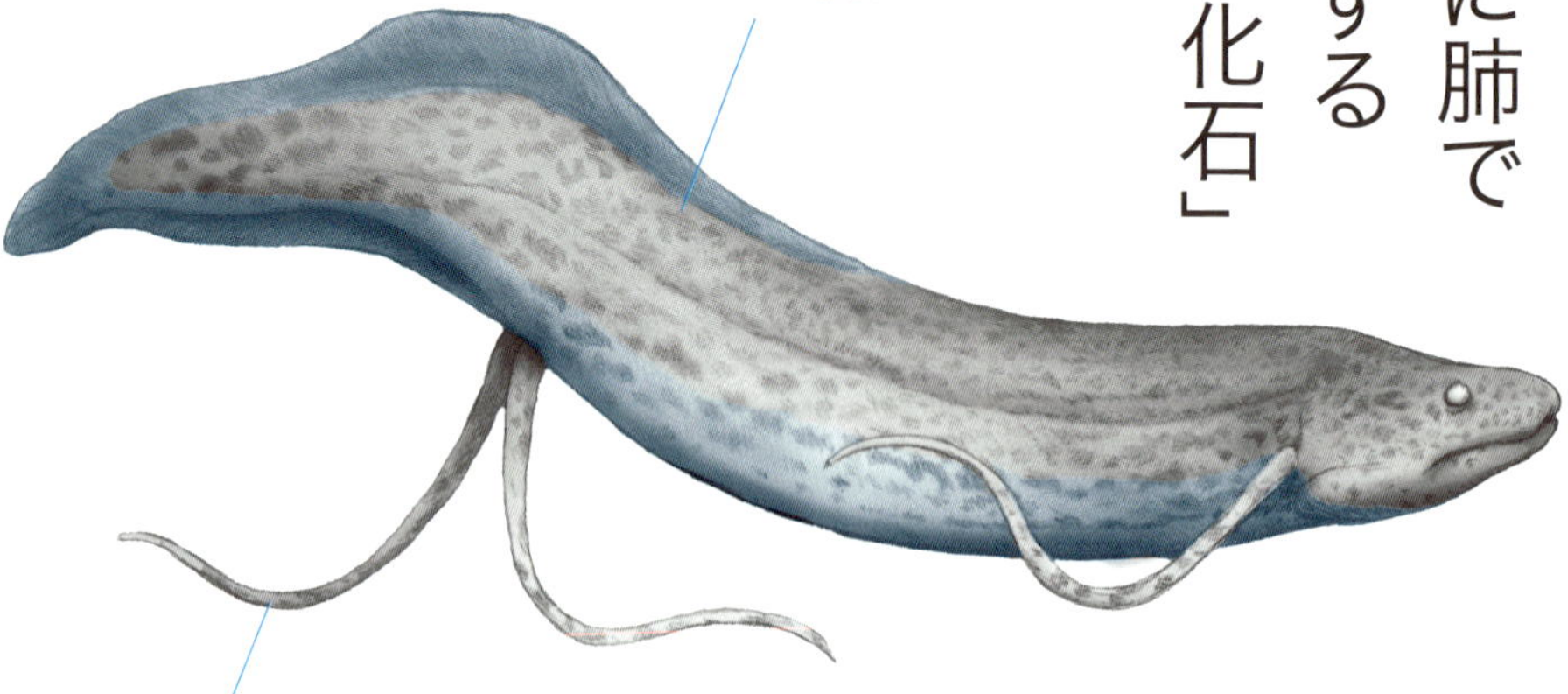
からだは細長い
ひれがむちのように変化している

ハイギョ

ハイギョの最大の特徴は、肺を使って呼吸できることです。幼魚のときはふつうの魚と同じく、えらを使って水中の酸素をとり入れる「えら呼吸」をしますが、成長するにつれて肺が発達し、「肺呼吸」もできるようになるのです。

ハイギョという名前は、魚類のなかでも肺魚亜綱《あこう》という仲間に属する魚の総称です。さまざまな種類が化石として発見されているほか、6種が現存しています。

化石としても知られ、魚類と両生類の中間的な性質をもち、魚類が両生類に進化する過程の姿を今に伝えていることから「生きた化石」ともよばれています。

成熟したハイギョは、乾季になって生息地の水が干上がると地中に潜ります。そこで粘液を分泌し、繭《まゆ》をつくって「夏《か》眠《みん》」とよばれる休眠状態になります。このような姿で、約8ヶ月後に訪れる次の雨季を待ち続けるのです。

分類 ------ 肺魚亜綱
全長 ------ 50~80cm
分布 ------ オーストラリア・南アメリカ・アフリカ
生息環境 ------ 湖

夏眠するハイギョ

生息地の水が干上がると、からだをくねらせながら口を使って穴を掘っていく。
粘液でつくった膜は水分を保つのに役立つといわれ、
ある研究によると、数年もの間、水のないこのままの姿でいられるという。

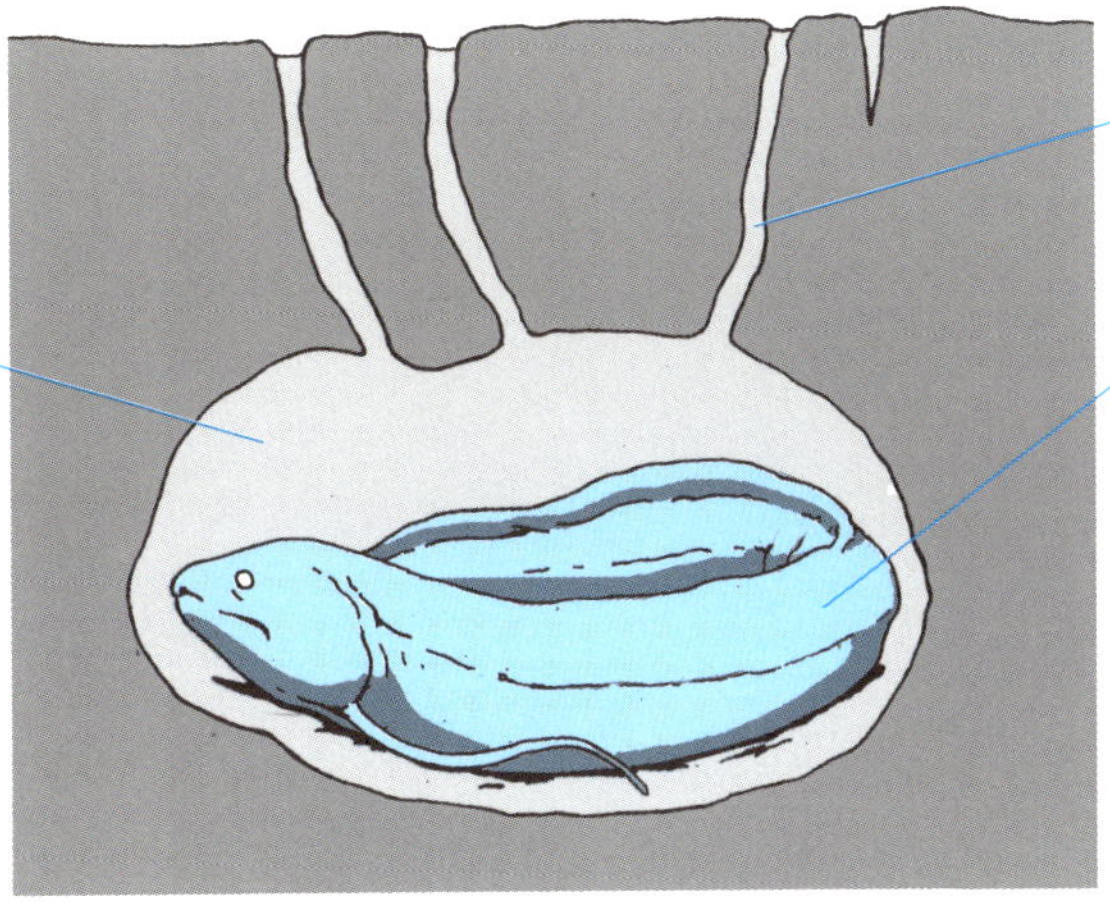

ふつうの魚とは内臓が違う

ハイギョの体内の構造。ハイギョの肺は、ふつうの魚の浮き袋の部分が変化したもの。
成長すると肺呼吸に依存するため、呼吸のために水面で息継ぎをする。

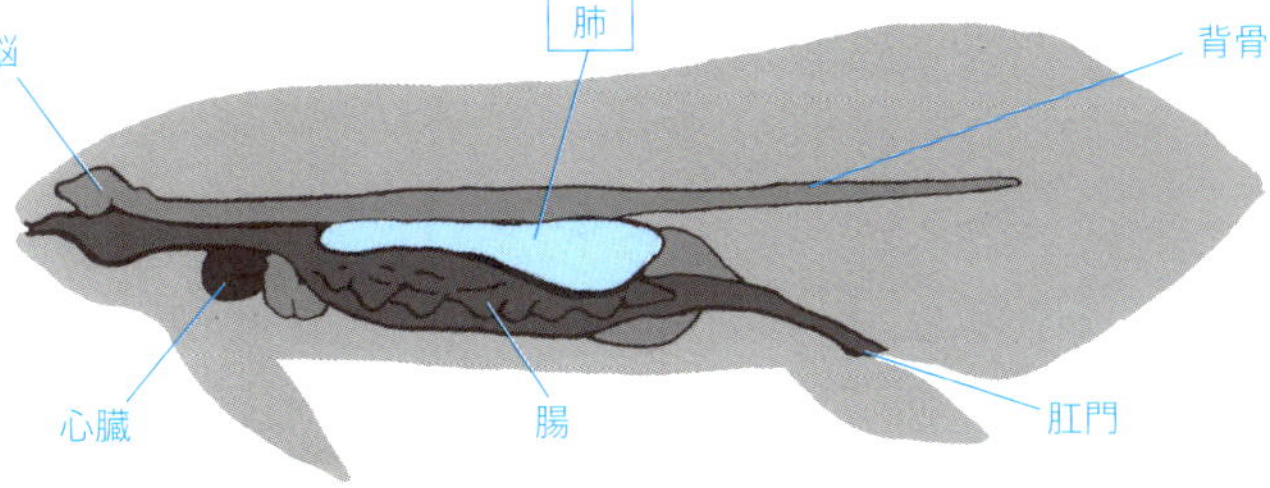

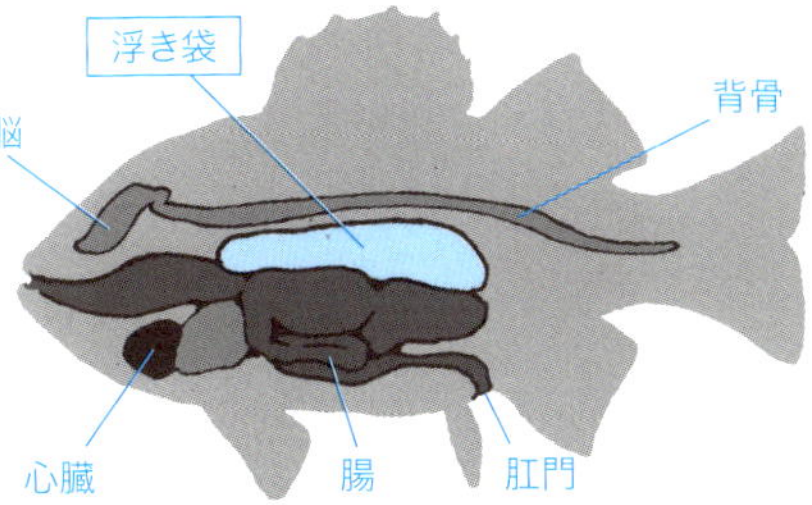

プランクトンを食べる水草

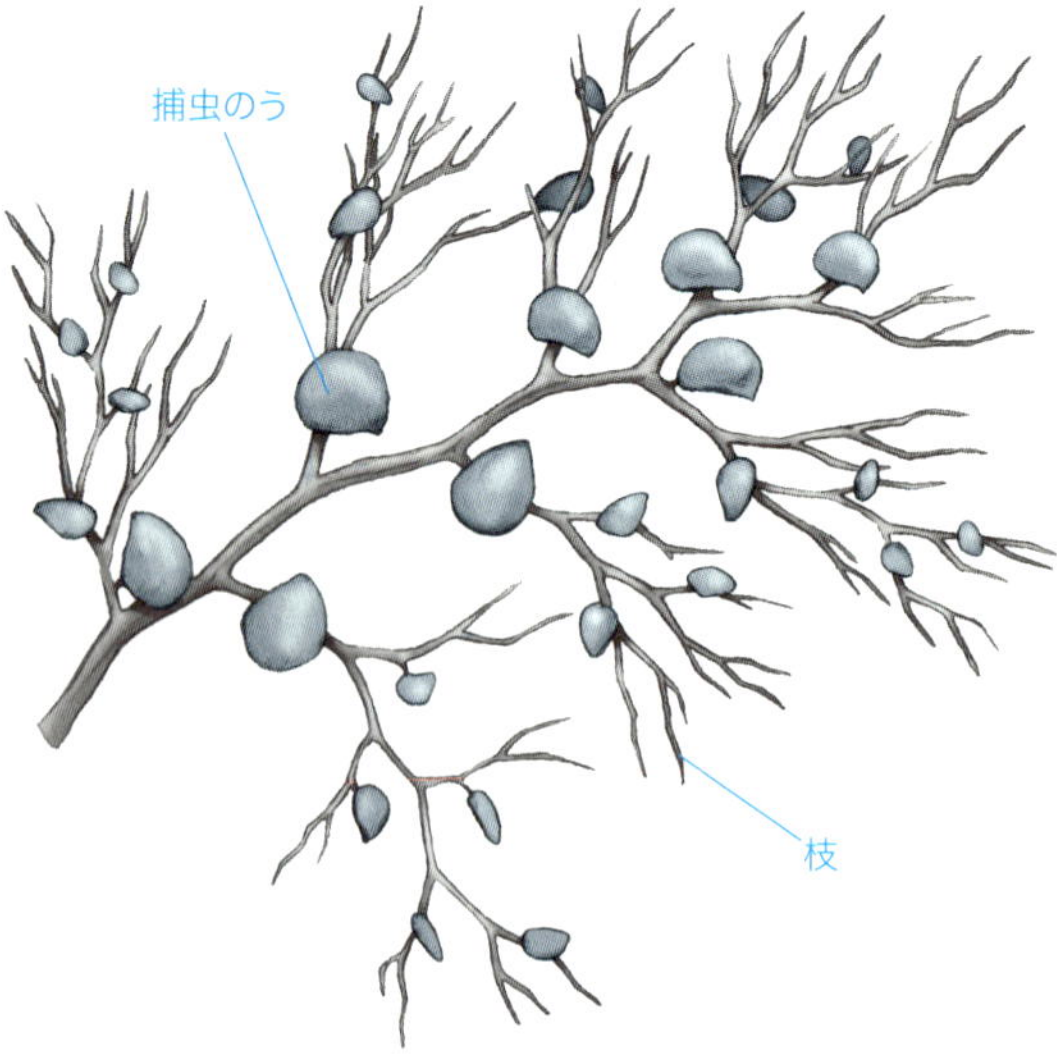

捕食のしかた

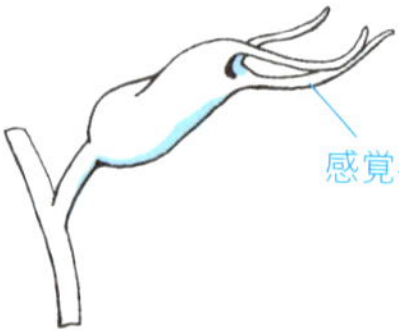

❶入り口が閉まった状態の捕虫のうは、しぼんだようなかたちになっている。

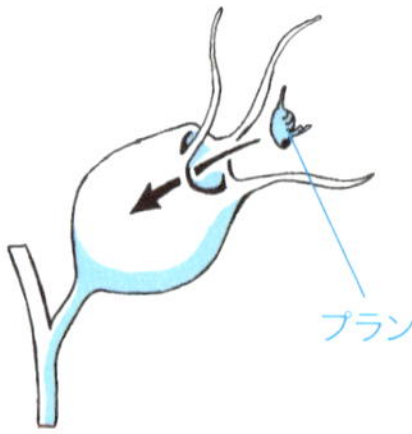

❷獲物が毛に触れると入り口が開き、しぼんでいた捕虫のうがふくらんで、水と獲物をいっしょに吸い込む。

タヌキモ

タヌキモの仲間は、水中にすむ植物では珍しく、小さな動物を食べる食虫植物です。枝には、「捕虫のう」とよばれる小さな袋状の器官がたくさんついており、この袋から伸びている細い毛にプランクトンなどの小さな生きものが触れると、袋の口が開いてプランクトンを水ごと吸い込んでしまいます。そして袋のなかで消化液によって消化をおこない、栄養を吸収するのです。タヌキモの仲間には、陸上に適応したものや水中生活に適応したものなど多くの種類があります。水のなかにすむ種類にも、水の上に浮かんでいるものと、泥のなかに地下茎《ちかけい》を伸ばすものがありますが、そのほとんどすべてが食虫植物なのです。

からだにも特徴があり、根と茎、葉の区別がはっきりせず、細長い茎の両側に毛のような枝がたくさんついています。その姿がタヌキの尾に似ていることからこの名がつきました。

分類 シソ目タヌキモ科
全長 80〜100cm（茎長）
分布 南極を除く世界各地
生息環境 湖や湿地

葉で獲物をはさんで捕らえる水草

捕虫葉
茎

捕虫葉のつくり

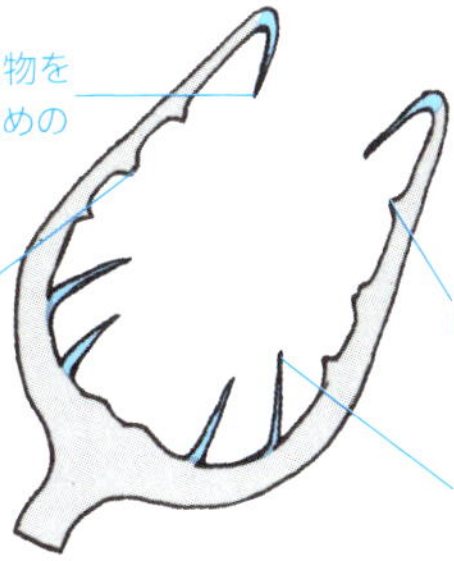
捕らえた獲物を
逃さないための
とげ
消化腺毛
吸収毛
感覚毛

葉が閉じる速度は50分の１秒といわれ、同じようなつくりをもつ食虫植物のハエトリグサよりもはるかに速く葉を閉じられる。

ムジナモ

ムジナモは、細長い茎のまわりに葉が放射状についている水草で、タヌキモ（P.10）と同じく食虫植物として知られています。

ムジナモには、二枚貝のようなかたちをした捕虫葉《ほちゅうよう》とよばれるプランクトンを捕らえる器官がたくさんついています。捕虫葉の内側には40本ほどの感覚毛があり、この毛にミジンコなどが触れると、捕虫葉が素早く閉じて捕らえるのです。

ムジナモの名はかたちがムジナ（アナグマ）の尾に似ていることに由来します。英語では葉のつき方が水車を連想させることから「ウォーターホイール・プラント（水車の植物）」とよばれています。

かつては多くの地域に生育していましたが、環境破壊によって多くの生育地がなくなってしまいました。日本でも、現在は埼玉県の一部で人工的に増やされているだけです。

分類　ナデシコ目モウセンゴケ科
全長　5〜30cm
分布　埼玉県、ヨーロッパ・アジア・アフリカ
生息環境　湖沼

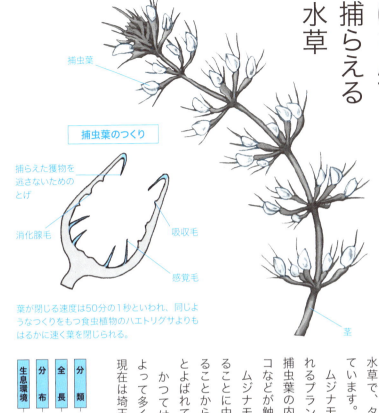

黄金色に光り輝く藻類

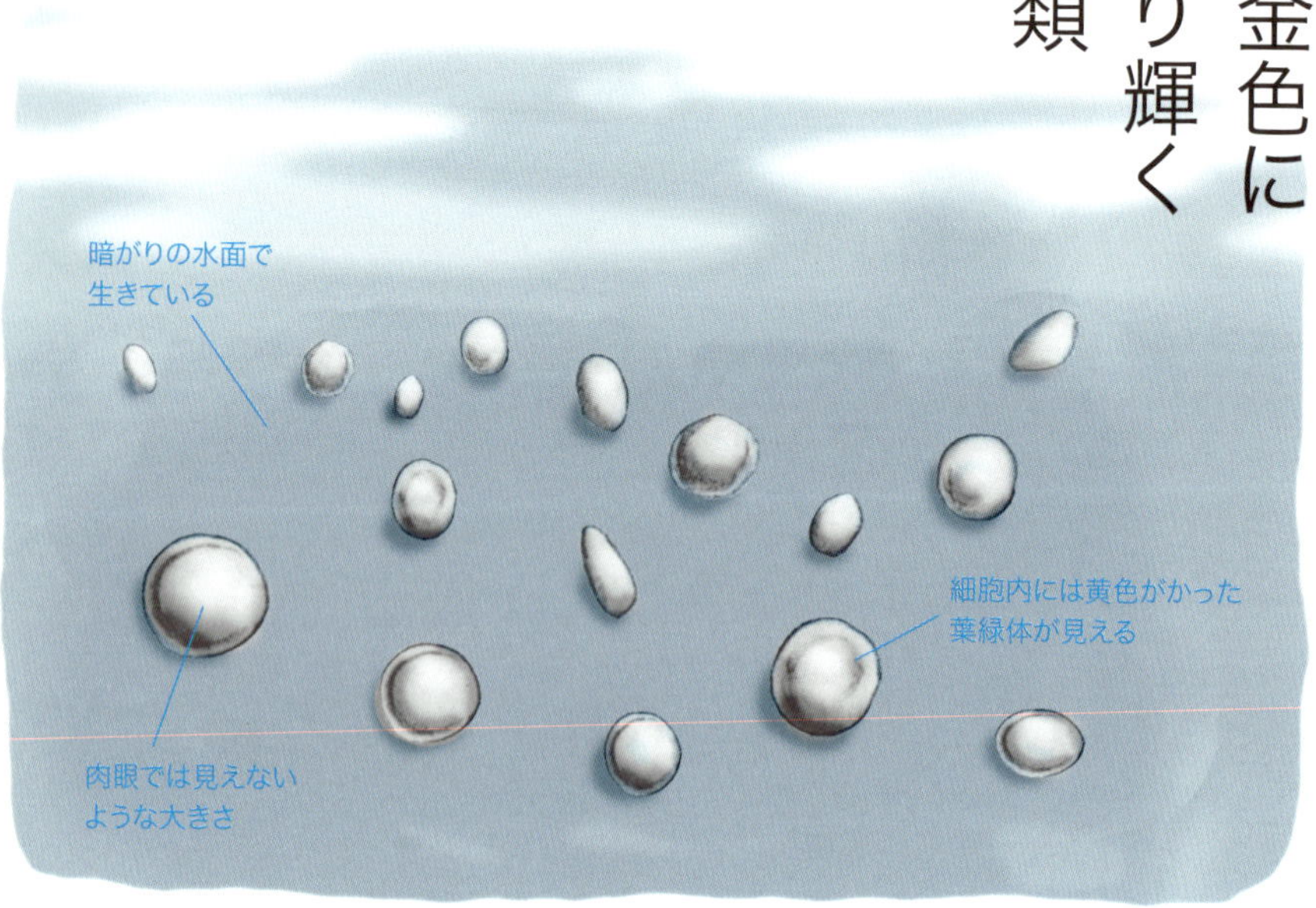
暗がりの水面で生きている
細胞内には黄色がかった葉緑体が見える
肉眼では見えないような大きさ

ヒカリモ

ヒカリモは黄金色藻《おうごんしょくそう》とよばれる微細藻類の一種で、美しく光ることで知られています。光るといっても、自分で光を出しているわけではありません。水の表面近くに浮かんで立ち上がることで光を反射させ、暗い場所で黄金色《こがねいろ》に光って見えるのです。

ヒカリモは日当たりの悪い池や洞くつの水たまりなどに生育します。4~6月ごろになると浮遊するようにかたちが変化し、水の上に立ち上がって光りますが、場所によっては1年中光っている場合もあります。そのようすはまるで、水面そのものが黄金色に染まったようでとても美しいそうです。

千葉県富津市竹岡にある洞くつはヒカリモの群生地として知られ、「黄金井戸《おうごんいど》」とよばれています。また、日本ではじめて確認された群生地として、国の天然記念物にもなっています。

分類 オクロモナス目オクロモナス科
全長 0.004~0.009㎜
分布 日本各地
生息環境 洞くつや池

光を反射するしくみ

水の上に立ち上がったヒカリモ。このような状態を「浮遊相《ふゆうそう》」という。
ヒカリモは浮遊相になったときに細胞内の杯状の葉緑体により、
光を反射して水面を明るく光らせる。

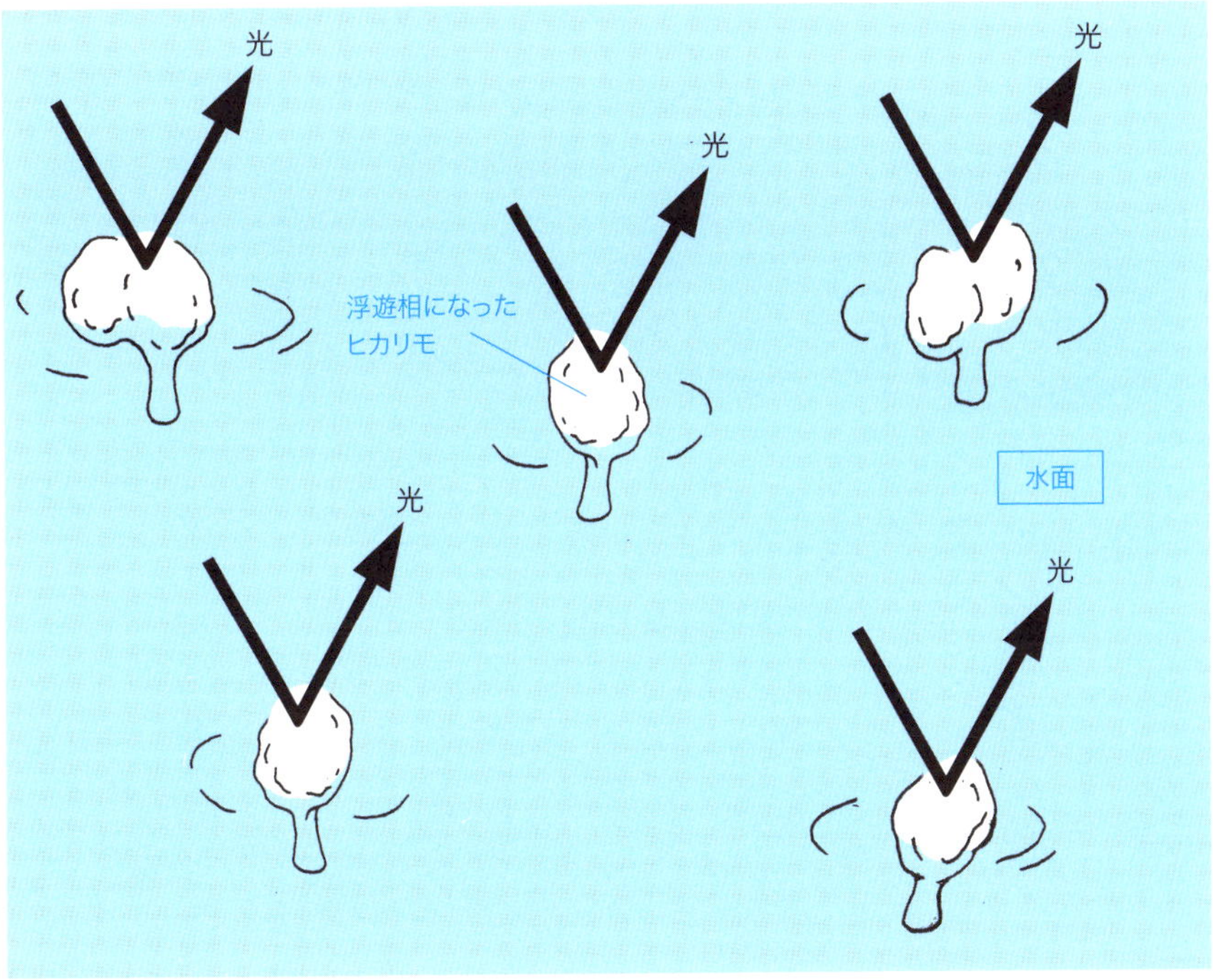

遊泳相《ゆうえいそう》と浮遊相ではつくりが変わる

長短2本のべん毛《もう》をもち、水中を泳ぐ状態（遊泳相）と、
疎水《そすい》性の柄をもって水面から立ち上がる状態（浮遊相）との比較。

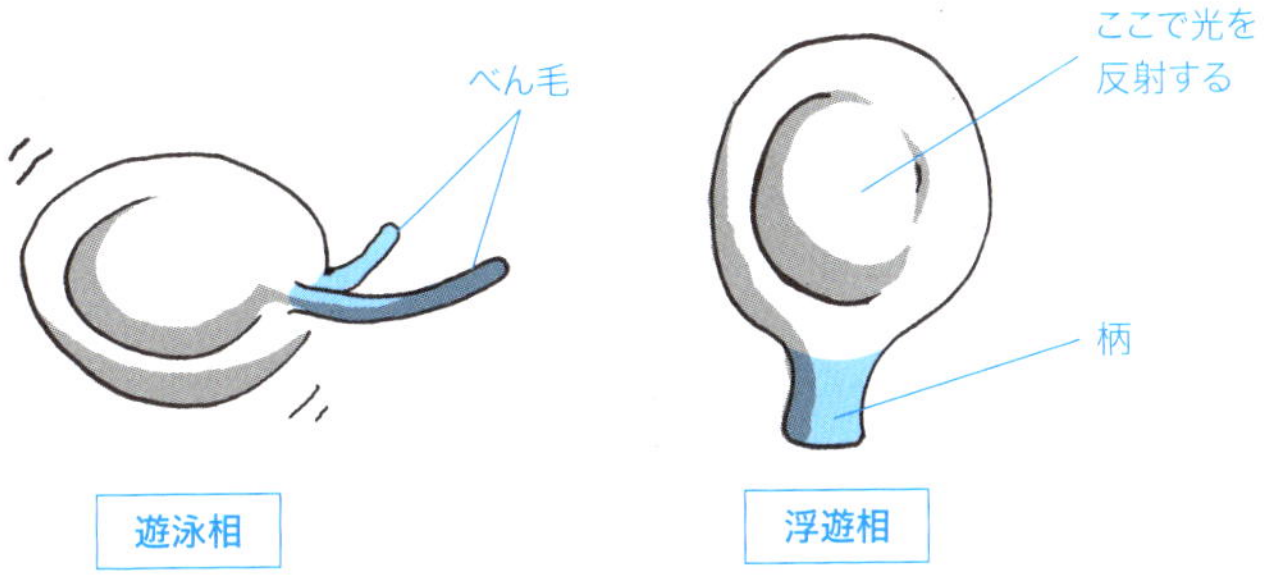

水がなくても生き残る魚の卵

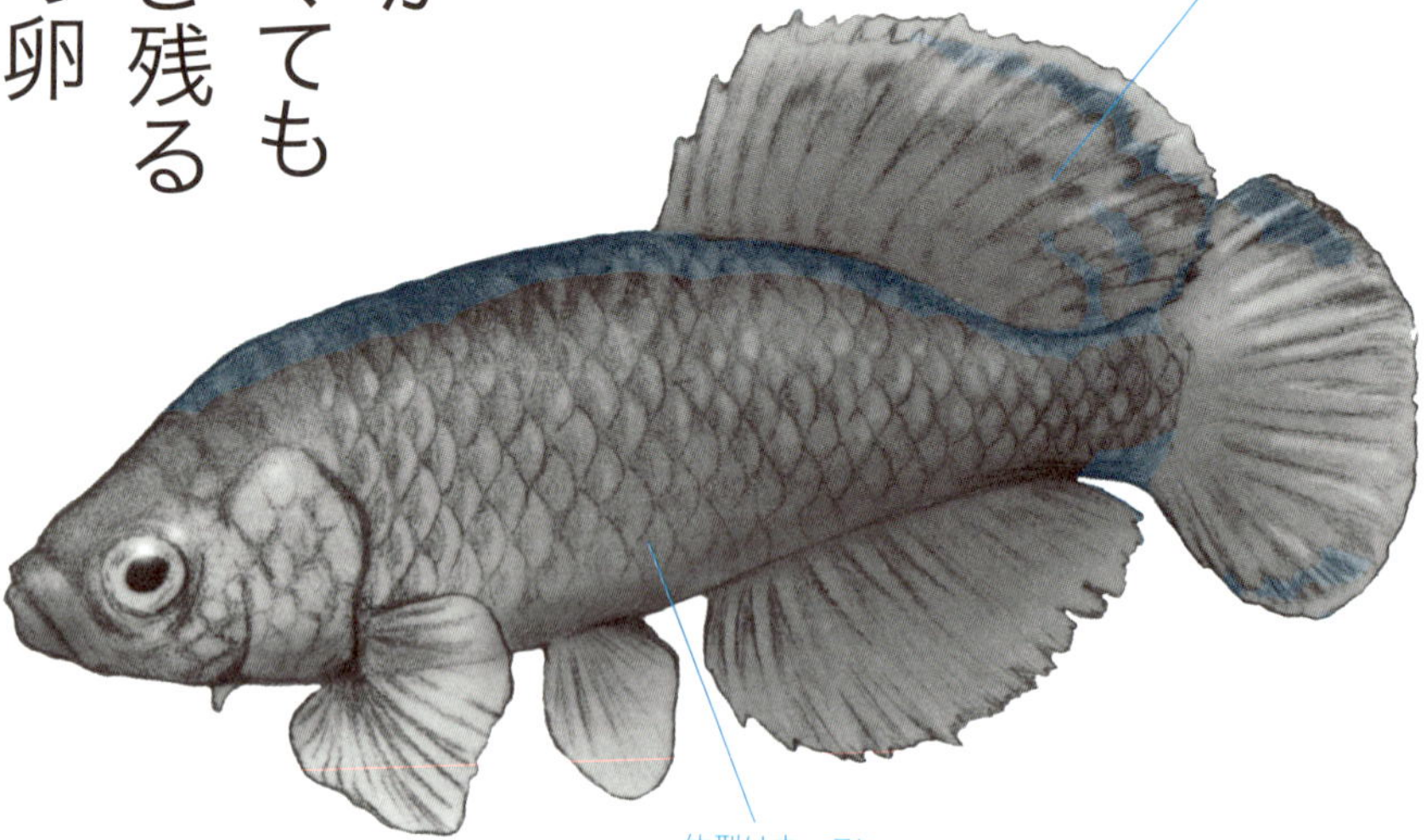
生きた宝石ともよばれる
色鮮やかな姿
体型は丸っこい

ノソブランキウス

メダカの仲間であるノソブランキウスは、水がなくなった場所で、卵が一度乾燥した後にふ化するという変わった性質をもつ魚です。

　ノソブランキウスがすんでいる東アフリカのサバンナには、水がふんだんにある雨季と、雨がまったく降らない乾季があります。ノソブランキウスの成魚は、乾季になる前に湖のなかで産卵し、乾季に入って湖や池の水が干上がるとそのまま死んでしまいます。そして、卵だけが乾燥した土のなかで生き延び、再び雨季になって湖ができるとふ化するのです。このように、1年で死んでしまう魚を「年魚《ねんぎょ》」といいます。

　南アメリカの草原《パンパ》にある湖にすむシノレビアスというメダカの仲間も、乾季の訪れとともに死に、卵だけが生き延びるという方法をとっています。地域が異なっていても、同じような生き抜く方法を獲得しているのです。

分類　メダカ目アプロケイルス科
全長　4～6cm
分布　東アフリカ
生息環境　サバンナの湖沼など

ノソブランキウスの生活史

1 雨季、ふ化から2ヶ月ほどで成熟し、すみかとなる湖などで産卵する。

成魚
卵

2 乾季になってすみかが干上がると、卵を残して成魚は死ぬ。

3 乾季の間、地中に残った卵だけが乾燥のなかを生き延びる。

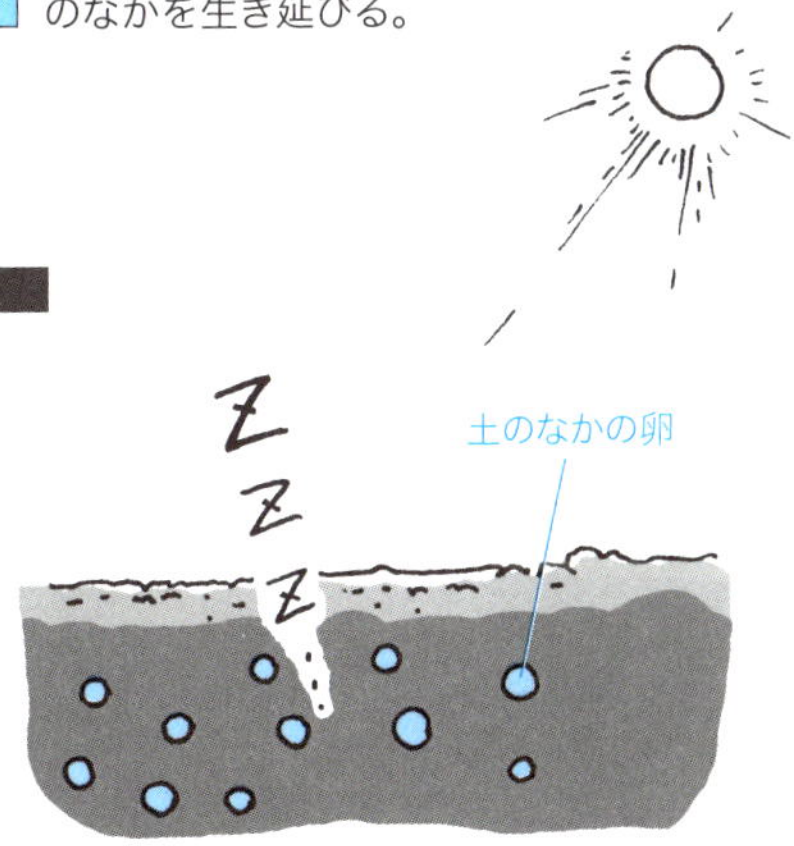
土のなかの卵

4 雨季になると、すみかとなる湖などが再び現れ、地中の卵がふ化し、成長する。

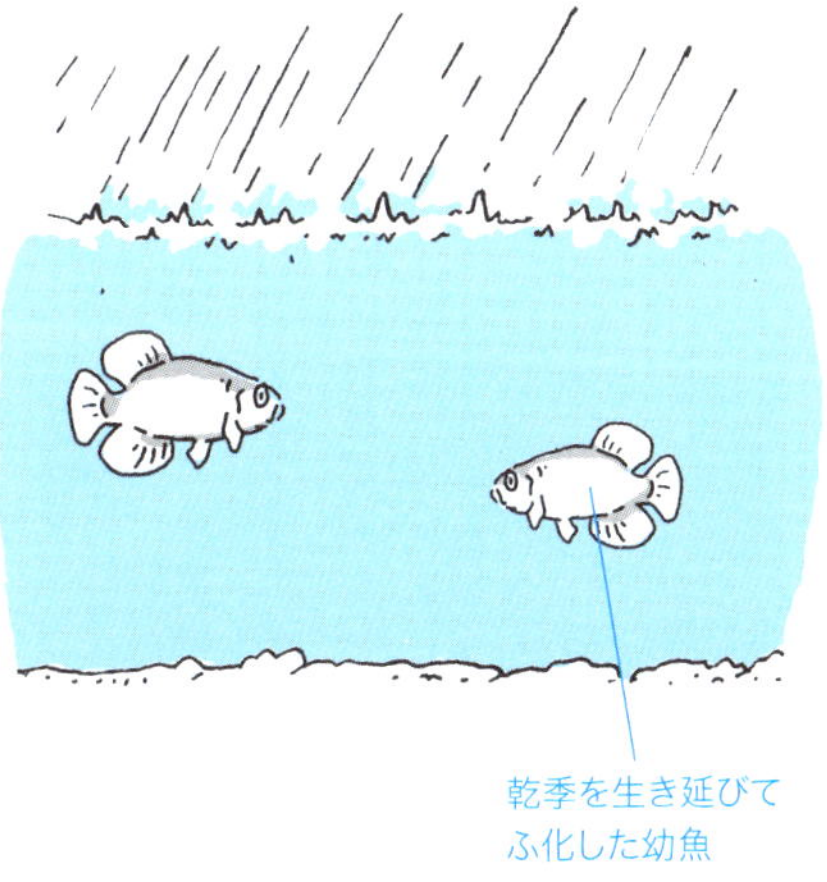
乾季を生き延びて
ふ化した幼魚

子どもが乗っても沈まない水草

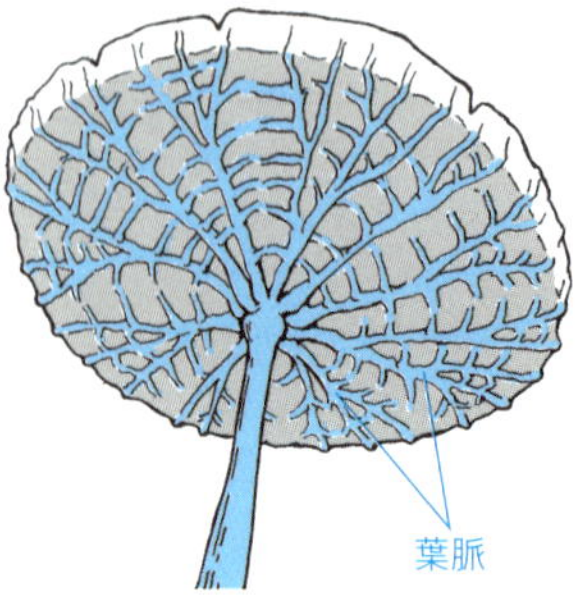
巨大な葉が浮くしくみ
葉脈
葉の裏の太い葉脈がクモの巣状に広がり、大きな葉の重みを分散させている。

お盆のようなかたち

オオオニバス

ハスの仲間は、水の上に丸い葉を広げ、夏に白やピンク色の花を咲かせる水生植物です。一般的なハスの葉は、直径が30～50cmです。しかし、とくに巨大なオオオニバスの葉は直径が3m以上にもなることで知られています。

この葉は全体がお盆のようなかたちで、縁が10cmほど立ち上がったつくりになっています。そのため、浮力が非常に強く、小さな子どもが乗ったくらいでは沈むことがありません。葉だけでなく花も大きく、直径は20～40cmにもなります。花が枯れた後にできる1cmほどの種子は水中に沈んで芽を出しますが、水が干上がってしまったときには、そのまま土のなかで2～3年もの間休眠することができます。

オオオニバスはアマゾン川原産で、19世紀前半に発見された後、ヨーロッパで園芸用の植物として栽培されるようになりました。現在では世界中に広がっています。

分類　スイレン目スイレン科
全長　3m（葉の直径）
分布　南アメリカ
生息環境　湖沼や河川

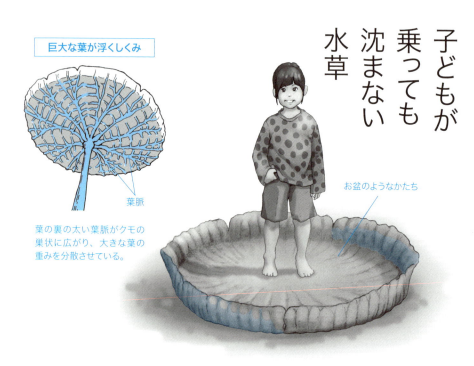

世界一小さな花を咲かせる水草

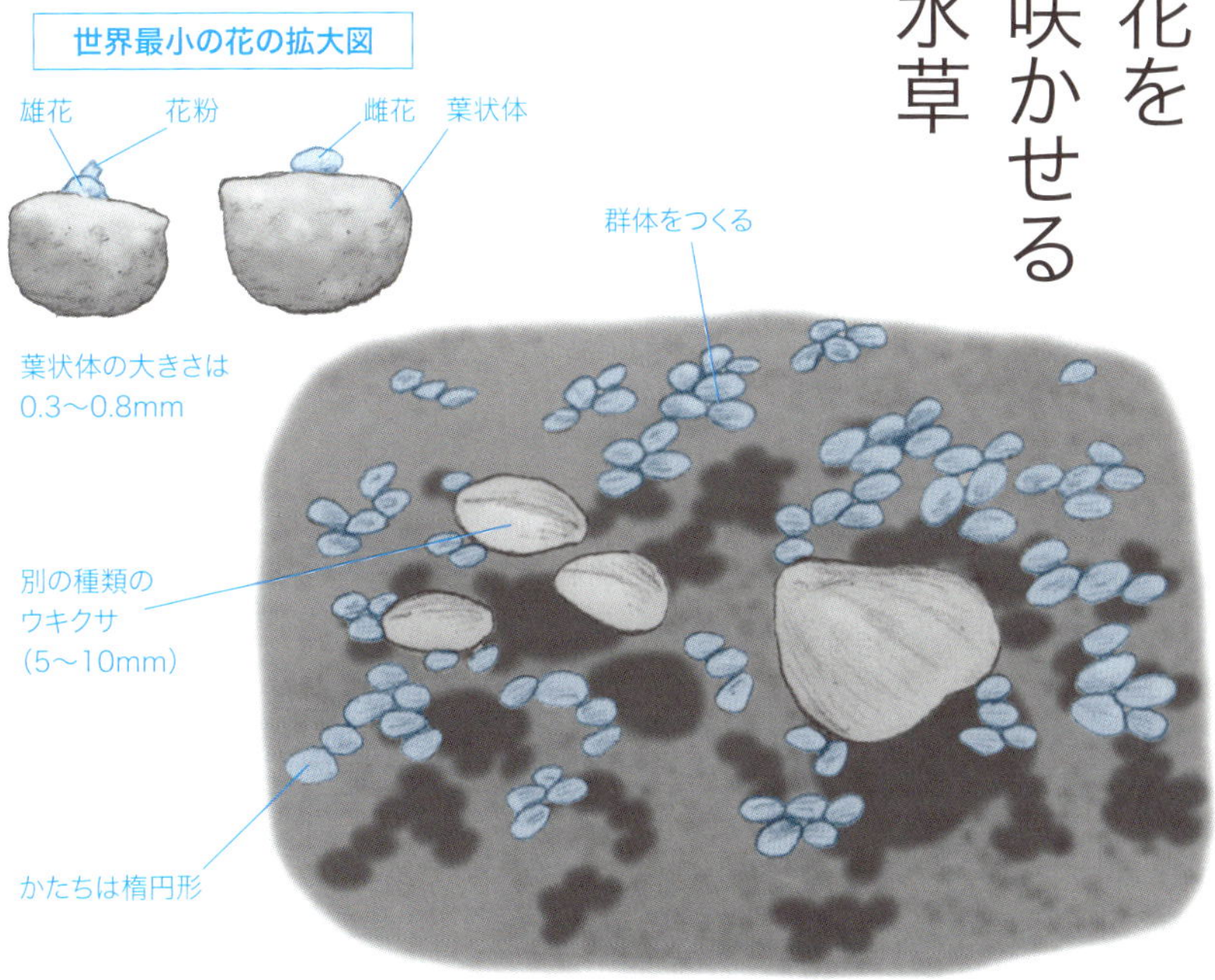
世界最小の花の拡大図
雄花
花粉
雌花
葉状体
葉状体の大きさは
0.3〜0.8mm
群体をつくる
別の種類の
ウキクサ
(5〜10mm)
かたちは楕円形

ミジンコウキクサ

オオオニバスが大きな水草の代表であるのに対して、小さな水草の代表として知られているのがミジンコウキクサです。

ミジンコウキクサは葉と茎の区別がなく、ほかのウキクサ類にはある根もありません。そのからだは葉状体《ようじょうたい》とよばれ、0・3〜0・8㎜ほどの大きさしかなく、夏には0・1〜0・2㎜ほどの微小な花を咲かせます。この花は、すべての植物のなかでもっとも小さい花とされています。

しかし、この小さな花を咲かせ、種子をつくって繁殖することはあまり多くありません。そのかわり、葉状体から新しい葉状体を次々とつくる、「出芽《しゅつが》」という方法で増えていきます。ある研究によると、一つの葉状体が新しい個体をつくるのにかかる時間は30〜36時間だといわれています。このように、短い時間で次々と数を増やすことで、ときには爆発的に繁殖します。

分類 ---- オモダカ目サトイモ科
全長 ---- 約0・8㎜(葉状体の長さ)
分布 ---- 関東以西、世界中(南ヨーロッパ原産)
生息環境 ---- 水田や湖沼

魚にも右利きと左利きがいる

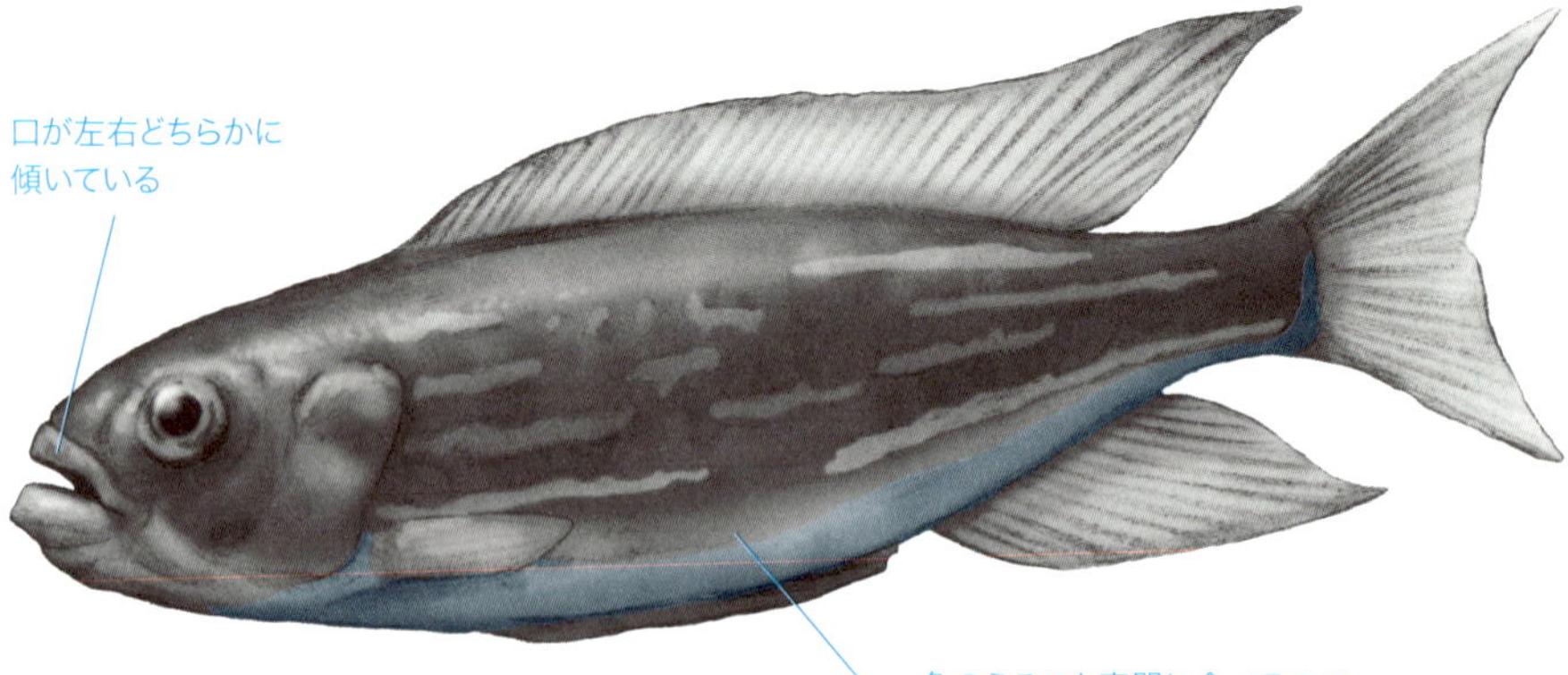
口が左右どちらかに
傾いている
魚のうろこを専門に食べるので、
お腹のなかを調べてもほとんど
うろこしか出てこない

ペリソーダス・ミクロレピス

シクリッドの仲間であるペリソーダス・ミクロレピスという魚は、アフリカのタンガニーカ湖だけにすみ、からだのつくりが右利きと左利きで大きく異なることでよく知られています。

この魚は、ほかの魚の側面にそっと近づき、からだのうろこをはぎとって食べています。このとき、獲物となる魚の左側のうろこだけを食べるものと、右側のうろこだけを食べるものがおり、それぞれ口のかたちにははっきりした違いがあるのです。この特徴から、左利きと右利きで脳の働きの違いを解明するための研究材料としても注目されています。

また、卵や稚魚を口のなかで育てる口内保育をおこなったり、自分の子どもを里子に出すことでも有名です。親が子育て中にパートナーを失うと、同じ大きさの稚魚を育てているほかのペアに子どもを預けてしまうのです。

分類 スズキ目シクリッド科
全長 11cm
分布 タンガニーカ湖
生息環境 淡水湖

左利きと右利きの違い

下あごの骨のかたちが左右で異なり、口を開けたときに左右どちらかに捻じれて開くようになっている。その口の開く方向により、獲物の魚を左右どちらから襲うかが決まっている。

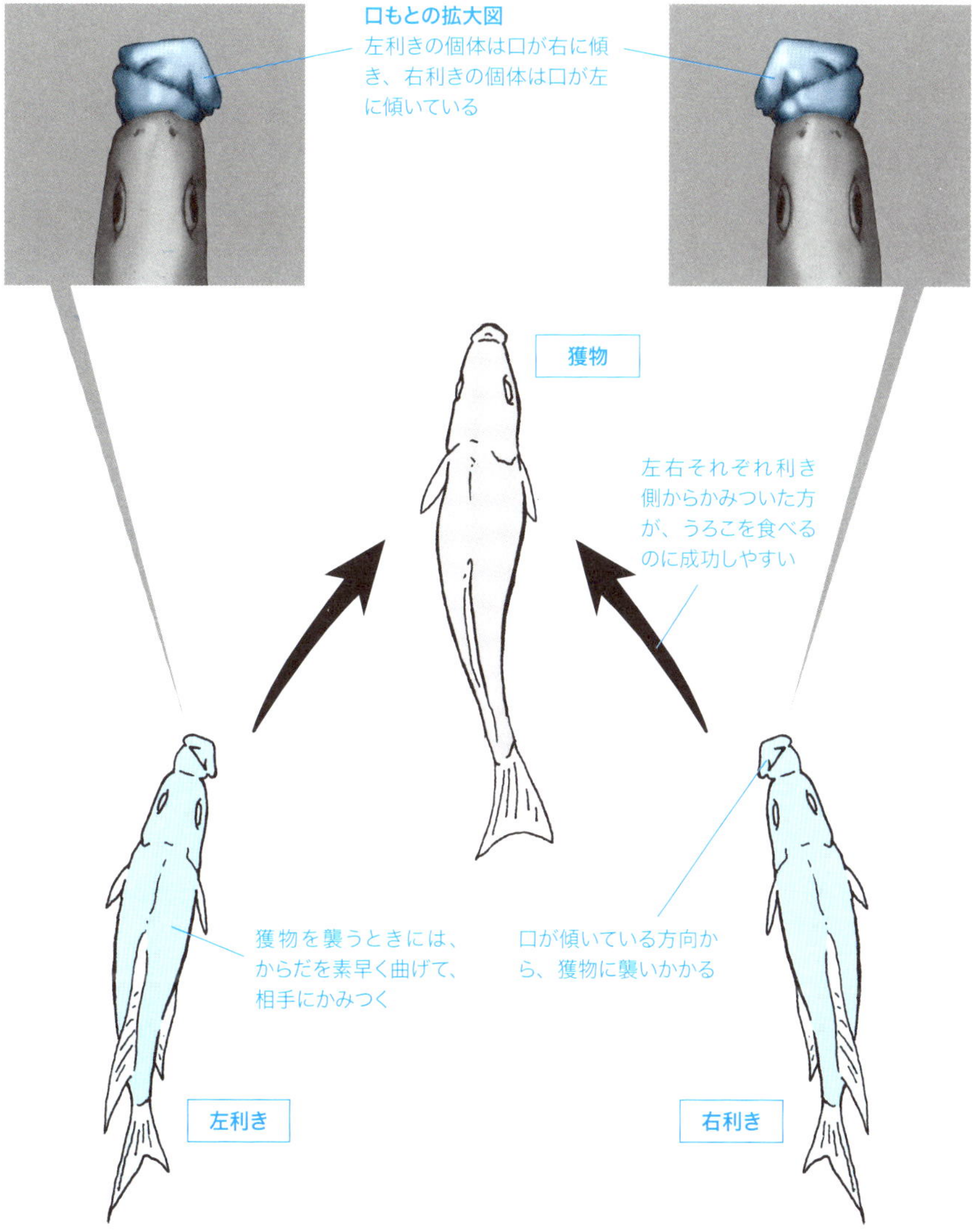

ナマズに子育てを丸投げする魚

背びれが青く
発色することがある
食事のときには口が伸びて
プランクトンを吸い込む

コパディクロミス・プレウロスティグマ

シクリッドの一種であるコパディクロミス・プレウロスティグマは、自分たちとはまったく違う種類の魚である、カンパンゴとよばれるナマズに子育てをさせてしまいます。

シクリッドの仲間には、親が稚魚を口のなかに入れて守る種類があります。このコパディクロミス・プレウロスティグマも、これらのシクリッドと同じように、稚魚が小さいときは口のなかに入れて守ります。しかし稚魚がある程度成長すると、カンパンゴの巣に稚魚をすべて吐き出してしまいます。こうして吐き出された稚魚は、そのままカンパンゴの稚魚といっしょに成長するのです。

この魚は、おもに植物性プランクトンを食べてくらしています。口がチューブのように伸び、プランクトンを水といっしょに吸い込んで食べるのです。のどには、プランクトンを擦りつぶすのに適した細かい歯をもっています。

分類	スズキ目シクリッド科
全長	最大16cm
分布	マラウィ湖
生息環境	淡水湖

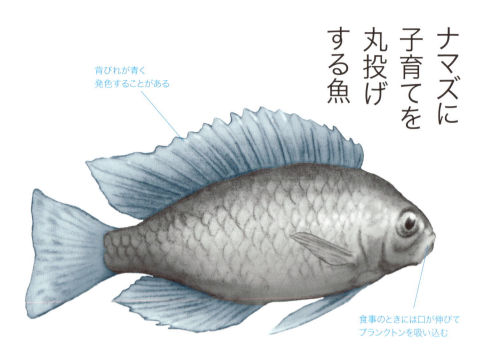

子育てをカンパンゴにまかせる

マラウィ湖にすむほかの仲間は、稚魚が成長した後も一定期間は親が守っている。
しかしこの種だけが、成長した稚魚をほったらかしにして
子育てをほかの魚にまかせてしまう。

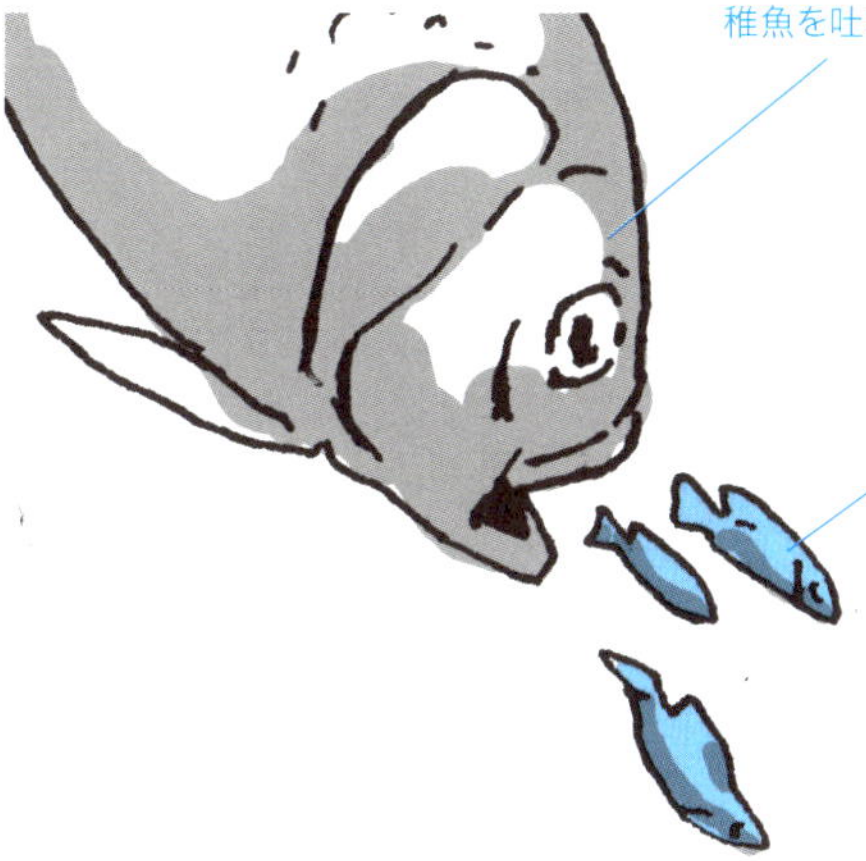
稚魚を吐き出す親
吐き出された稚魚
カンパンゴの巣に吐き出された稚魚は、カンパンゴの巣で成長する。からだの大きいカンパンゴは、小さな稚魚を餌にはしないので、ほかの種でも安全にくらせる

カンパンゴの子育て

カンパンゴ自体も、自分の卵を稚魚の餌にするという珍しい特徴をもっている。
ふだん巣にいる稚魚を大きなからだで守るのは父親の役割なのだが、
巣の外へ餌を食べに行っていた母親が巣に戻ると、稚魚はいっせいに
餌となる卵を産む母親のもとに集まる。

カンパンゴの母親
母親の腹部に餌（卵）をもらいに群がるカンパンゴの稚魚

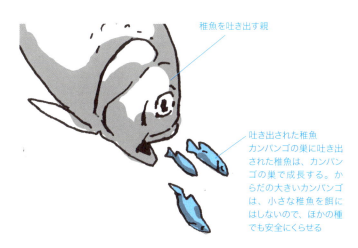

親魚の子育てを手伝う子ども

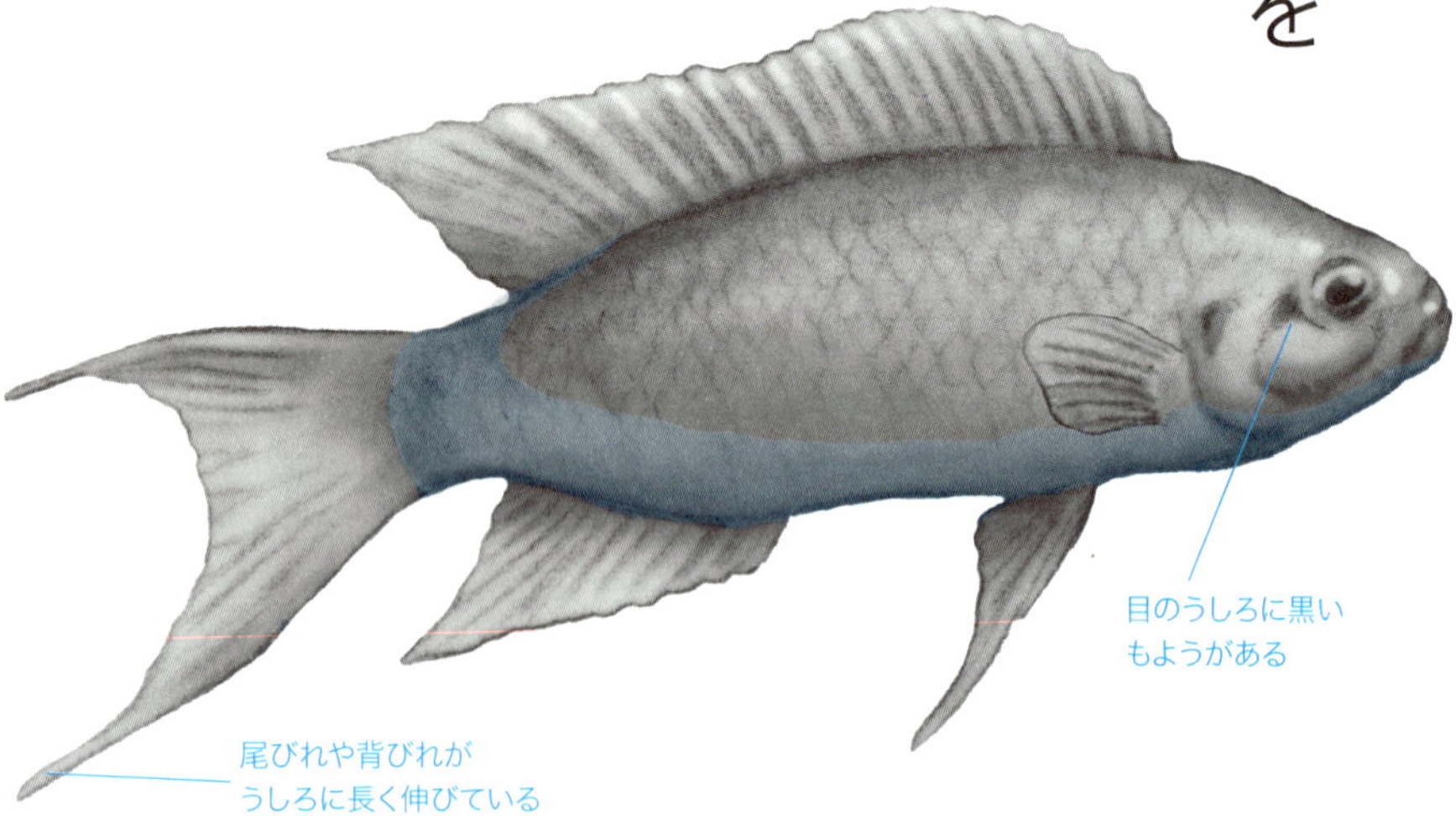
目のうしろに黒い
もようがある
尾びれや背びれが
うしろに長く伸びている

ネオランプロローグス・ブリシャルディ

魚は通常、自分のものでない卵や稚魚を自ら進んで育てることはありません。ところが、シクリッドの仲間には、子育ての協力者（ヘルパー）がいる種類がいます。そのような子育て方法がはじめて確認されたのが、このネオランプロローグス・ブリシャルディです。

この魚は、タンガニーカ湖の水深3～18mの岩場などに集団でなわばりをつくってくらしています。子育てのヘルパーになるのは、すでに成長した両親の子どもたちです。この子どもたちは成熟しても両親のもとを離れずに、親が新たに産卵すると子育てを手伝って、稚魚を守るのです。

その後の研究で、現在ではネオランプロローグス・プルチャー、カリノクロミス・ブリシャルディ、ジュリドクロミス属など7種のシクリッドの仲間が、同じようにヘルパーを使って共同繁殖をすることがわかっています。

分類　スズキ目シクリッド科
全長　10cm
分布　タンガニーカ湖
生息環境　淡水湖

子育てのしくみ

1 子育てをしている親が新しい卵を産む。

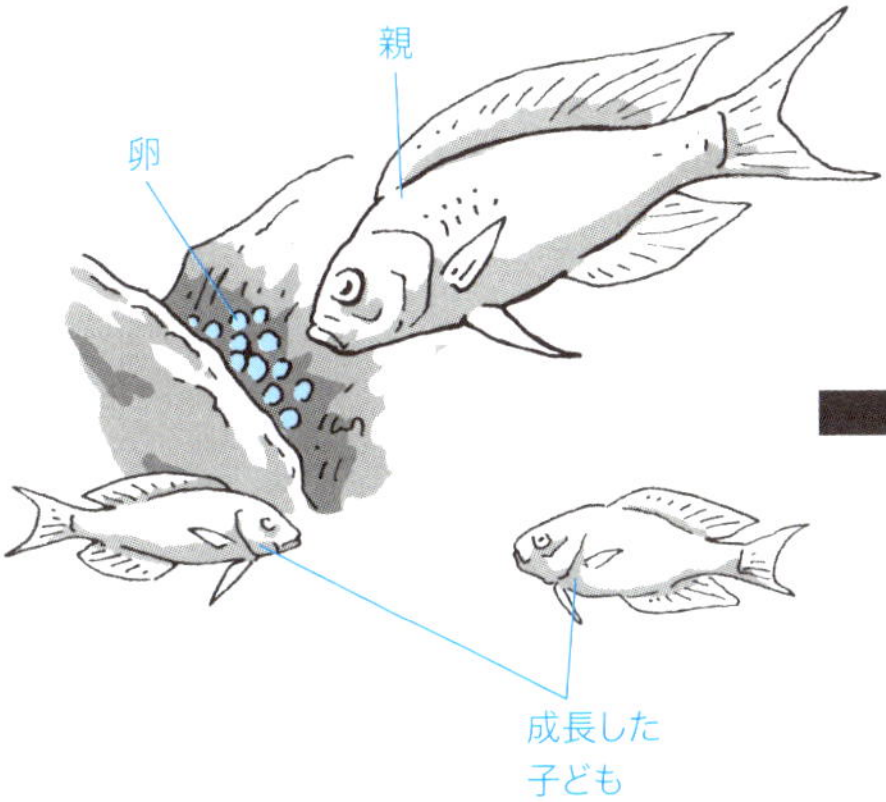

2 はじめは親がふ化した稚魚の世話をする。

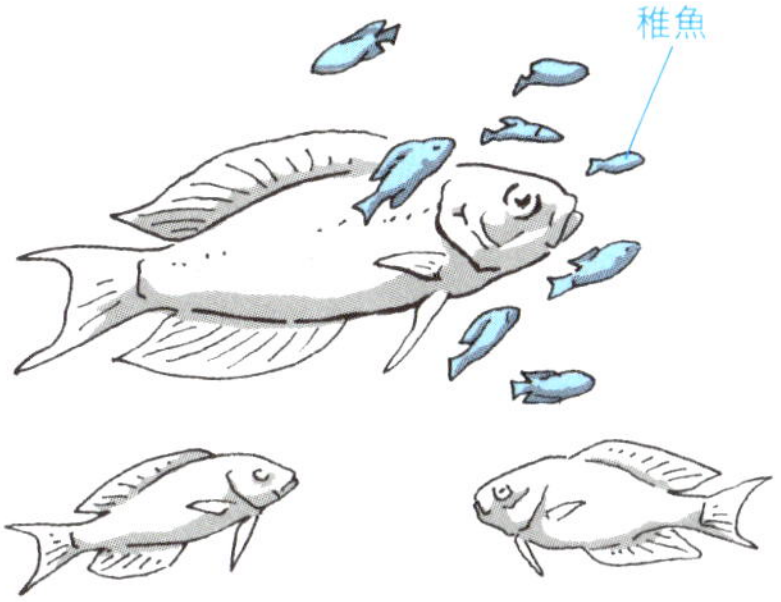

3 稚魚が成熟していない状態で、親が新しい卵を産む。

4 成長した子が新しい稚魚の世話をする。

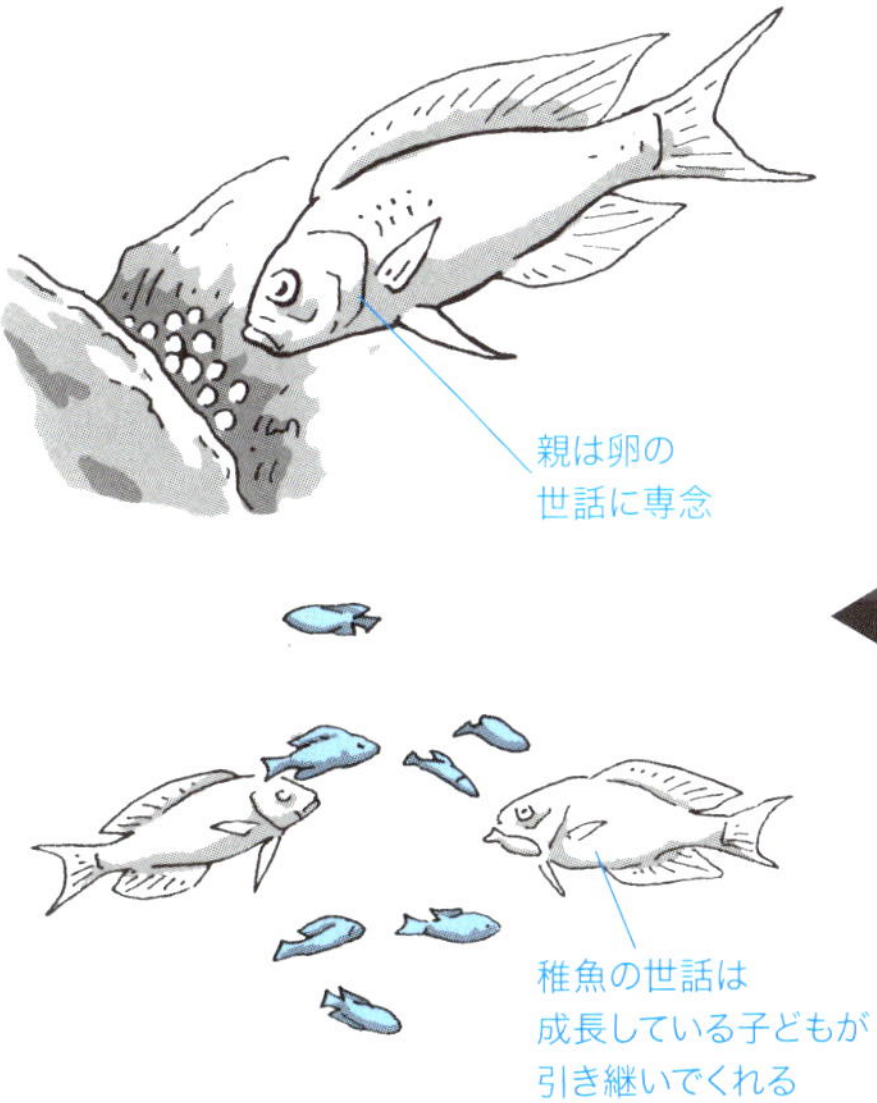

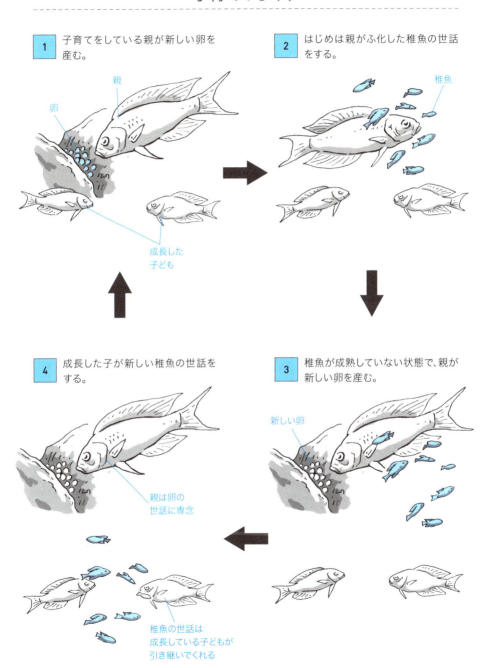

子どもを誘拐してくる魚

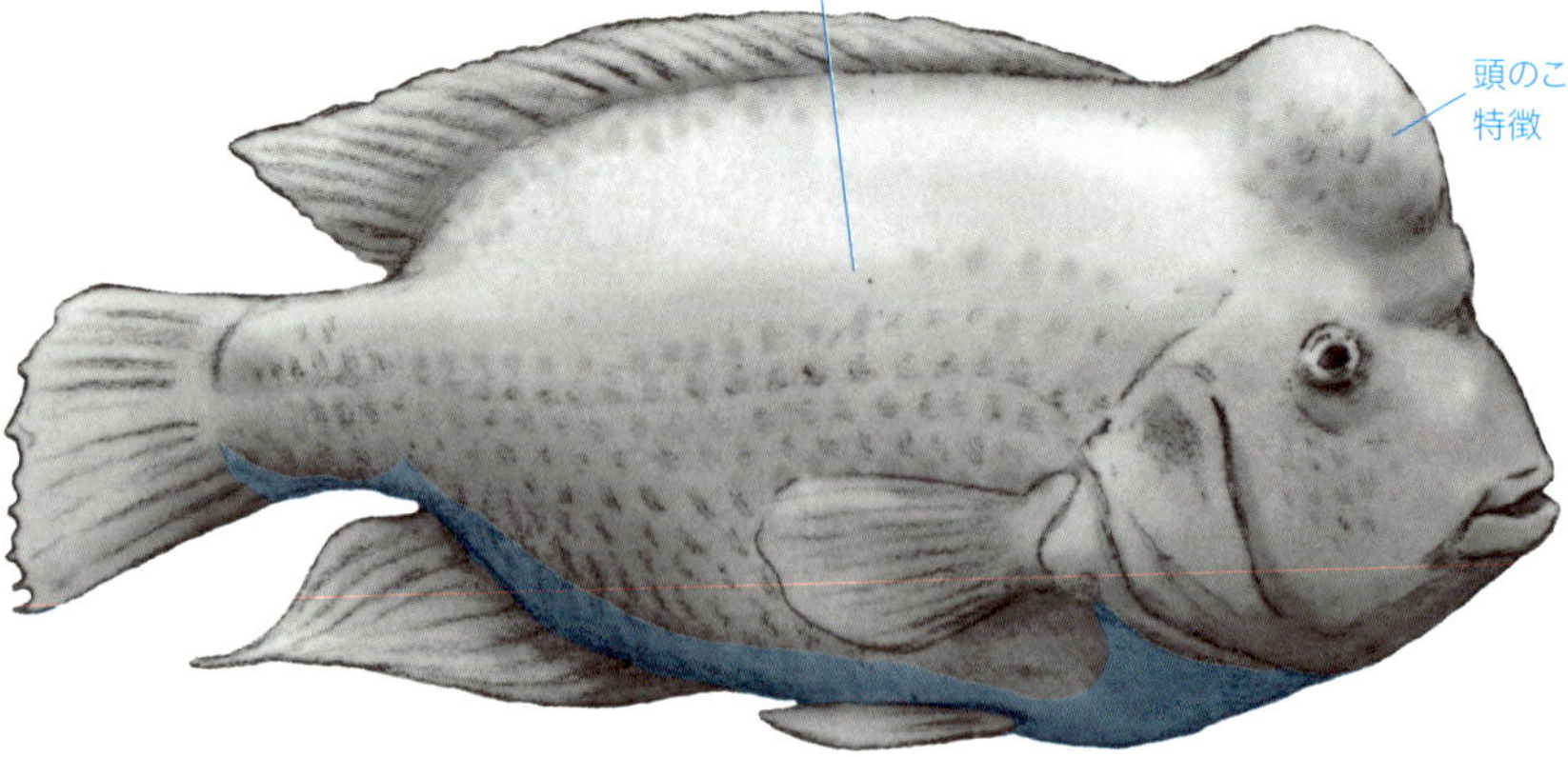
最初はフナのような地味な色だが、
成長すると鮮やかになる
頭のこぶが
特徴

アンフィロフス・キトリネルス

自分の子どもをほかの魚へ預けるのではなく、ほかの子どもを誘拐してくる魚もいます。中央アメリカのニカラグア湖などにすみ、子育てをするシクリッドの仲間、アンフィロフス・キトリネルスがそうです。

この魚は、ほかの個体の隙をついて、そこでくらす稚魚を連れ去ってきてしまいます。そして、自分の稚魚といっしょにして育てるのです。育てるといっても、愛情を込めて世話をするわけではありません。さらってきた稚魚は、敵が来たときに自分の稚魚よりも先に襲われるように、稚魚の集まりの外側に配置します。こうすることで、ほかの個体の稚魚をおとりにして自分の稚魚だけを守るのです。

さらに、この魚は自分の稚魚より若干小さい稚魚しかさらってきません。そのため、自分の稚魚がさらってきた稚魚につつかれたり、いじめられたりする心配はないのです。

分類　スズキ目シクリッド科
全長　最大40cm
分布　中央アメリカ
生息環境　湖沼や河川

よその稚魚をおとりにつかう

さらってきた稚魚が外側で泳ぐことでおとりとなり、
自分の稚魚が敵から守られる。

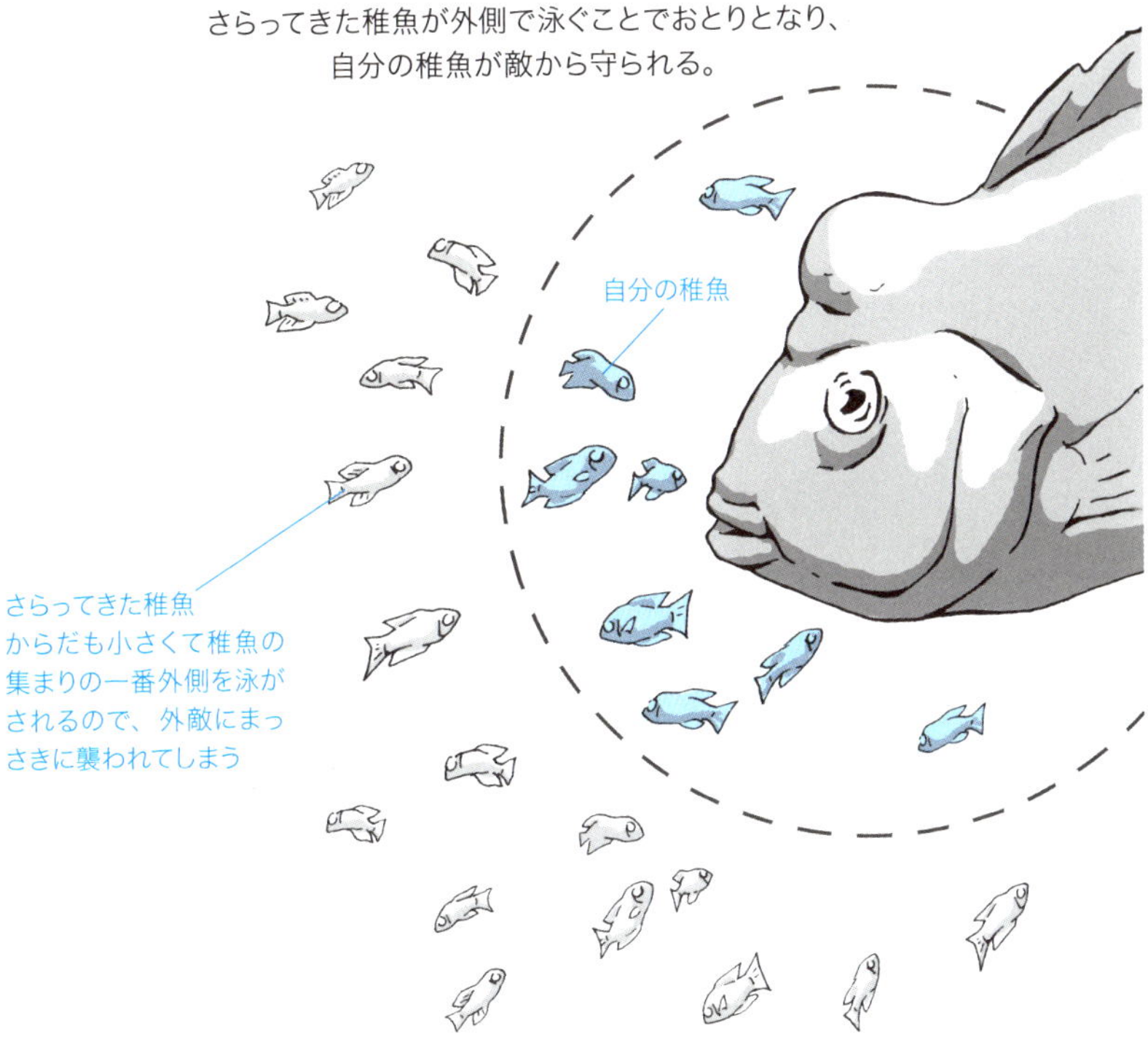

親は自分の稚魚を見分ける

親は稚魚が自分たちの子どもかどうかを嗅覚で見分け、逆に稚魚は
自分の母親を見分けられないとされている。

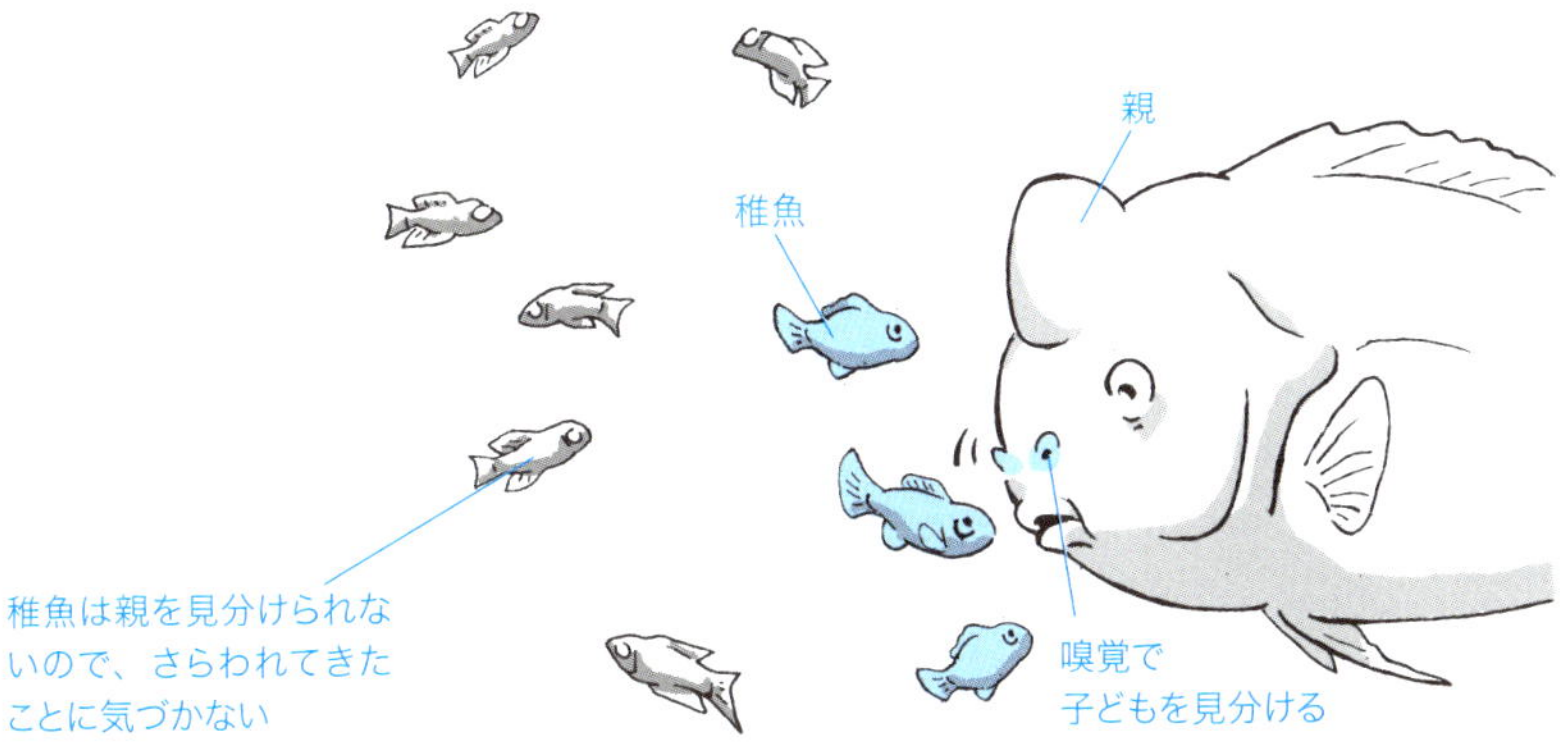

食べものなしで10年も生きるイモリ

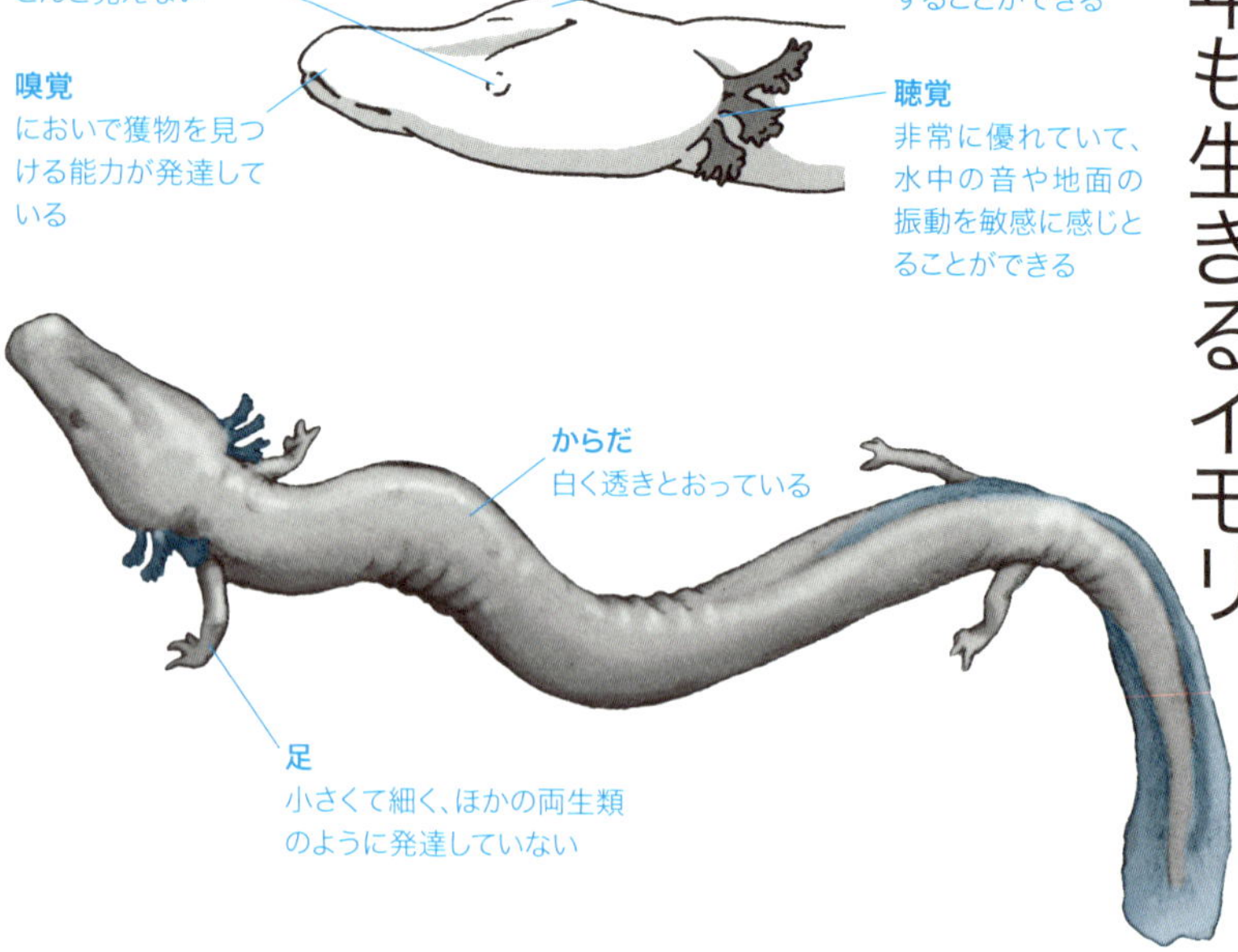
視覚
目は退化していてほとんど見えない
嗅覚
においで獲物を見つける能力が発達している
頭部
微弱な電気を感知することができる
聴覚
非常に優れていて、水中の音や地面の振動を敏感に感じとることができる
からだ
白く透きとおっている
足
小さくて細く、ほかの両生類のように発達していない

ホライモリ

ホライモリは洞くつのなかにすむイモリの仲間です。白っぽくヘビのように細長いからだと、洞くつでのくらしに適応して退化してしまった目が特徴的で、その姿から竜（ドラゴン）の子どもともいわれていました。

両生類であるふつうのイモリは、幼生のときにえら呼吸で水中の酸素をとり入れます。その後成熟するとえらがなくなり、肺呼吸で空気中の酸素をとり入れるようになります。しかし、ホライモリはえら呼吸のまま成熟する、「幼形成熟《ようけいせいじゅく》」という成長をし、陸上に上がることはほとんどありません。ふだんは洞くつのなかにすむ小さなカニや昆虫などを食べてくらしています。しかし、洞くつのなかは獲物が少ないことから、食べ物が極端に少なくても長期間生き続けることができるように適応した結果、食べ物がなくても10年以上生きることができるといわれています。

分類	有尾目ホライモリ科
全長	20〜30cm
分布	アドリア海東岸
生息環境	洞くつ

2000年のときを超える植物

大賀ハスのほかにも、岩手県平泉町の中尊寺から見つかった800年前の種や、埼玉県行田市で見つかった千数百年前の種が発芽した例などもある。

花の色は白やピンク
葉の表面は水をはじく

ハス

ハスは沼や池の底に根を張り、水上に茎を伸ばして水面に丸い葉を広げる植物です。硬い殻《から》におおわれたハスの種は、非常に長持ちすることで知られています。

なかでも、古い種が発芽した例としてとくに有名なのが、1951（昭和26）年に千葉県千葉市の弥生時代の遺跡から見つかった種です。

この種は、当時関東学院大学の講師だった大賀《おおが》博士のもとで育てられ、翌年には2000年のときを超えて花を咲かせ、話題となりました。このハスは「大賀ハス」と名づけられ、根分けされて現在は全国に広まっています。

もともとハスはインド原産ですが、現在は世界中で栽培されています。夏に咲く白やピンクの美しい花は、古くから仏教で仏の象徴とされてきました。また、根はレンコンとして、実は和菓子の材料などとして食用にもされています。

分類 ------ ヤマモガシ目ハス科
全長 ------ 1.5～3m（葉の大きさ）
分布 ------ アジア・オーストラリア・北アメリカ
生息環境 ------ 池や沼

地上でも息をする魚

代表的なラビリンスフィッシュであるドワーフグラミー。

オスの発色の方が鮮やか
しまもようができる

ラビリンスフィッシュ

キッシンググラミー（P.34〜35）をはじめとするグラミーの仲間や、手軽に飼える観賞魚として人気が高いベタの仲間などは、同じキノボリウオ亜目《あもく》に属する魚で、別名ラビリンスフィッシュともよばれています。

このキノボリウオの仲間は、えらの部分に特殊な呼吸器官をもっています。この器官を使うと、水中だけでなく水面や空気中からも酸素をとり入れることができます。

そのため、水中の酸素が少なく、ふつうの魚だとすむことができない水たまりやよどみのような場所でも、水面にさえ口が届けば呼吸をして生きていくことができるのです。

この器官は、迷路のように複雑なかたちをしているため、迷宮器官（ラビリンス器官）といいます。

ラビリンスフィッシュという名前は、この迷宮器官をもっていることからつけられました。

分類	スズキ目キノボリウオ亜目
全長	10cm
分布	アジア・アフリカ
生息環境	湖沼

水上で息ができるつくり

迷宮器官はえらの上部にあり、上鰓《じょうさい》器官ともよばれている。
口から吸い込んだ空気はこの器官に送られ、酸素が吸収される。

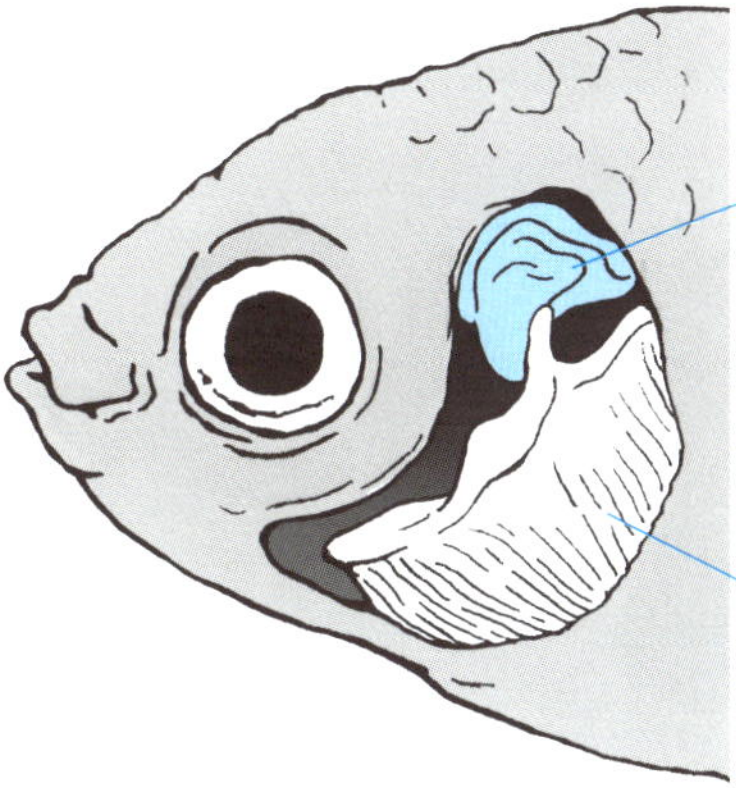
迷宮器官
観賞魚として人気の高いベタが、狭いコップなどに入れられても生きていられるのは、この器官のおかげ
えら

ラビリンスフィッシュだからできること

ラビリンスフィッシュは迷宮器官を使うことで陸上でも呼吸ができるため、種類によっては湿った地面の上などを移動することもある。ただし、「キノボリウオ」だからといって木に登るようなことはない。

草
陸上を移動する
ラビリンスフィッシュ
地面の上

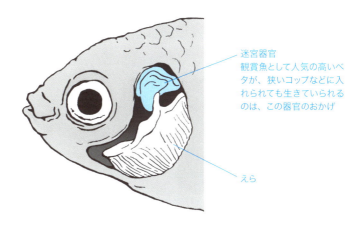

ロシアの湖だけにすむ奇怪生物

種類によって色も赤や黄色などさまざま
大きなとげ

バイカル湖のヨコエビ

世界中にすむ多くのヨコエビ（カニやエビの仲間）は、ふつう体長数mm～1cmほどです。しかしロシアのバイカル湖にすむヨコエビの仲間のなかには、体長が10cm近くにもなる巨大なものがいます。

これらのヨコエビは1対の長い触角をもった変わった姿をしており、泳ぐのがあまり上手ではないため、水の底を歩き回りながら、魚の死がいなどを食べています。バイカル湖が世界有数の透明度を誇っているのは、ヨコエビが魚の死がいを処理しているためだともいわれています。

世界でもっとも深い湖であるバイカル湖は、約3000万年前に海溝が海から孤立してできました。そのため、固有種である生きものが多いことでも有名です。なかでもヨコエビは約260種類のうちほとんどが固有種で、ほかでは見られない奇妙な見た目をしたものであふれています。

分類　ヨコエビ目
全長　7cm
分布　バイカル湖（ロシア）
生息環境　水深10mまでの沿岸部

川にすむ生きもの

800Vの高電圧を生み出す魚

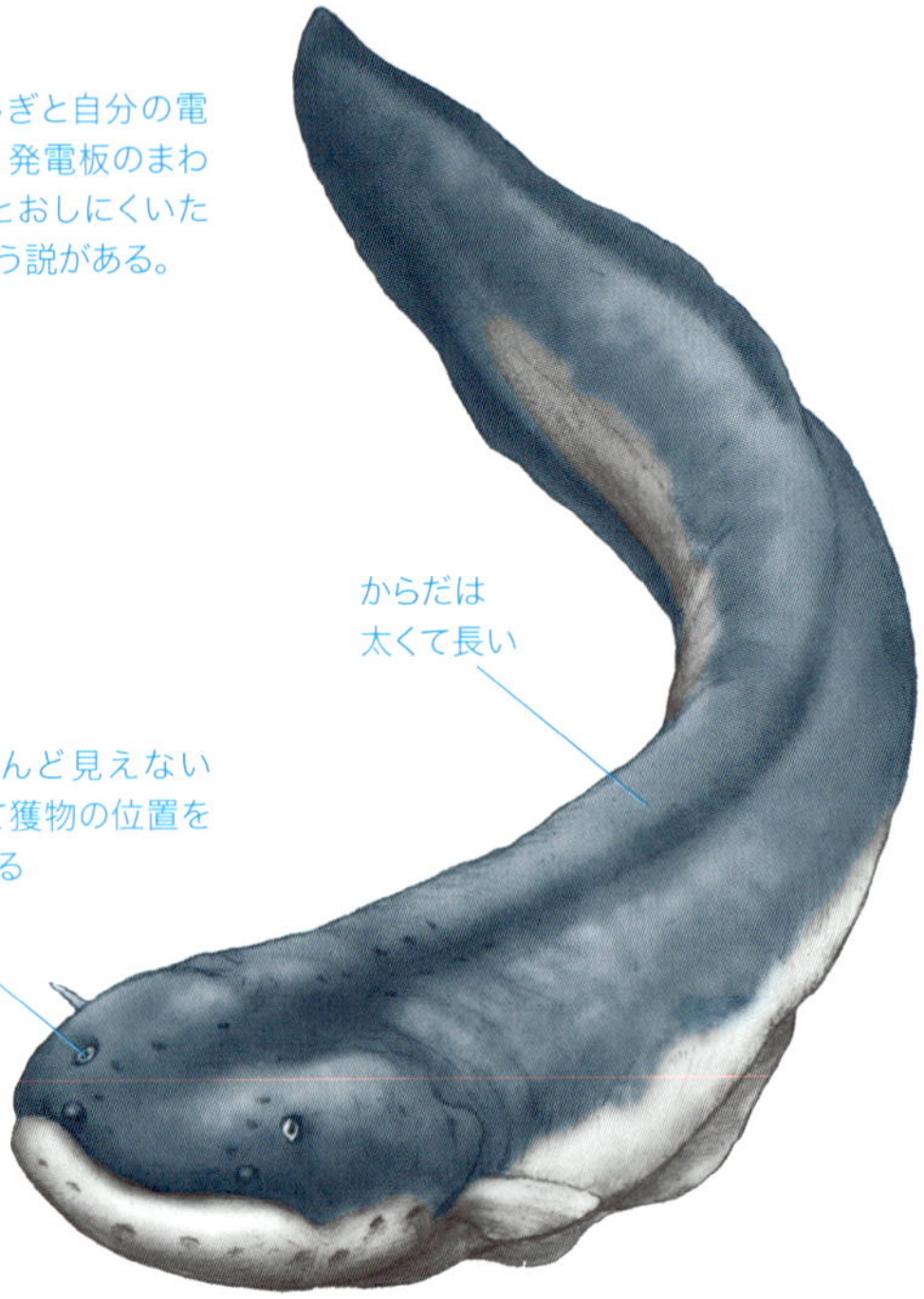
デンキウナギはふしぎと自分の電気では感電しない。発電板のまわりの細胞が電気をとおしにくいために感電しないという説がある。
からだは太くて長い
夜行性で目がほとんど見えないが、電気を駆使して獲物の位置を特定することができる

デンキウナギ

デンキウナギはその名のとおり、強く発電することでよく知られている魚です。

同じく発電する魚のシビレエイ（P.80〜81）とは異なり、筋肉が変化してできた「発電板」という細胞を使って発電します。数千個の発電板が連なってできた発電器の長さは、なんと体長の80％にもなります。一つひとつの発電板の電圧は0・15Vほどですが、多くの発電板が集まることで、1匹あたり600〜800Vもの電圧を生み出すことができるのです。敵に襲われたときや身の危険を感じたときなどは、この強い電気で相手を驚かせます。しかし、ふだんは弱い電気を放電することで、視界の悪いにごった水のなかで獲物を探したり、障害物を感知したりしていると考えられています。

デンキウナギのほかにも、アフリカの湖にすむデンキナマズも、発電する魚として有名です。

分類 デンキウナギ目デンキウナギ科
全長 2・5m
分布 南アメリカ
生息環境 河川や沼

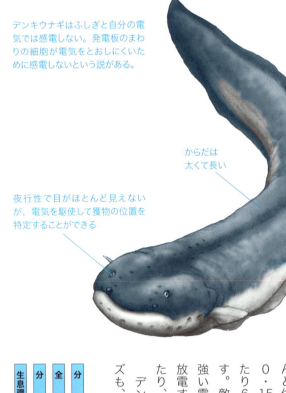

発電のしくみ

ふだん、プラスの電気を帯びたカリウムイオンとナトリウムイオンは、それぞれ細胞の内側と外側にあり、バランスが保たれている。ところが興奮すると、細胞の外にあるナトリウムイオンが細胞内に入り込み、細胞全体がプラスの電気を帯びる。

からだのつくり

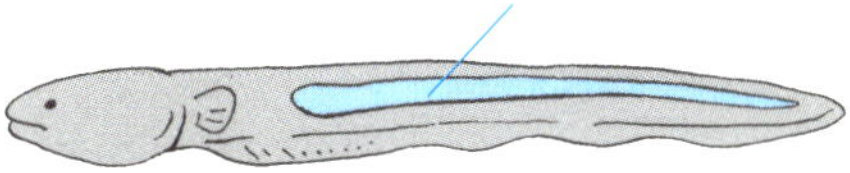

細胞のようす

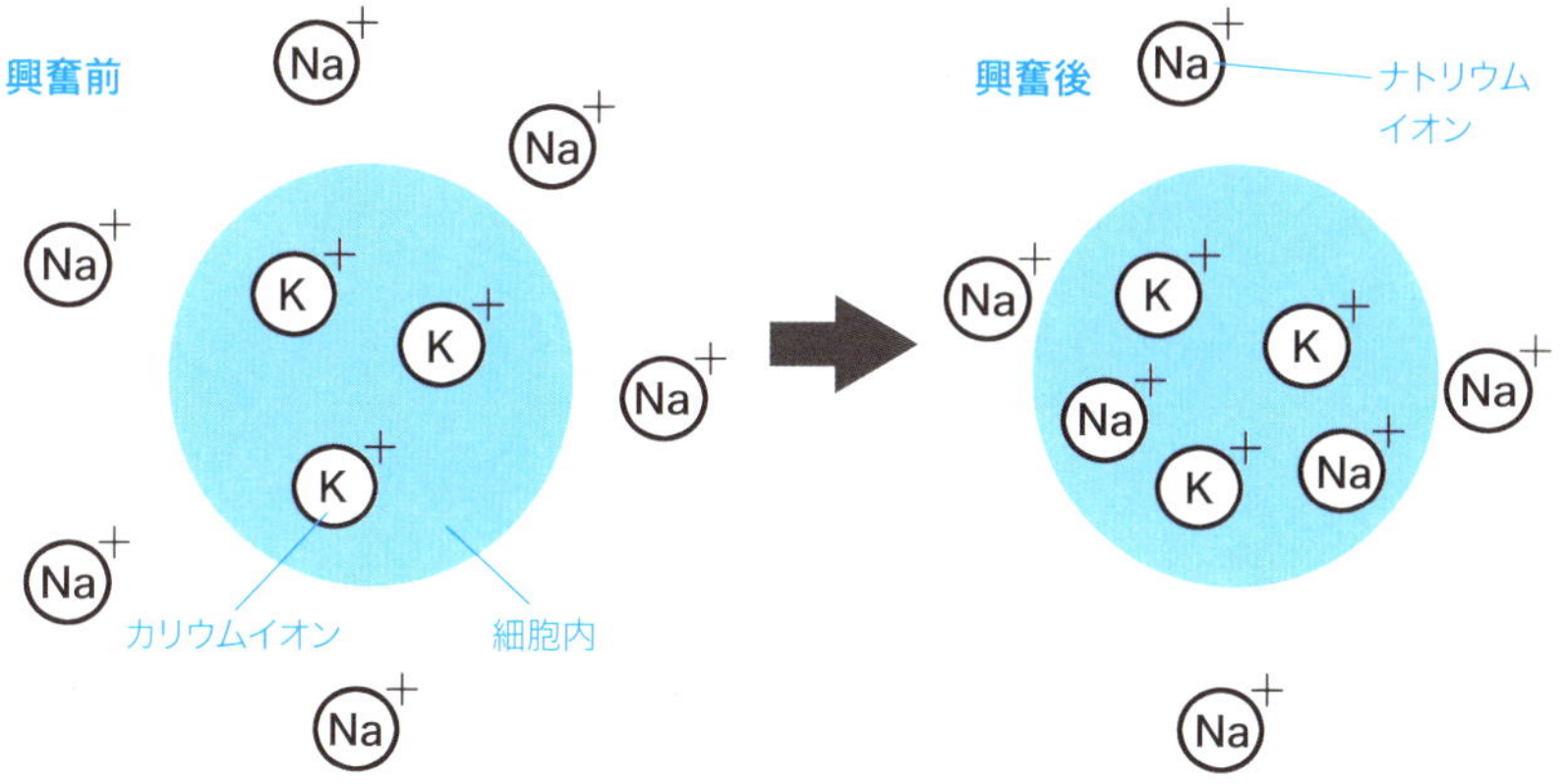

ほかの発電魚として有名なデンキナマズ

アフリカの湖にすみ、350Vの電気を発生させることができる。
これは魚類としてはデンキウナギの次に高い発電力。

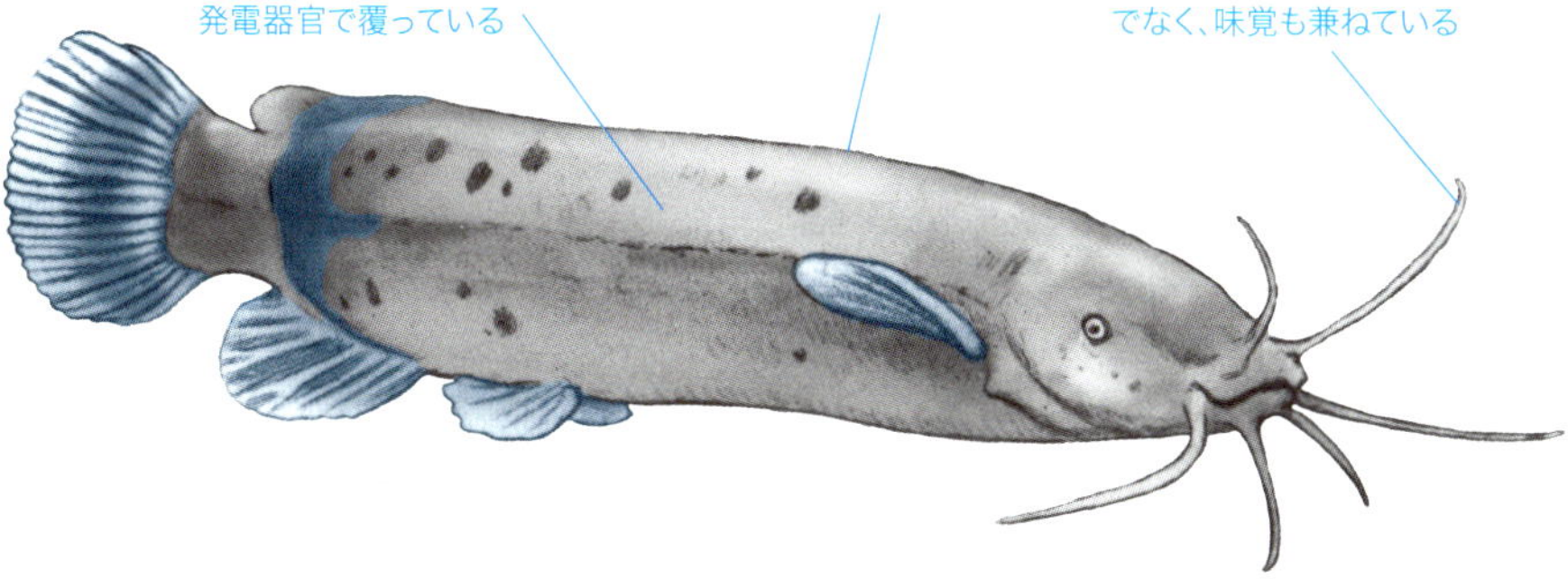

オスどうしでキスをする!?

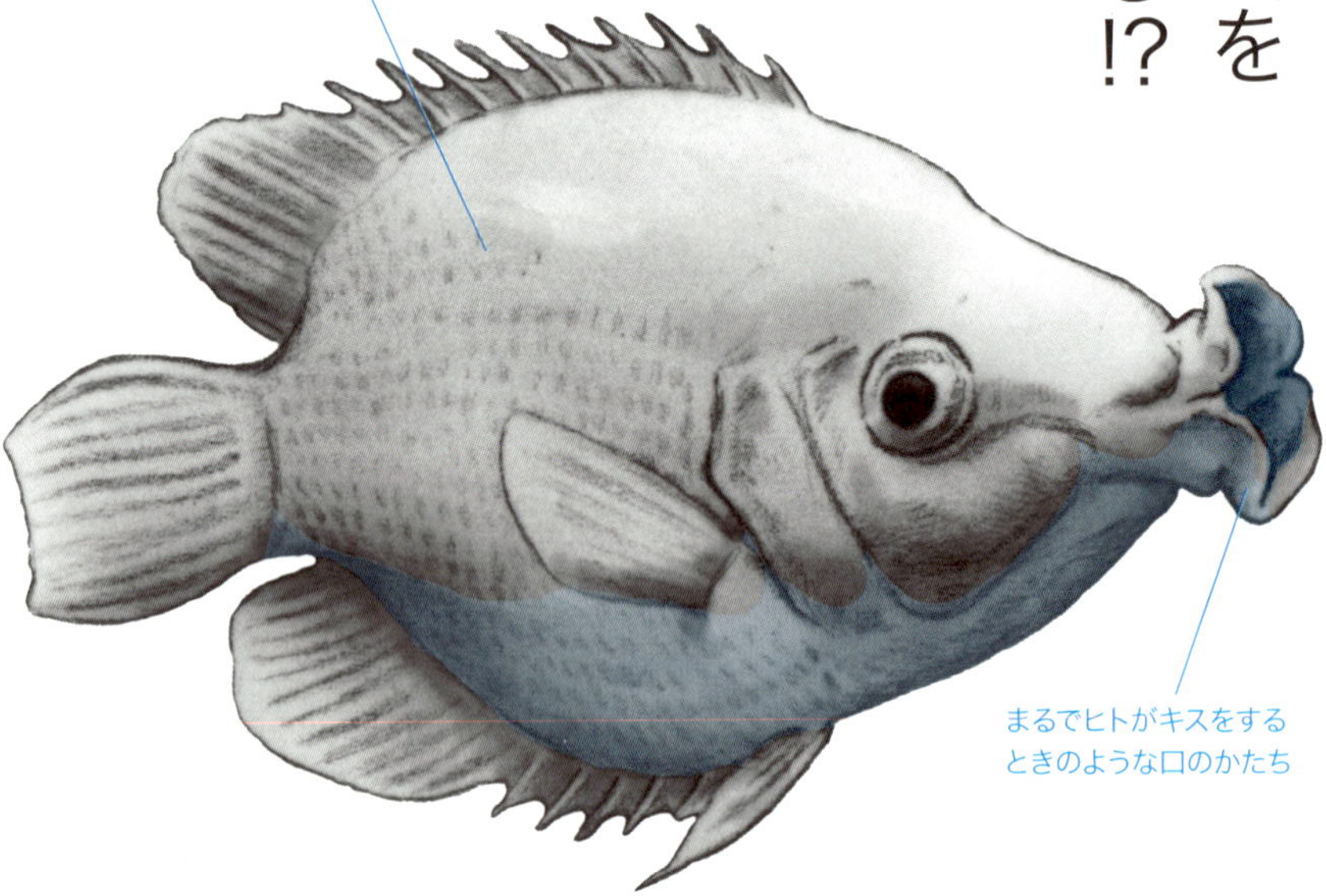
グラミーの仲間としては大型
まるでヒトがキスをするときのような口のかたち

キッシンググラミー

グラミーは、インドから東南アジアにかけての淡水や汽水にすむキノボリウオの仲間です。グラミーの仲間はバラエティに富んだ美しい色やもようをもっているものが多く、観賞魚としてとても人気があります。

なかでもキッシンググラミーは、ヒトがキスをするときのようなすぼまったくちびるが特徴的なので、よく知られています。

ふだんは、この発達したくちびるを使って岩についたコケなどを削りとって食べながらくらしていますが、このくちびるの使い道はそれだけではありません。その名のとおり、魚どうしで口を突き合わせてキスをするためにも使われます。ただし、このキスはオスとメスの愛情表現ではありません。おもにオスどうしが出会ったときに、なわばり争いの行動としておこなわれているのです。

分類　スズキ目ヘロストマ科
全長　20cm
分布　インドネシア・マレー半島
生息環境　流れのゆるやかな淡水

くちびるを器用に使いこなす

ふだんは水中の動物性プランクトンを食べるほか、岩についたミズゴケなども食べることがある。その際、大きく発達したくちびるを器用に動かして、表面を削りとるようにして使っている。

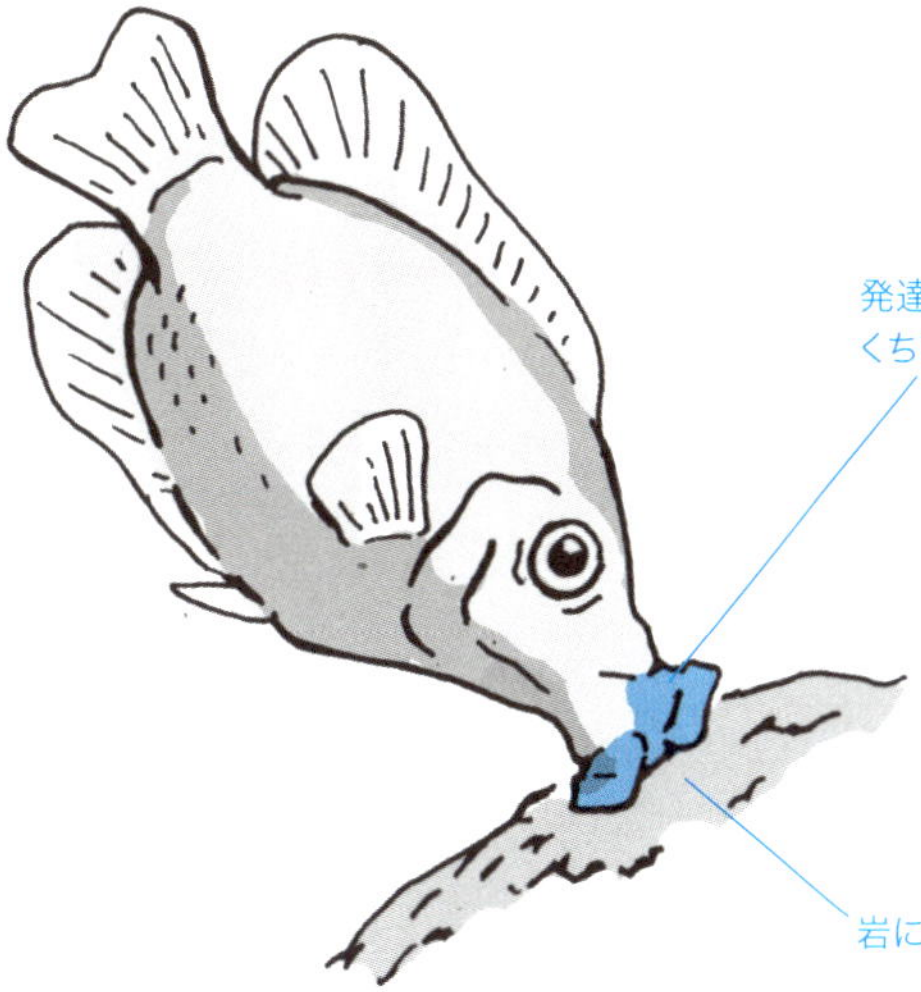
発達した
くちびるで削りとる
岩についたコケなど

攻撃にもくちびるを使う

なわばり意識が強く、オスどうしが出会うと、くちびるを合わせるキスのような動作で、おたがいを押し合って攻撃する。ほかの魚を攻撃し、傷つけることもある。

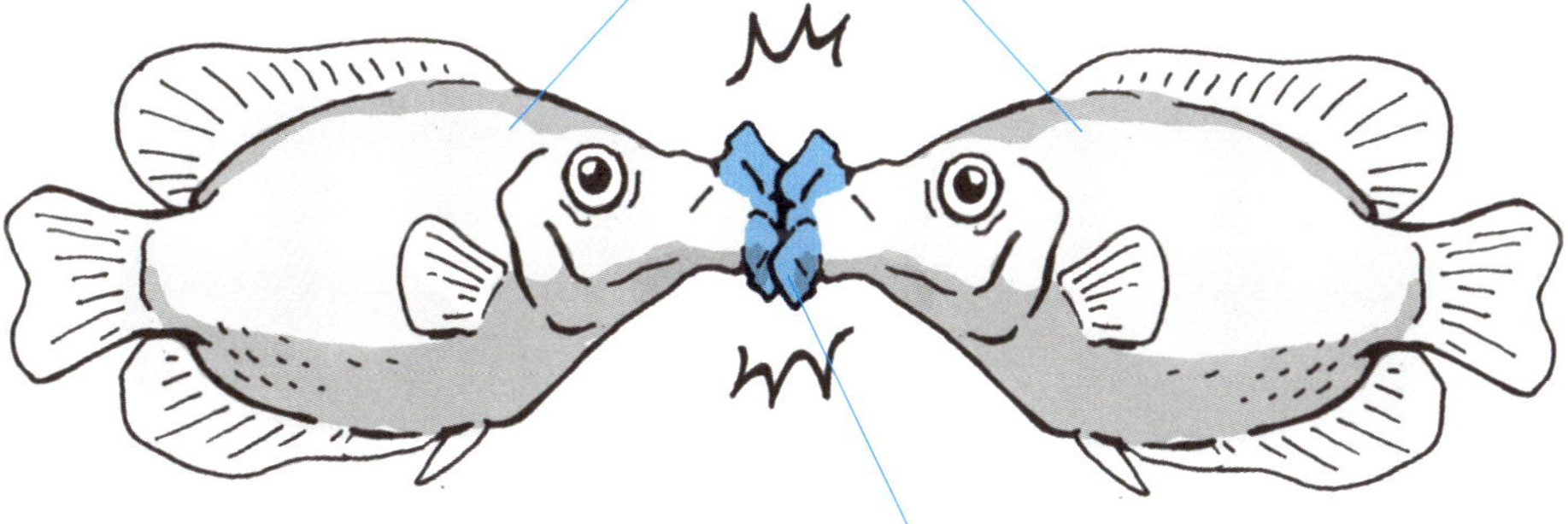
両方ともオス
くちびるを合わせて
攻撃する

レーダーで獲物を探す発電魚

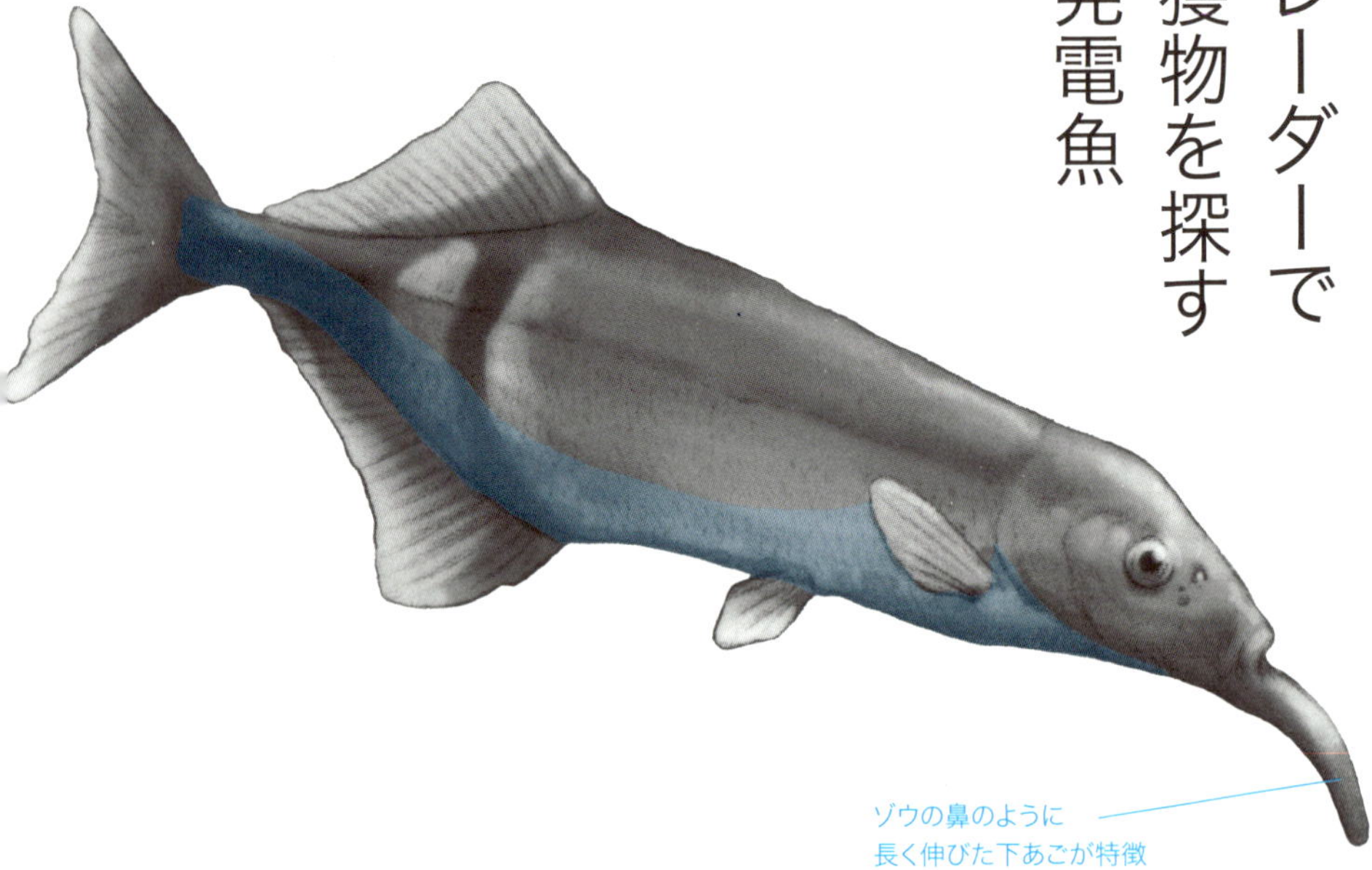
ゾウの鼻のように
長く伸びた下あごが特徴

エレファントノーズフィッシュ

魚のなかには、周囲をさぐるためにレーダーを使いながらくらしているものがいます。それが、ナイル川にすむエレファントノーズフィッシュです。

この魚は、尾の部分に発電器をもっていて、そこでつくり出した電気をレーダーのように使い、泥のなかにいる獲物を見つけているのです。また、同じように電気を発生させる魚に対しては攻撃的になることから、なわばりを守るためにも電気を利用していると考えられています。ただし、この魚が発生させる電気は、デンキウナギやデンキナマズ（P.32〜33）のように強いものではなく、ごく弱いものです。

顔についた長い鼻のようなものは、長く伸びた下あごで、泥のなかの獲物を捕らえるときに使われます。エレファントノーズフィッシュという名前は、この特徴的な下あごのかたちがゾウの鼻のように見えることに由来しています。

分類　アロワナ目モルミルス科
全長　20cm
分布　ナイル川
生息環境　河川や湖沼

発電のしくみ

尾の部分にある発電器から20～30mVという微弱な電流を流すことにより、
磁場を発生させてレーダーのように使うことができる。

電気を知覚するために、
からだにくらべて脳が大きい
なわばり意識が強く、同じ仲間が集まった場合でも順位闘争をおこなってなわばりを決める。なわばりへの侵入者を感知すると、素早く泳いで追いかけ回す
発電器

発電器のしくみ

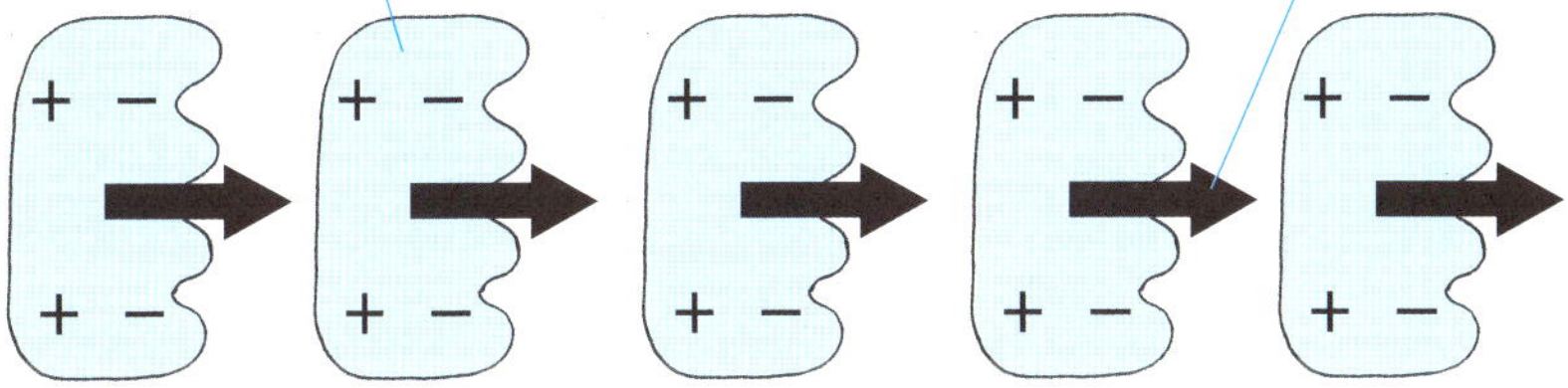
電気細胞
電気の流れ

たくさん並んだ電気細胞とよばれる細胞が、脳からの命令で一斉に興奮することで、
直列接続の電池のように電気を発生させる。

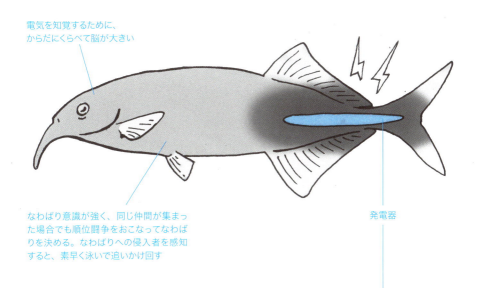

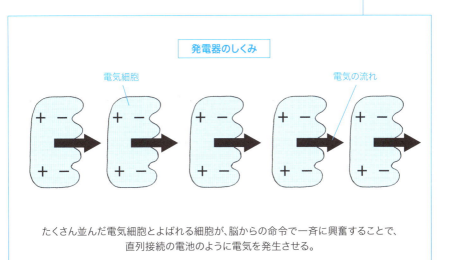

オスは巣づくりとダンスに必死！

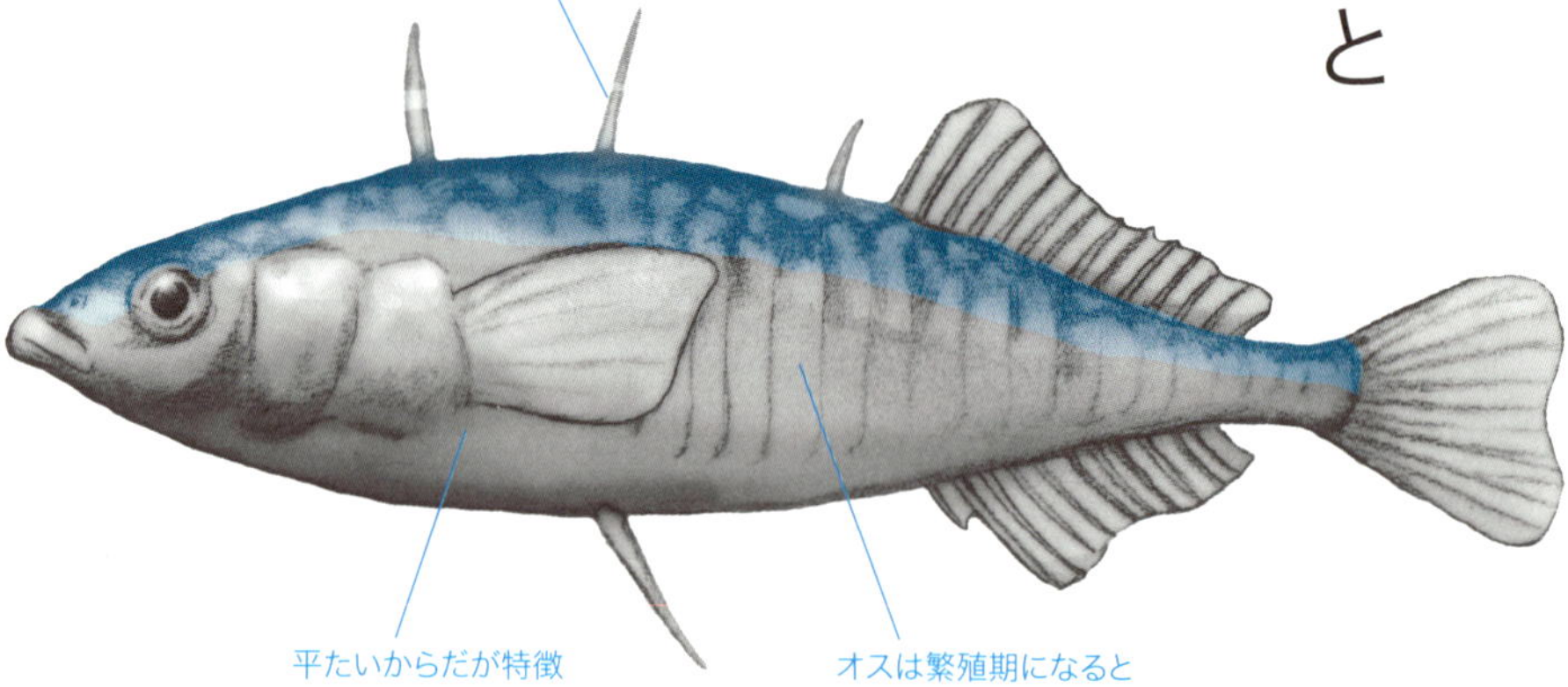
背びれの前に3本のトゲがついている
ためにトゲウオともよばれる
平たいからだが特徴
オスは繁殖期になると
色が変わる

イトヨ

多くの魚は巣をつくりませんが、イトヨのオスはメスのためにトンネルのような巣をつくることで知られています。

イトヨのオスは、繁殖期になると全体が青みがかり、腹部《ふくぶ》が赤くなる「婚姻色《こんいんしょく》」という色の変化が表れます。婚姻色が表れたオスは、なわばりをつくってほかのオスを追いはらうようになります。次に、なわばりの1ヶ所に藻類など繊維状のものを集め、口を使ってトンネル状にかたちを整えます。そして、腎臓でつくられた粘液を尻の穴から出してこのトンネルにぬりつけ、固めて巣をつくるのです。

次にオスは、巣ができるとジグザグに泳ぐ独特のダンスでメスにアピールをします。このダンスにひきつけられたメスが、オスの巣を気に入りそこに産卵すると、オスはすかさず精子を振りかけて受精させます。その後、オスは卵がふ化するまで巣にとどまって世話をするのです。

分類 トゲウオ目トゲウオ科
全長 10cm
分布 山口県・利根川水系、世界中の亜寒帯域
生息環境 川や湖

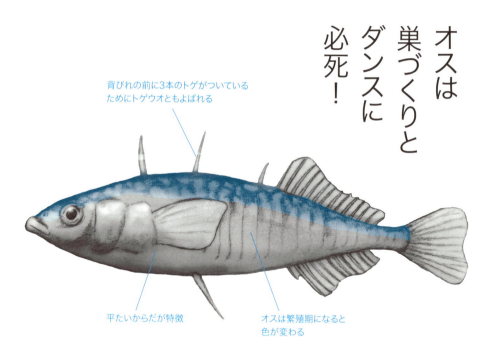

イトヨの巣づくりと求愛

1 オスはまず水の底に穴を掘る。

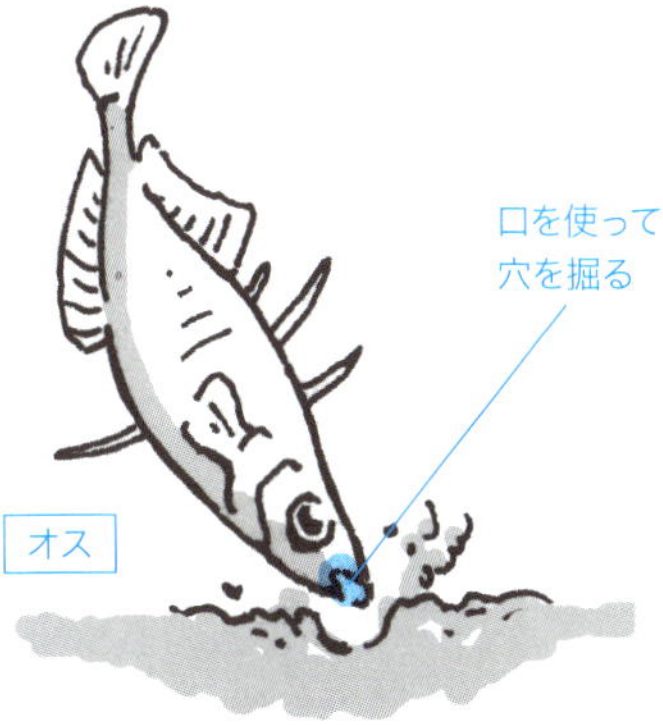
口を使って
穴を掘る
オス

2 藻類などを集めて、かたちを整える。

オス
藻類など、繊維状の
ものを集める

3 集めた藻類のかたまりをくぐり、粘液でかためると巣は完成。

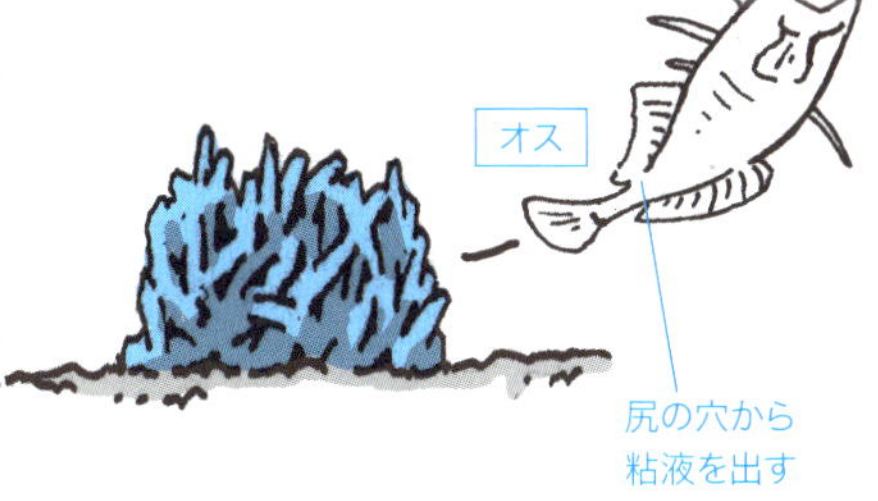
オス
尻の穴から
粘液を出す

4 ジグザグに泳ぐダンスをして、メスの気をひく。

メス
オス

5 メスが気にいってくれると巣穴に迎え入れ、刺激して産卵を促す。

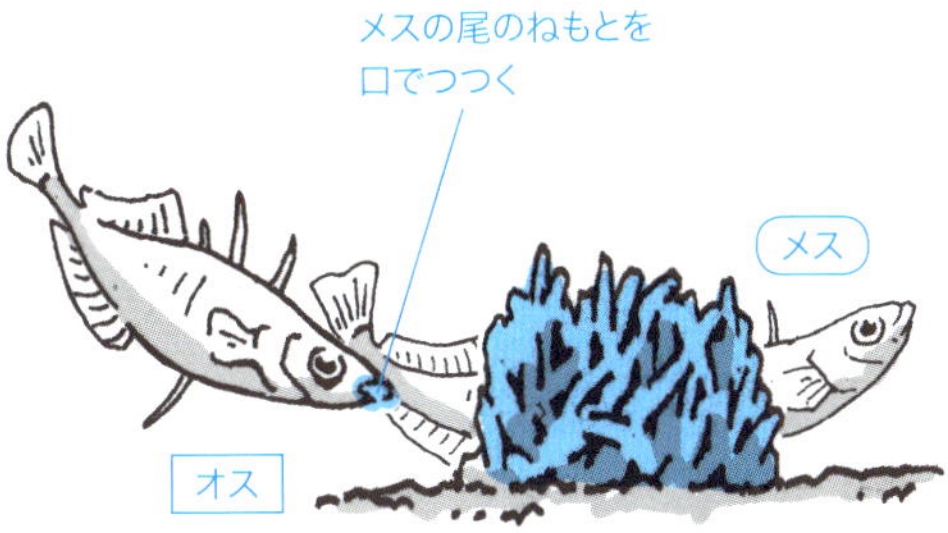
メスの尾のねもとを
口でつつく
メス
オス

6 念願のメスが産んだ卵に精子を振りかけ、受精させる

オス

お腹ではなく頭に生殖器がある魚

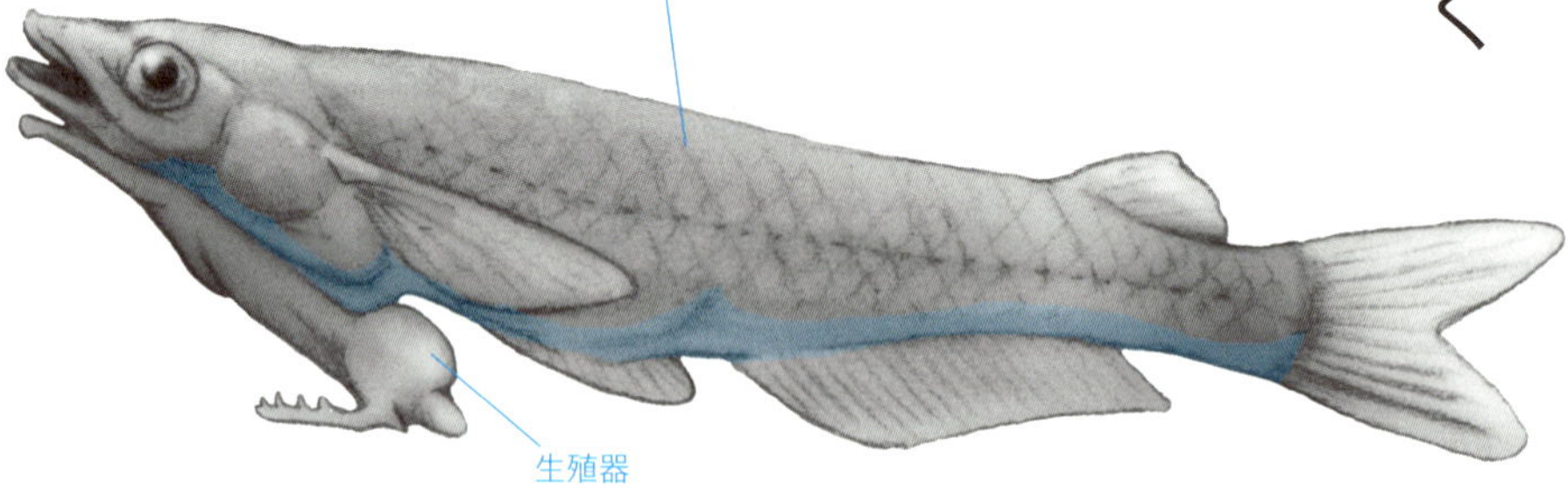

ファロステテサス・クーロン

多くの魚は、産卵や放精をおこなう生殖器官は腹部《ふくぶ》についています。しかしその生殖器官が頭部にある奇妙な魚がいます。それがファロステサス・クーロンです。

オスはあごの部分に腹びれの骨が変化してできた、複雑なかたちの「プリアピウム」という交尾器官をもっています。交尾をするときには、オスがこの交尾器官を使ってメスの頭の上に自分の頭を固定し、メスの頭部にある穴に精子を注入するのです。オスとメスの二匹が頭で結合して泳いでいる姿は、まるではさみが水中を泳いでいるように見えるそうです。

この魚は、地元の人びとの間では昔からよく知られていました。しかしこれほどの特徴をもっていながら、長い間科学的に研究されることはなく、2012年にやっと新種と認められました。学名のファロステサスとは、ギリシャ語で「胸にペニス」という意味をもっています。

分類 トウゴロウイワシ目トウゴロウメダカ科
全長 2.5cm
分布 ベトナム
生息環境 河川

オスとメスのからだの違い

プリアピウムはオスにしかないが、メスの生殖器も頭部についている。交尾のときには頭を合わせて泳ぐのが特徴的。

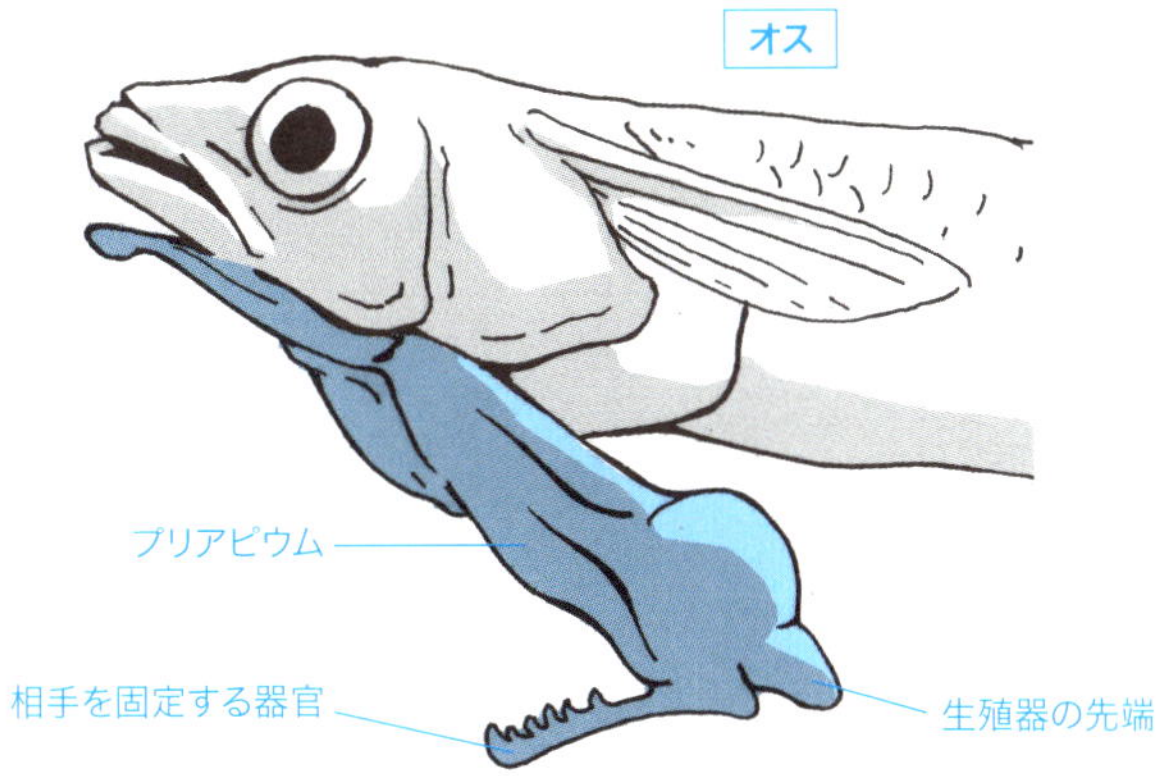

交尾器官のつくり

プリアピウムは腹びれの骨が変化してできたもの。複雑な構造で、メスではほとんど骨格自体が消えてしまっている。

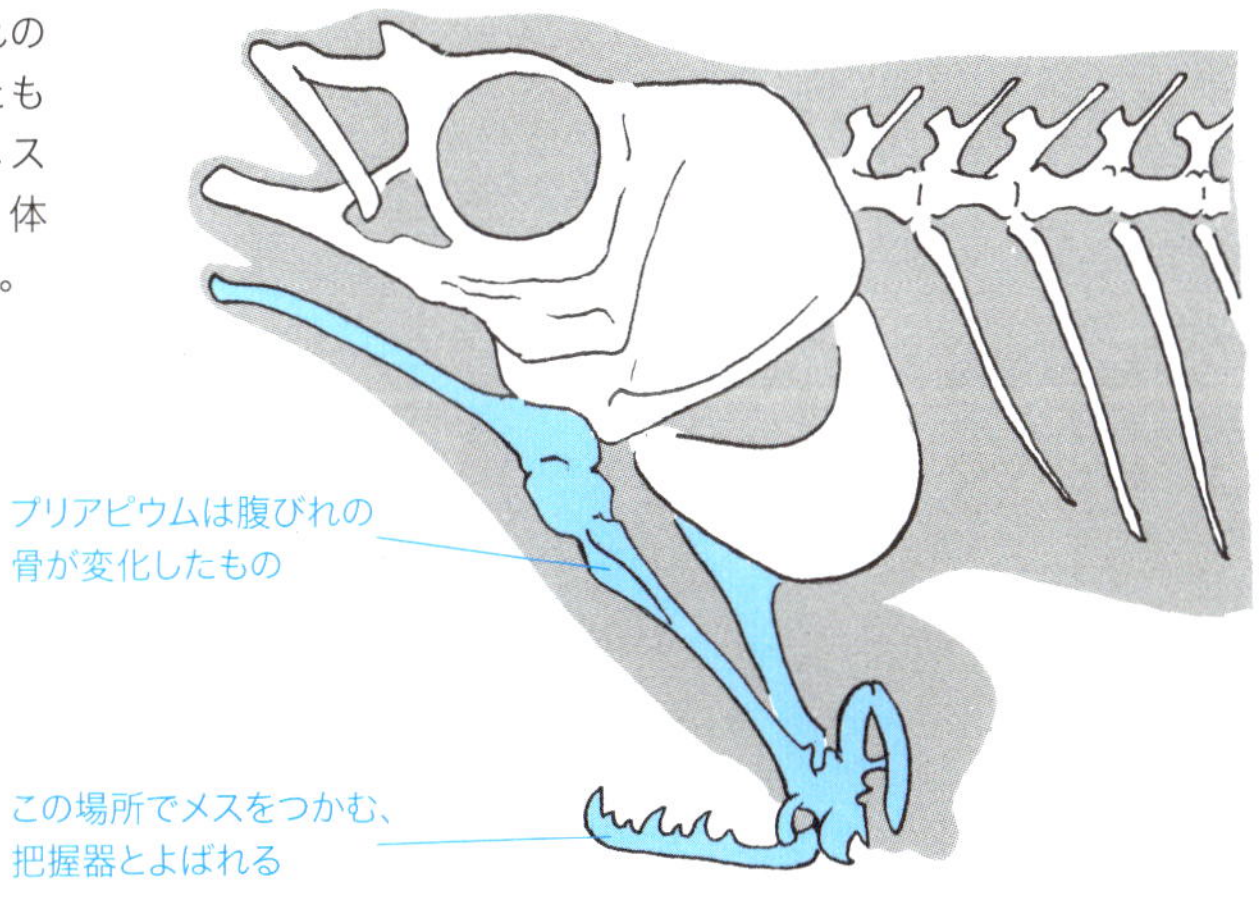

卵を額にくっつけて守る魚

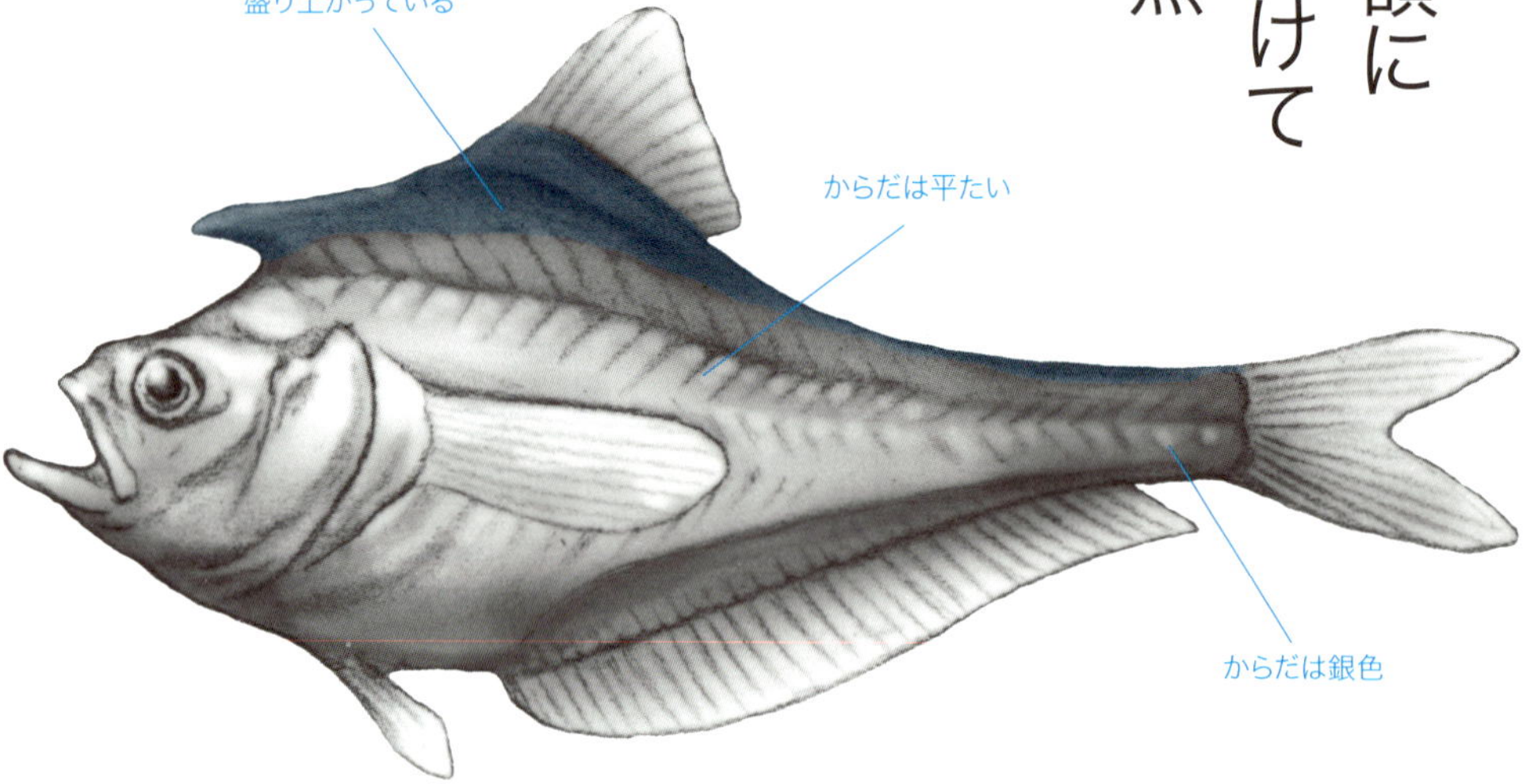

背中がこぶのように
盛り上がっている
からだは平たい
からだは銀色

コモリウオ

コモリウオは、額に生えた角で卵を守るという変わった習性をもつ魚です。

この仲間のオスは、額の部分に角のような突起をもっています。この突起はメスにはなく、頭の上部の骨が変化したもので、分厚い皮ふで覆われています。

繁殖期になるとこの突起が大きくなり、オスはメスが産んだ卵のかたまりをこの突起にくっつけてもち運びます。こうして卵をつねに近くに置いておくことで、外敵から守るのです。ただし、オスがどのようにして卵を突起に引っかけるのかは、よくわかっていません。

卵や稚魚を守る魚は、さまざまな種類が知られていますが、このような方法で卵を守るのは、コモリウオの仲間だけです。このように子どもを守る姿から、英語では「ナーサリー・フィッシュ（子守をする魚）」とよばれています。

分類 スズキ目コモリウオ科
全長 最大60cm
分布 オーストラリア・ニューギニア
生息環境 淡水や汽水域

コモリウオのオスとメスの違い

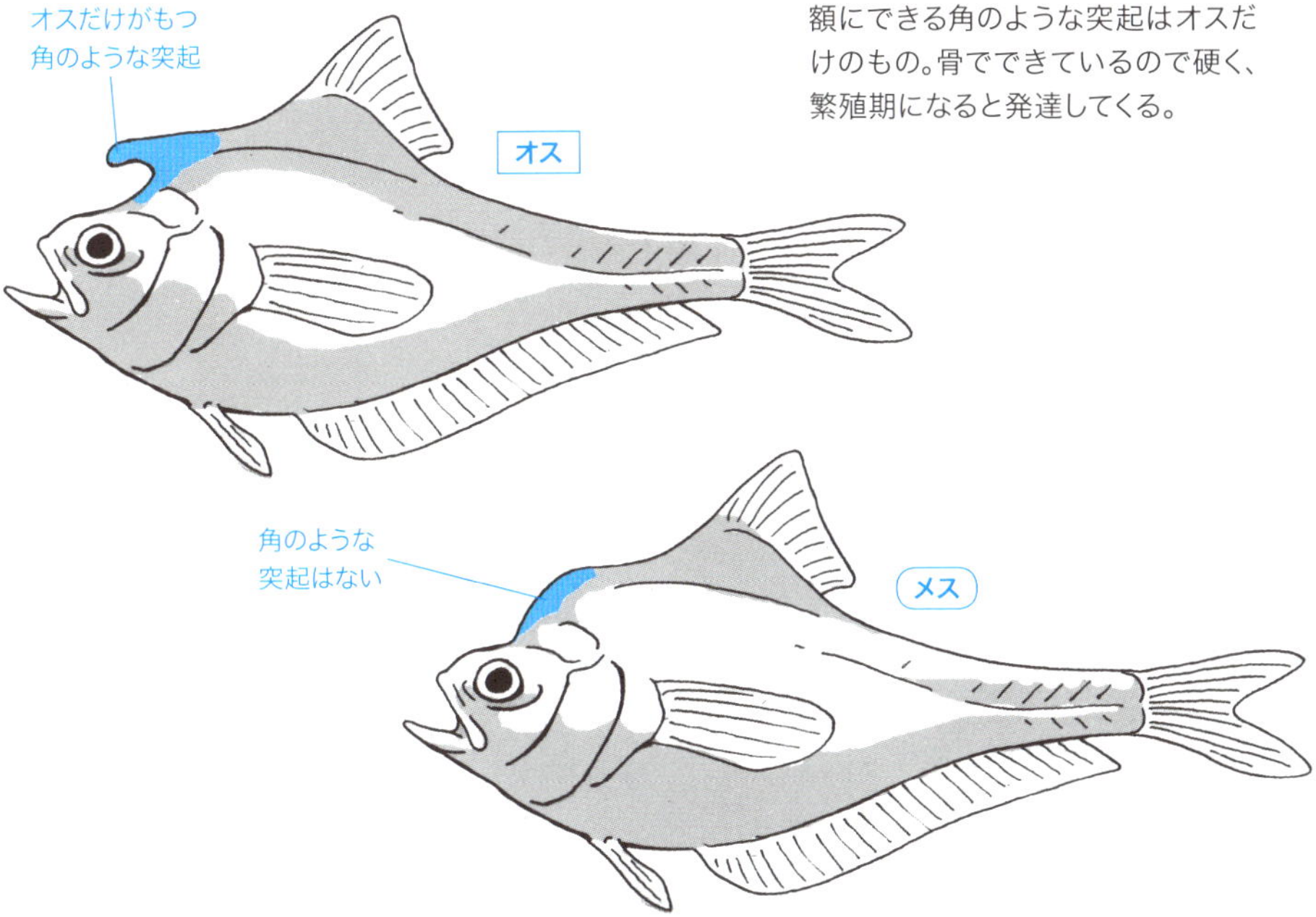
オスだけがもつ
角のような突起
オス
角のような
突起はない
メス

額にできる角のような突起はオスだけのもの。骨でできているので硬く、繁殖期になると発達してくる。

額に卵をくっつけたオス

口のなかで卵や子どもを守る魚や、巣をつくる魚など、卵を身のまわりに置いて守る種類は多い。しかしオスの額にくっつけて守るのは、このコモリウオでしか見られない。

額にくっつけている卵
どのようにして卵のかたまりを突起にくっつけるのか、なぜこの種類だけ額で卵を守るのかはよくわかっていない

魚なのにミルクで子育て

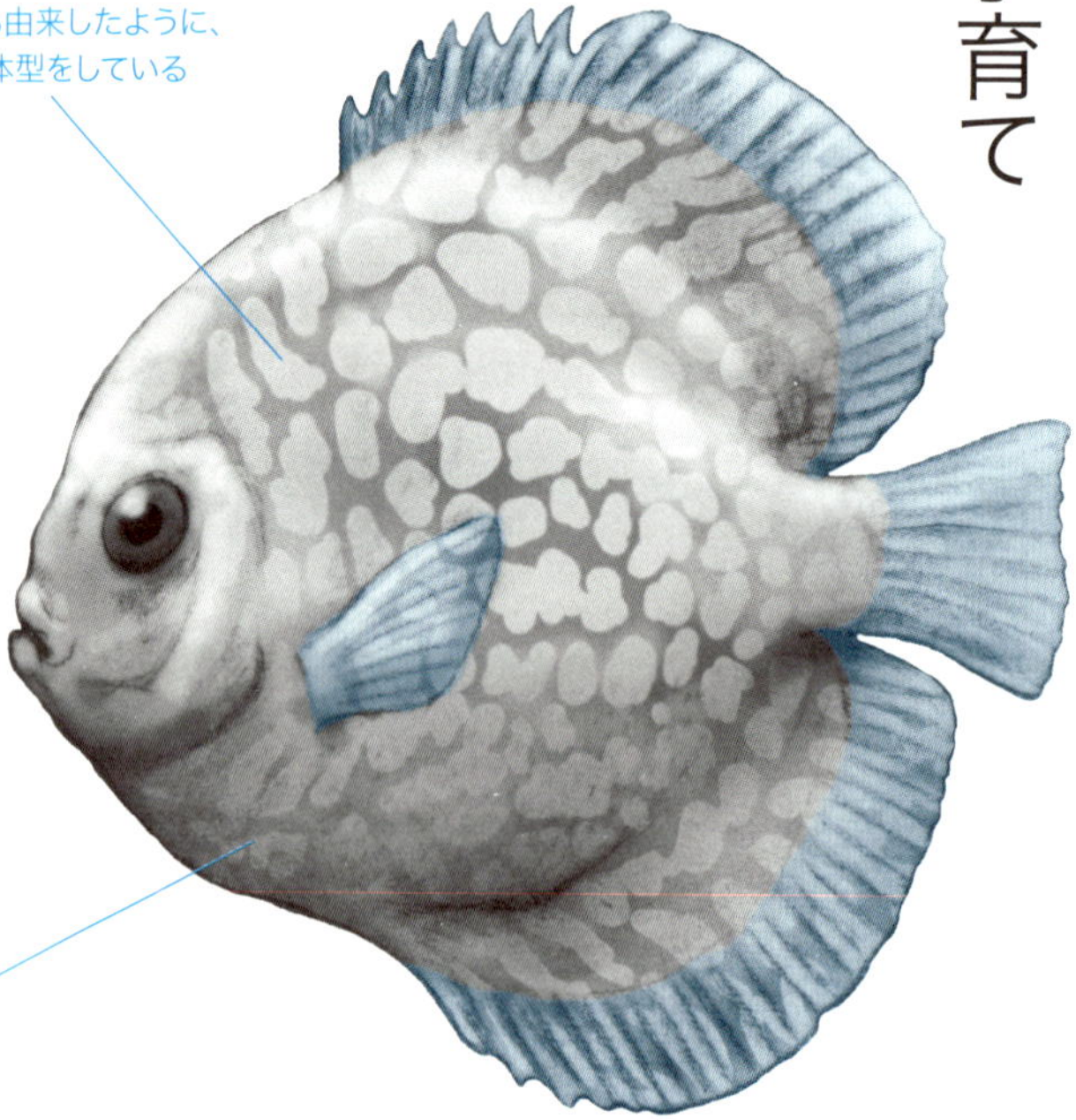
ディスカスの名前が「ディスク」から由来したように、円盤のような体型をしている
鮮やかな色の種類が多い

ディスカス

子どもにミルクを与えるのは、私たちほ乳類だけではありません。魚のなかにも、子どもにミルクを与えて育てるという変わった習性をもつ種類がいます。それがアマゾン川などにすむディスカスの仲間です。

ディスカスは、水草などに数十～数百個の卵を産みつけ、つがいでその卵を保護します。卵からふ化した稚魚が自分の力で泳ぐことができるようになると、親はからだの表面からミルクのような粘液を出しはじめます。これをディスカスミルクといいます。稚魚は、このディスカスミルクをついばむようにして食べながら成長するのです。

稚魚は、体長5cmほどに成長するとディスカスミルクを食べるのをやめ、親から離れます。その後、水底の岩の隙間や木の根などに潜みながら、水生の昆虫などを食べてくらすようになります。

分類	スズキ目シクリッド科
全長	20cm
分布	南アメリカ
生息環境	淡水

卵を守るディスカスの親

卵を産んだ後も、オスとメスはその場所に留まって世話をする。オスとメスがいっしょに仲よく卵の世話をするのは、この仲間では珍しい。

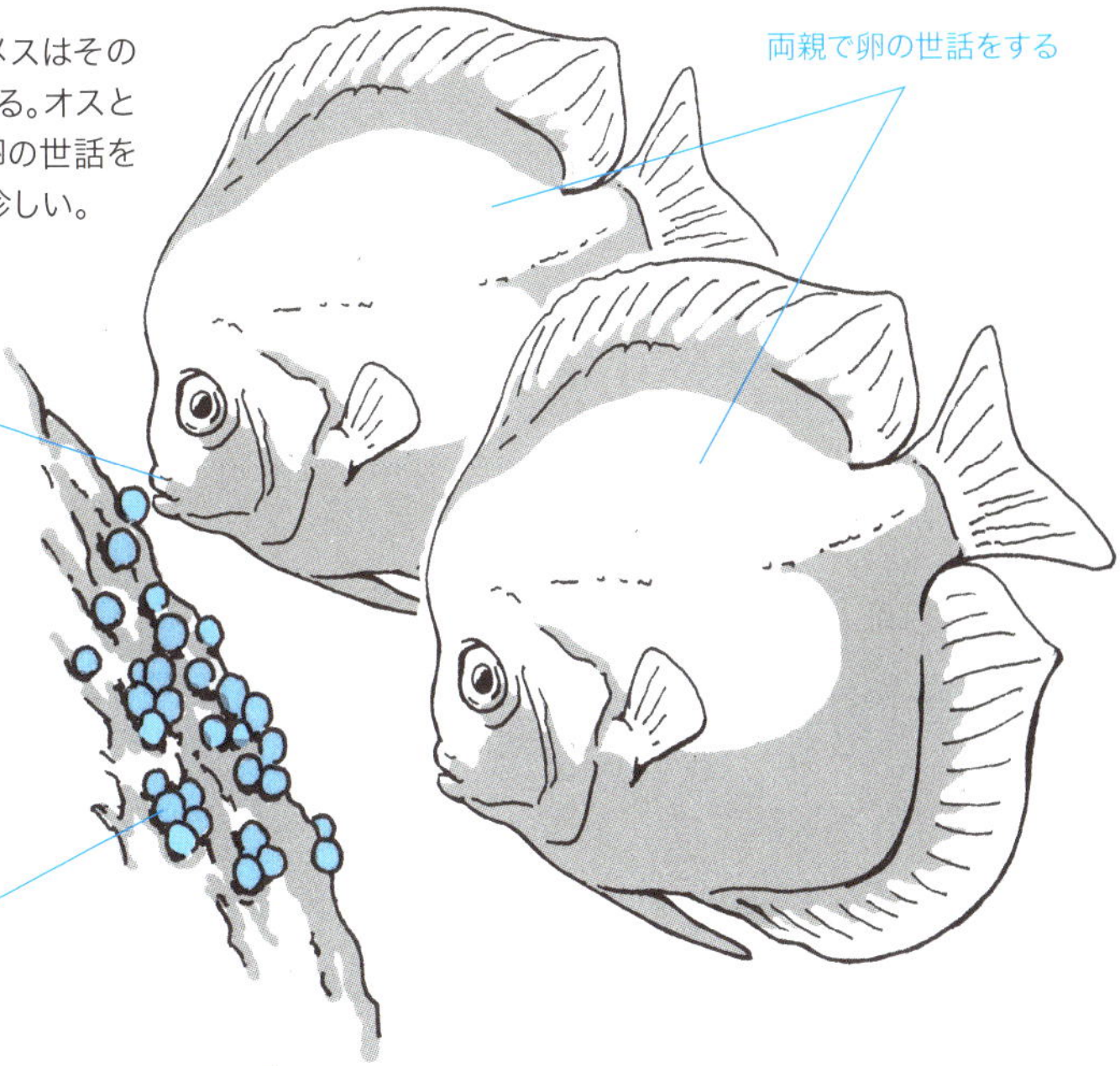
両親で卵の世話をする
卵を清潔に保つために口で新鮮な水を吹きかける
産みつけられた卵

ディスカスミルクを吸っている稚魚

子どもは全長約5cmを超えるまで親と行動をともにする。独り立ちが遅い種類なのである。

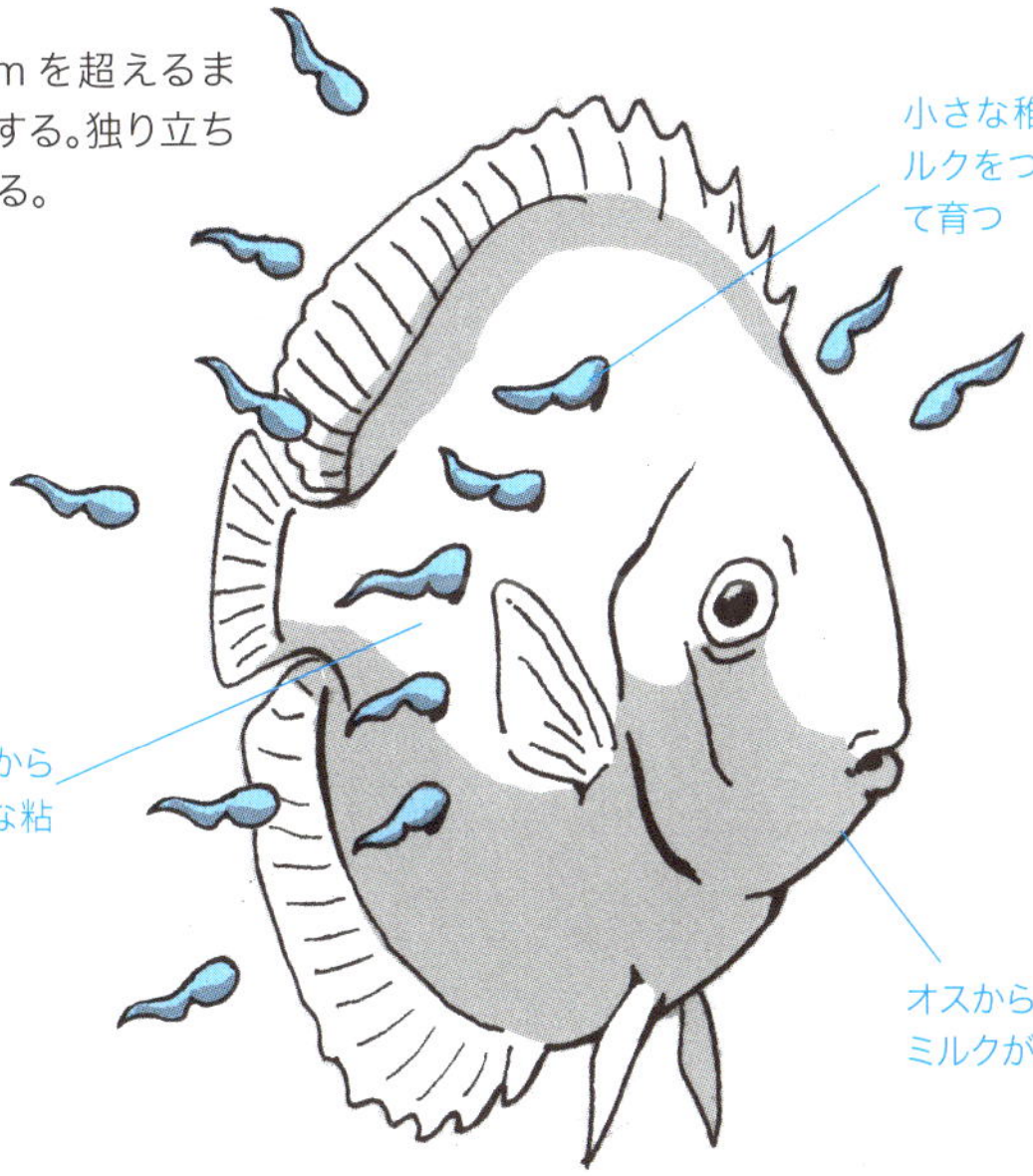
小さな稚魚はディスカスミルクをついばむように食べて育つ
からだの表面からミルクのような粘液を出す
オスからもミルクが出る

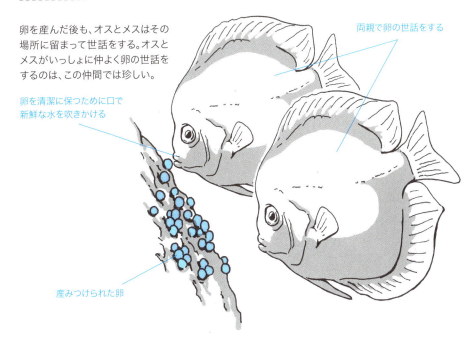

メスが口で精子を吸いとる魚

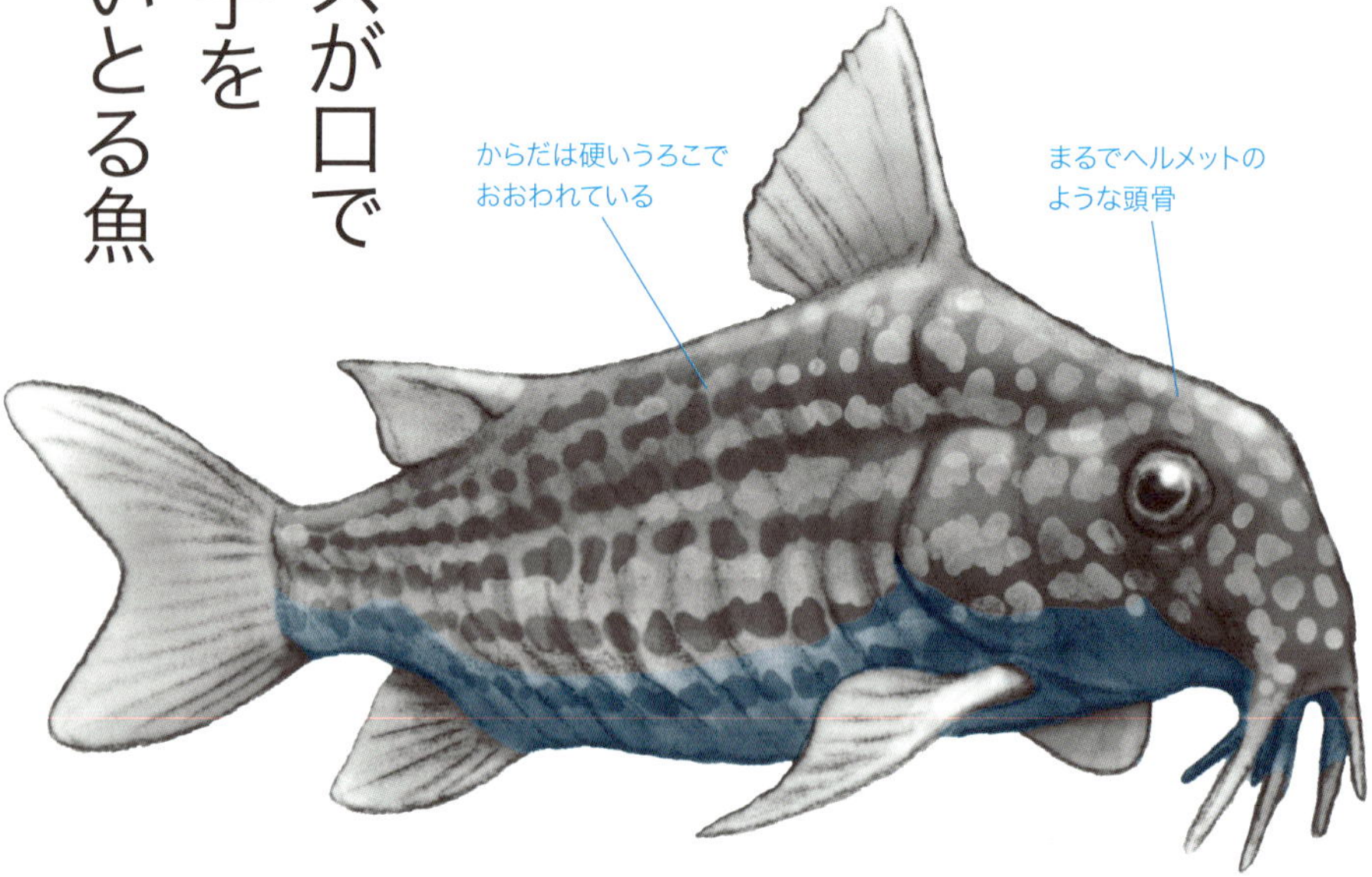
からだは硬いうろこで
おおわれている
まるでヘルメットの
ような頭骨

コリドラス

コリドラスという小型のナマズは、メスがオスの精子を口で吸いとるという生殖行動をとります。

繁殖期になると、まずオスが好みのメスを追いかけはじめます。オスの求愛を受け入れたメスはオスの腹部《ふくぶ》に口をつけて、Tポジションとよばれる体勢をとります。このとき2匹を上から見るとTの字に見えるため、こうよばれています。

この体勢のまま、やがてオスは腹部から精子を出し、メスはそれをそのまま口で吸いとり、飲み込んでしまいます。

オスと離れたメスは、飲み込んだ精子を尻から出します。出した先には腹びれを合わせてつくった二枚貝のようなかたちの袋があり、そのなかに未授精の卵をあらかじめ産んでいるので、この段階で卵を受精させるのです。こうして受精させた卵はその後、水草などに産みつけられ、5日ほどでふ化します。

分類 ナマズ目カリクティス科
全長 6～10cm
分布 南アメリカ
生息環境 河川の浅瀬

Tポジション

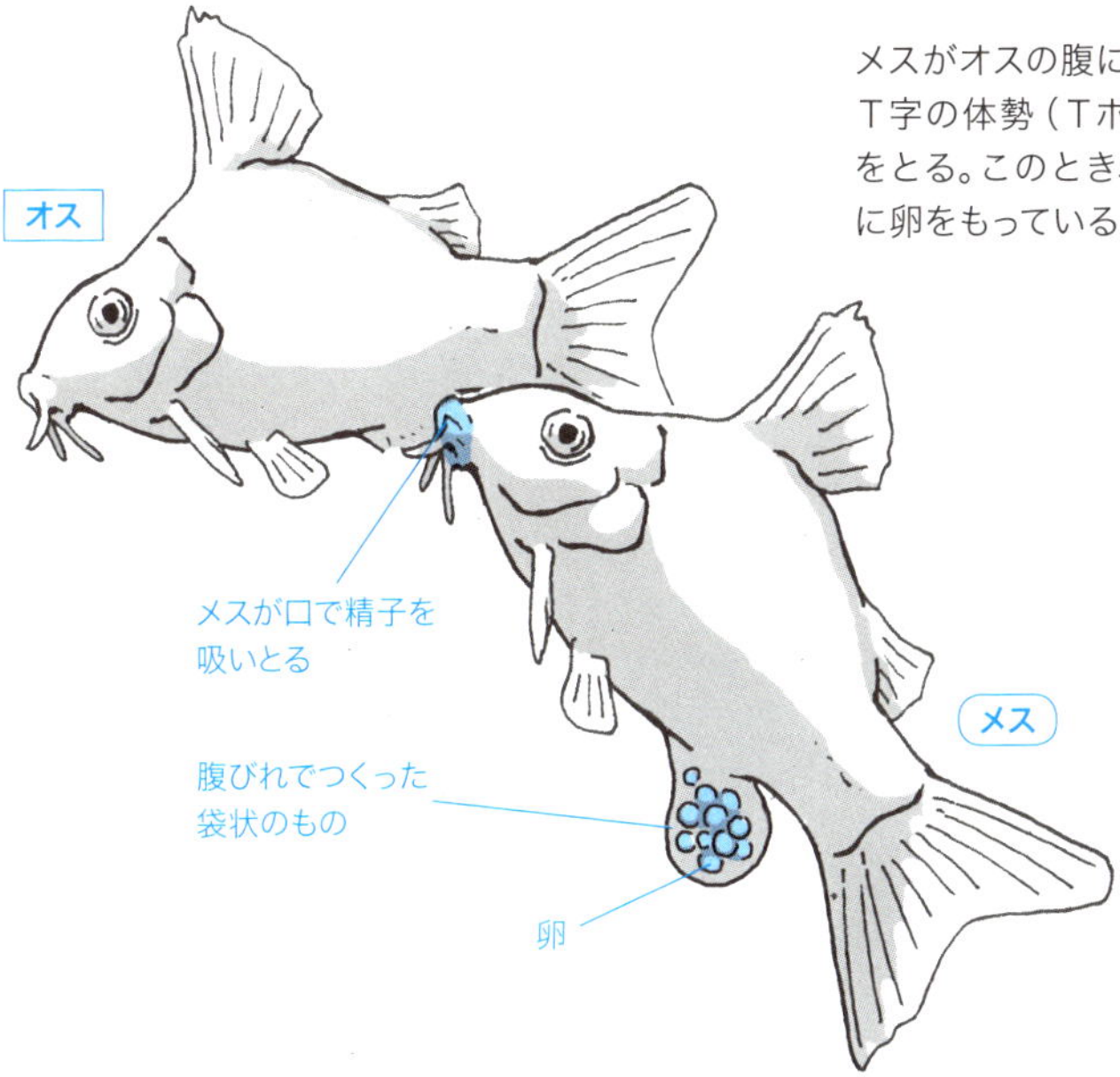

メスがオスの腹に吸いつき、T字の体勢（Tポジション）をとる。このとき、メスは腹に卵をもっている。

メスの腹びれの変化

受精させるときは、腹びれを合わせて袋状にし、肛門から出た精子を直接、
なかの卵に触れさせる。受精させる前に、
精子は一度メスの体内を通過する。

魚なのにへその緒で子育て

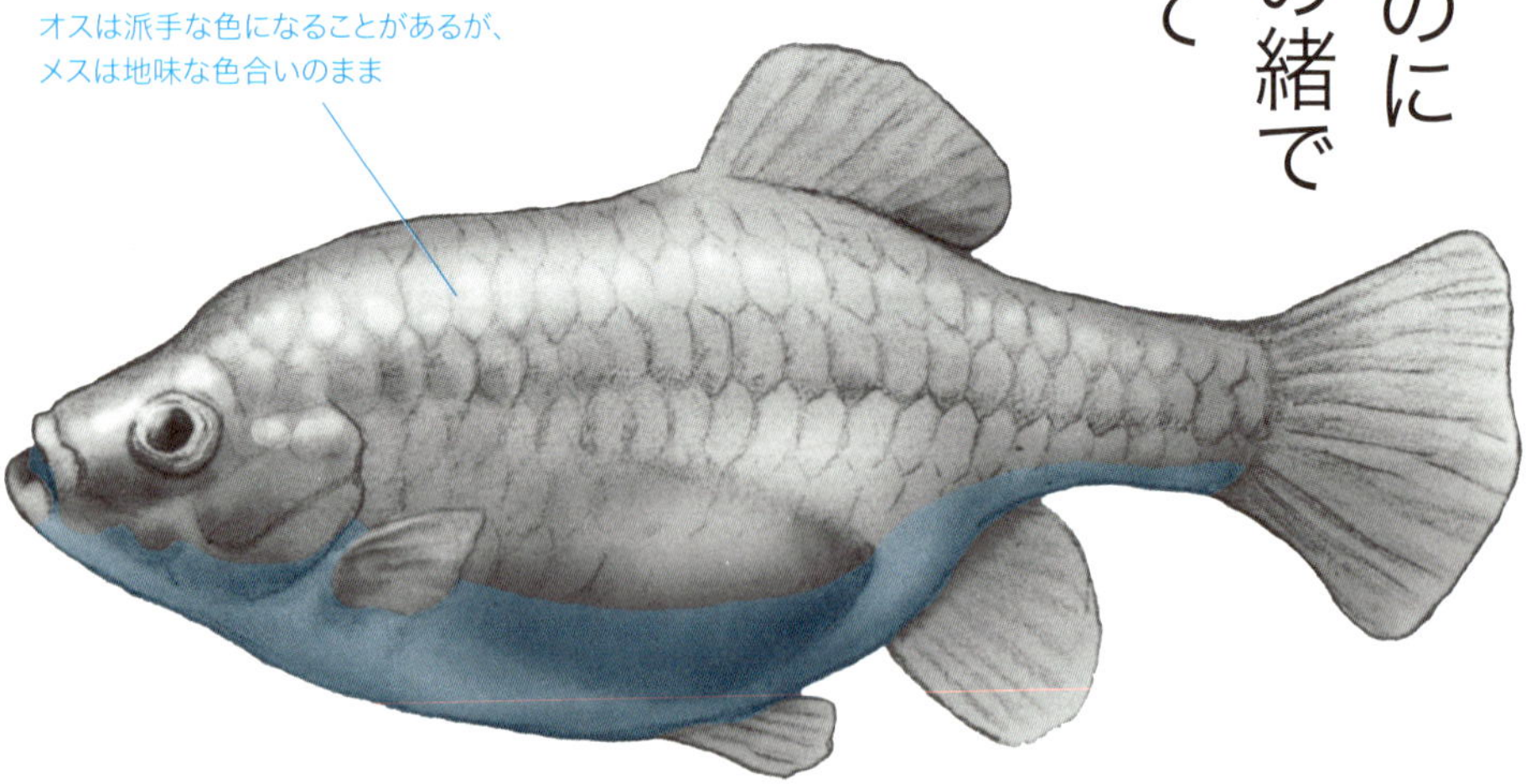
オスは派手な色になることがあるが、
メスは地味な色合いのまま

ハイランドカープ

メダカによく似たグーデア科の魚のなかには、卵ではなく稚魚の状態で子どもを産む種類がいます。

受精卵を体内でふ化させて、卵のなかの栄養で子どもを育てた後に産む種類がほとんどですが、この仲間はただ稚魚の状態で産むだけではなく、驚くべき繁殖方法をもっています。私たちほ乳類と同じようにへその緒のような器官をもち、子どもは母親の体内で栄養をもらいながら成長するのです。このような子どもの産み方を「真胎生《しんたいせい》」といいます。

ハイランドカープは、そんな真胎生の魚の一つです。この仲間の稚魚は、消化管が変化してできたリボンのような突起物がからだから出ています。母親のお腹にいるときの稚魚は、この突起物を使って、栄養を直接とり込み、体外に出るまでこの栄養だけで成長するのです。この突起物は、稚魚が体外に出ると、やがて吸収されてなくなってしまいます。

分類 カダヤシ目グーデア科
全長 6〜7cm
分布 メキシコ
生息環境 川

子どもは親の体内で育つ

ふつうの魚と違い、卵のなかの栄養ではなく母親からもらう栄養だけで大きくなる。
リボン状の突起からとり入れた栄養は、血管に入って子どものからだをめぐる。
まさにへその緒と同じしくみ。

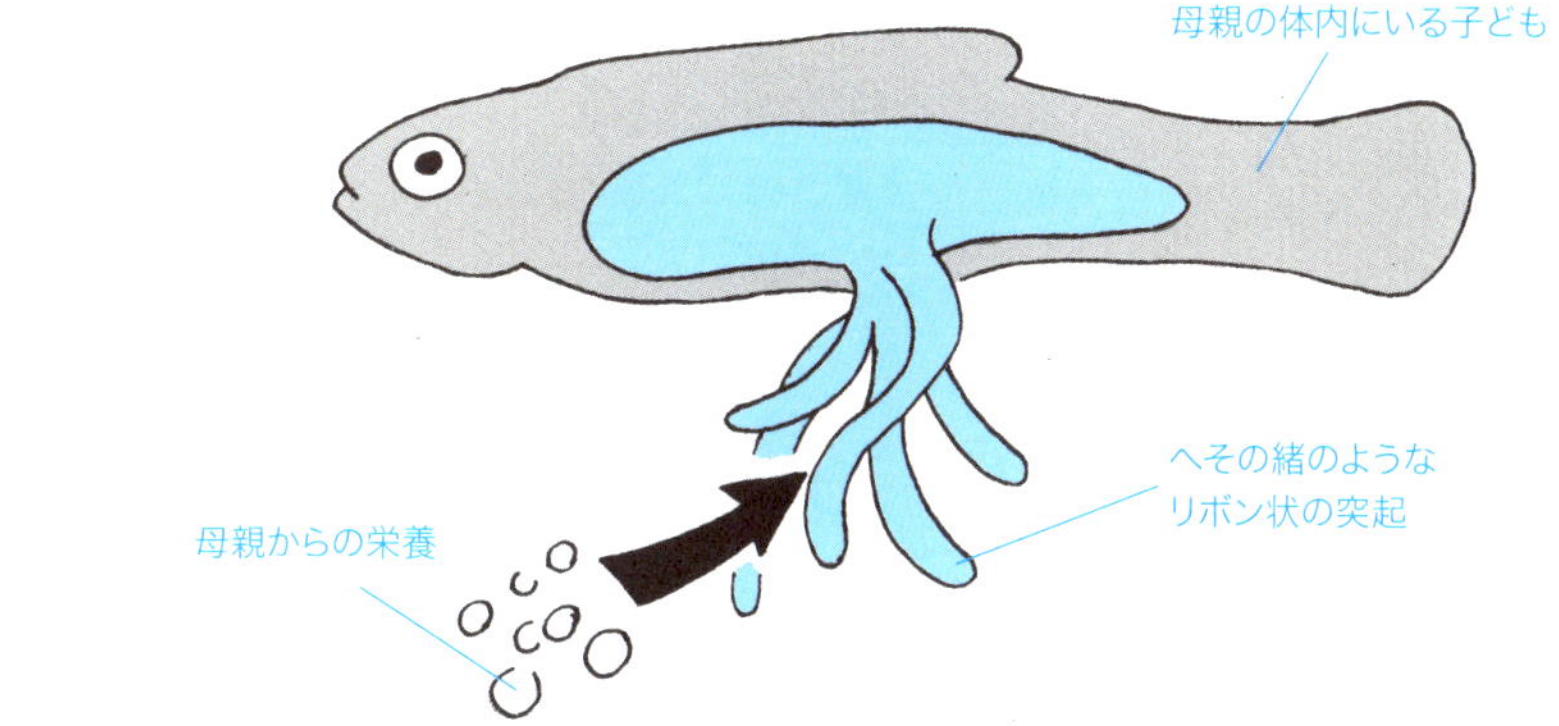

出産時には消える「へその緒」

へその緒と同じ役割をもつリボン状の突起は、親から生まれたあとは
不要になるので、からだに吸収されてなくなる。

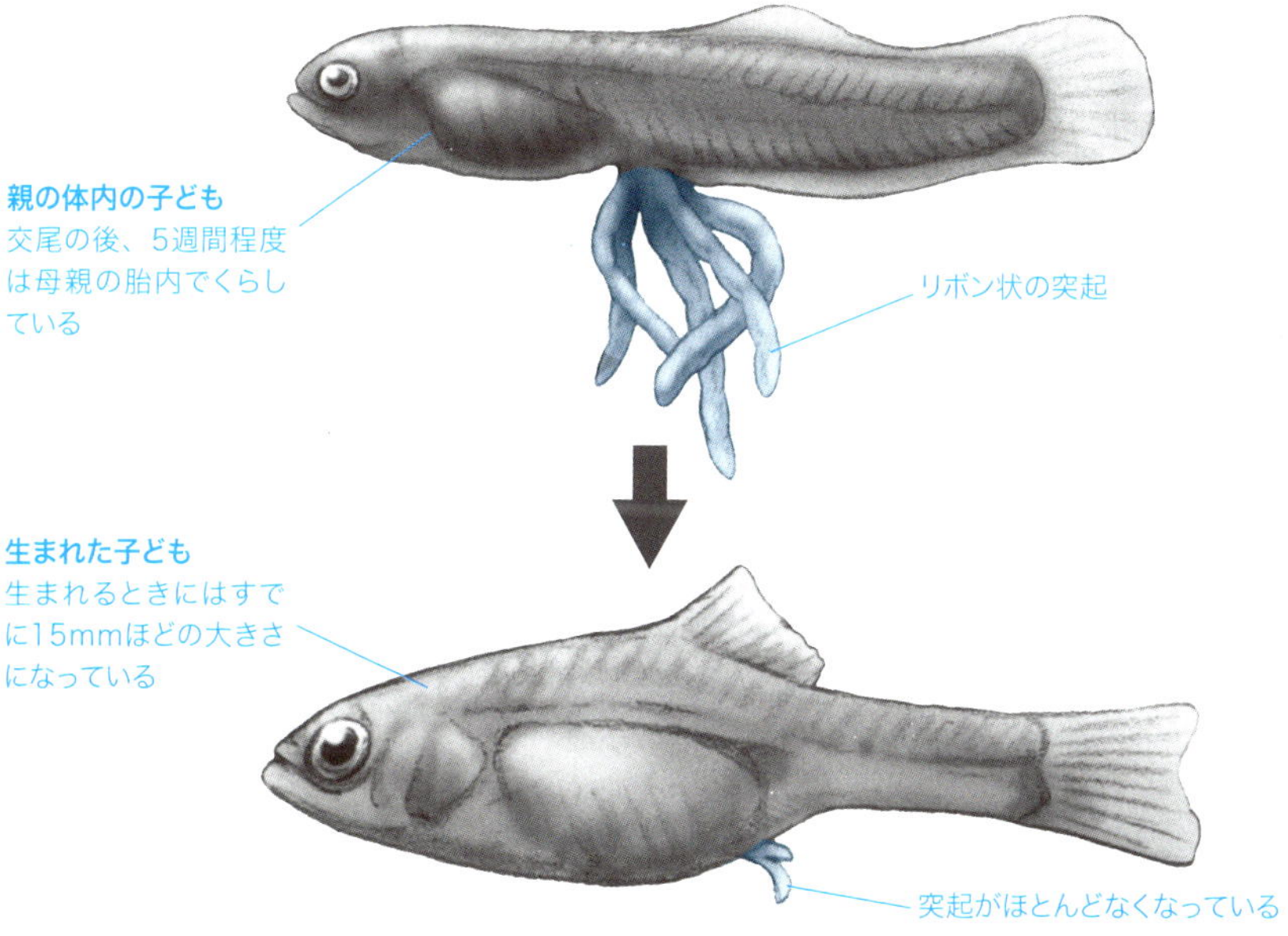

ほかの魚に子守りをまかせる策略家

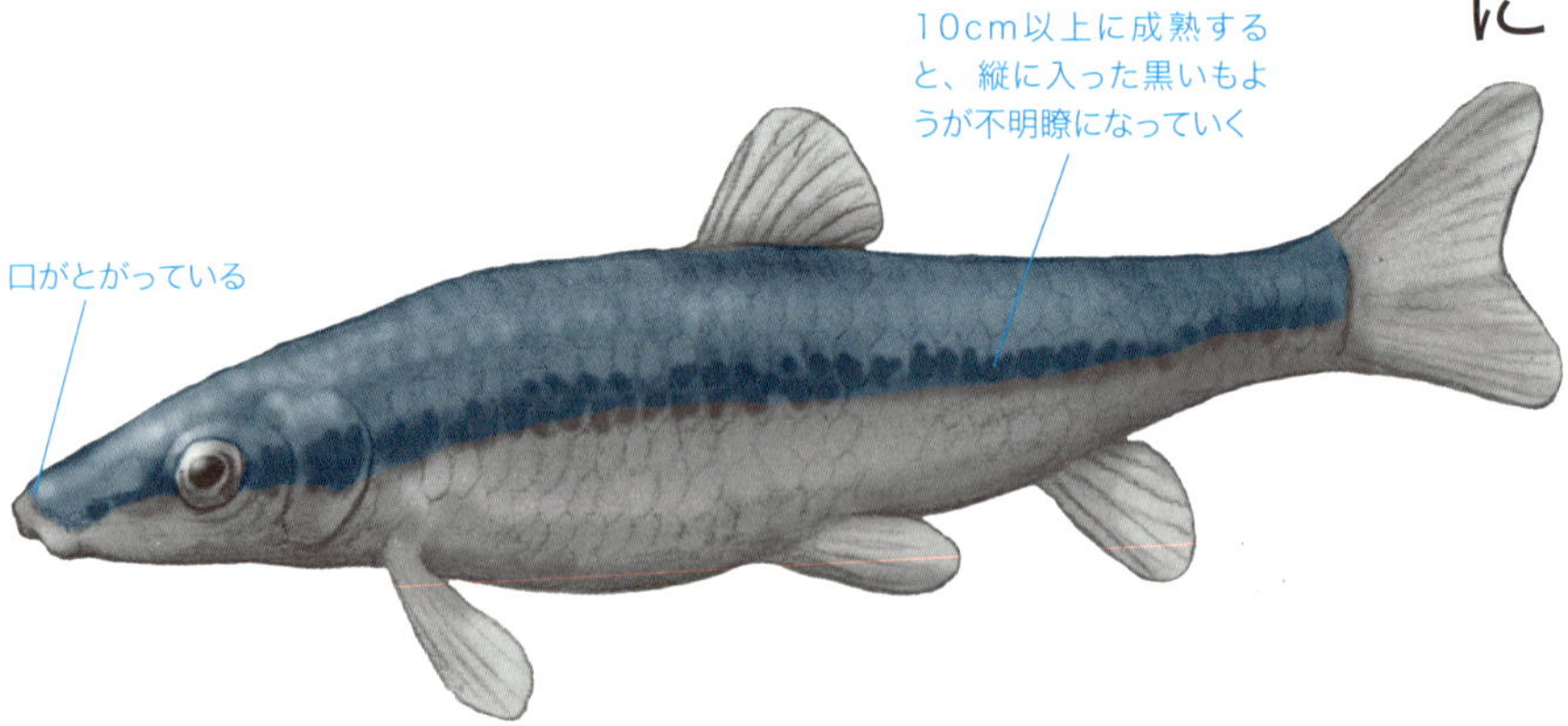
10cm以上に成熟すると、縦に入った黒いもようが不明瞭になっていく
口がとがっている

ムギツク

魚のなかには、親が卵を守ったり、稚魚の世話をしたりする種類がいますが、ほかの魚に子育てを托してしまう魚もいます。その代表例が、ムギツクです。

川の中流域から下流域に生息するオヤニラミやドンコ、ヌマチチブ、ブルーギルなどの魚は、巣をつくって産卵し、卵を守る習性をもっています。ムギツクはこれらの巣を集団で襲い、もともとあった卵を食べて、かわりに自分たちの卵を産みつけてしまいます。卵を産みつけられた魚は、ムギツクの卵を自分たちの卵と勘違いして、ふ化するまで世話をするのです。このように、自分の卵をほかの個体に預けて育てさせることを「托卵《たくらん》」といいます。

ムギツクは、ふだんは石や水草のかげに集団で潜み、藻類や小さな動物を食べながらひっそりとくらしています。托卵をしないで岩の割れ目や水草などに産卵することもあります。

分類	コイ目コイ科
全長	15cm
分布	西日本、中国・朝鮮半島
生息環境	川の中流～下流

ムギツクの托卵

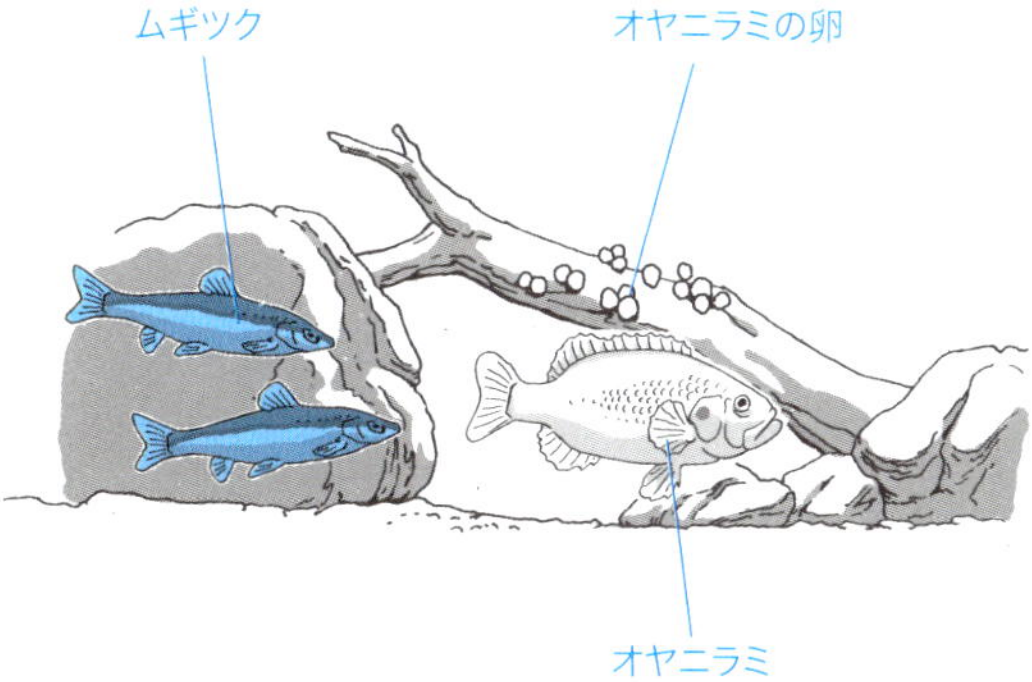

1 オヤニラミの巣の近くで岩陰に身を潜め、産卵のチャンスをうかがう。

2 親魚がいないすきにオヤニラミの巣に集団で襲いかかり、卵を食べる。

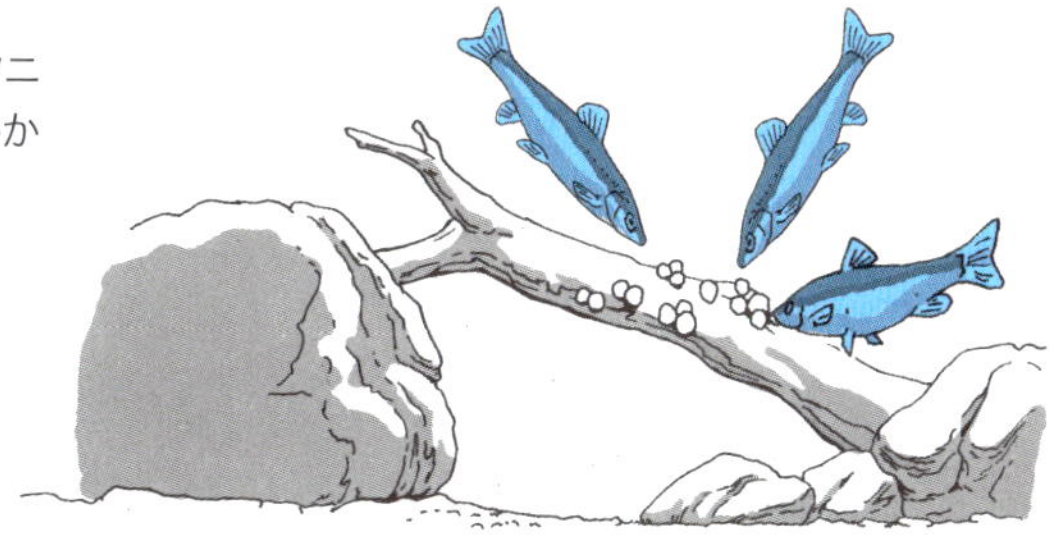

3 食べた卵のかわりに自分の卵を産みつける。

4 ムギツクの卵はオヤニラミに守られ、数日でふ化する。

よその子を食べてまで卵を預ける魚

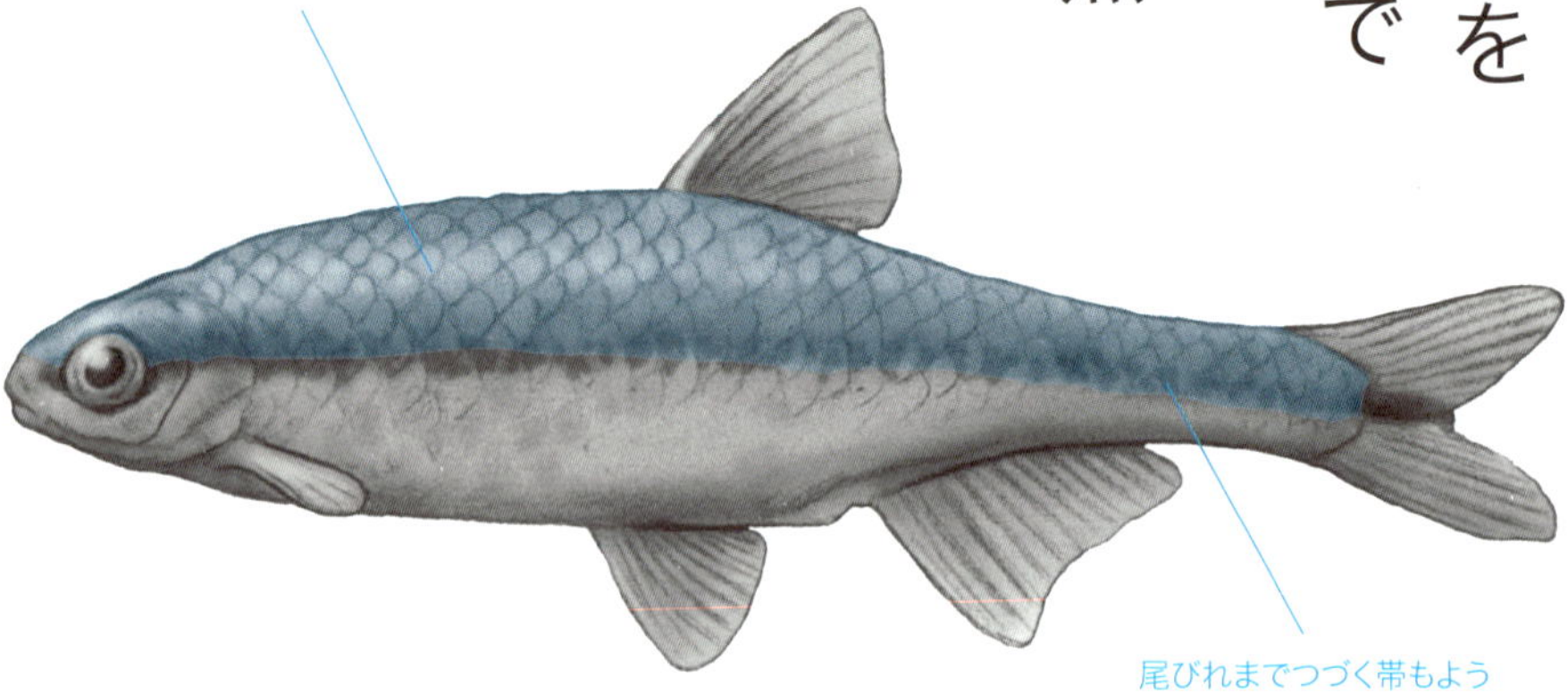
名前にあるダスキーとは英語で「薄黒い」という意味でからだの色をさす
尾びれまでつづく帯もよう

ダスキーシャイナー

托卵《たくらん》する魚のなかには、相手の卵はおろか、稚魚まで食べてしまう乱暴な種類もいます。北アメリカの淡水にすむダスキーシャイナーは、そのようなあつかましい魚としてよく知られています。

スズキ科のレッドブレストサンフィッシュという魚は、メスが巣のなかに産みつけた卵を、オスが守るという習性をもっています。巣を守るオスは近寄ってくるほかの魚を見つけると、追い払おうとして攻撃します。しかし、オスがほかの巣のようすを見に行ったり、別のメスに夢中になったりしている隙に、このダスキーシャイナーは巣のなかの卵や稚魚を食べてしまい、かわりに自分の卵を産卵していきます。こうして托卵されたレッドブレストサンフィッシュは、ダスキーシャイナーの卵を自分の卵と勘違いしたまま、ふ化するまで世話をするのです。

分類　コイ目コイ科
全長　7～8cm
分布　北アメリカ
生息環境　湖沼や川

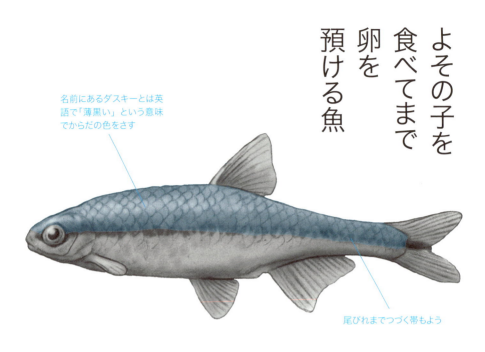

大きさの比較

これほどの対格差をものともせずに、ダスキーシャイナーはレッドブレストサンフィッシュの巣を襲う。

ダスキーシャイナー
約7cm
レッドブレストサンフィッシュ
約30cm

ダスキーシャイナーの托卵

自分のからだの4倍もあるレッドブレストサンフィッシュの隙をついて、その卵や稚魚を食べ、自分の卵をその場に産卵する。

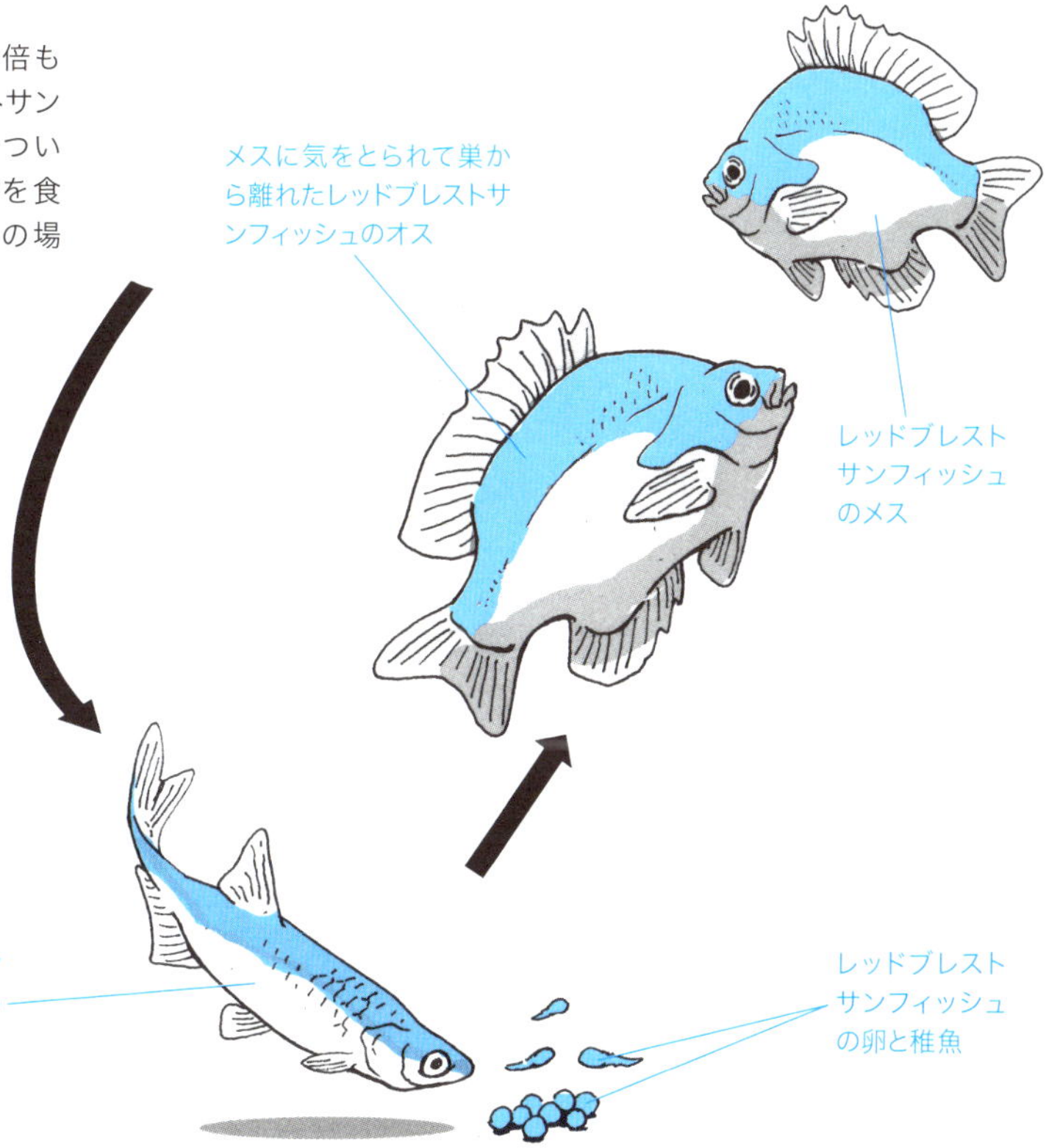
メスに気をとられて巣から離れたレッドブレストサンフィッシュのオス
レッドブレストサンフィッシュのメス
レッドブレストサンフィッシュの巣を襲うダスキーシャイナー
レッドブレストサンフィッシュの卵と稚魚

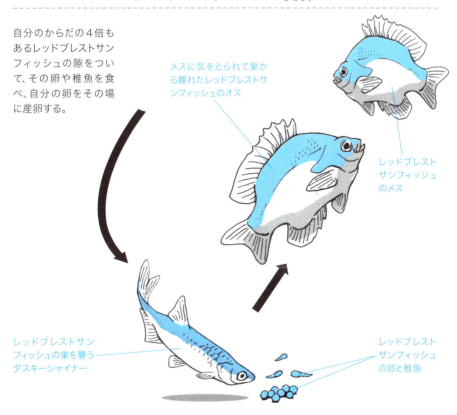

生きている貝のなかで子どもを育てる魚

銀色のからだに緑色のもようが入る
繁殖期にはオスの腹側が黒くなる

タナゴ

コイに近い仲間のタナゴという魚は、ドブガイをはじめとするイシガイ科の二枚貝に卵を産みつけることで知られています。ときには、その貝をめぐって争いが起こることまであります。

春から夏にかけての繁殖期になると、メスは非常に長い産卵管を使って、水の底にいるドブガイなどの殻《から》の隙間から貝のえらに卵を産みつけます。産みつけられた卵は50時間ほどでふ化し、そのまま貝のなかで成長します。こうすることで、外敵に見つからないようにしているのです。そして3週間から1ヶ月ほどたち、じゅうぶんに成長すると、貝の外に出て自分の力で泳ぎながら生活をはじめます。一方、タナゴに卵を産みつけられるイシガイは繁殖のためにヨシノボリなどの魚を利用しています（P.56〜57）。イシガイは、魚と持ちつ持たれつの関係を上手に保ちながらくらしているのです。

分類 コイ目コイ科
全長 6〜10cm
分布 関東以北の太平洋側
生息環境 湖沼や川

タナゴの仲間の産卵

メスの腹部《ふくぶ》から伸びている細長い管が産卵管。これを使って二枚貝の中に卵を産みつける。

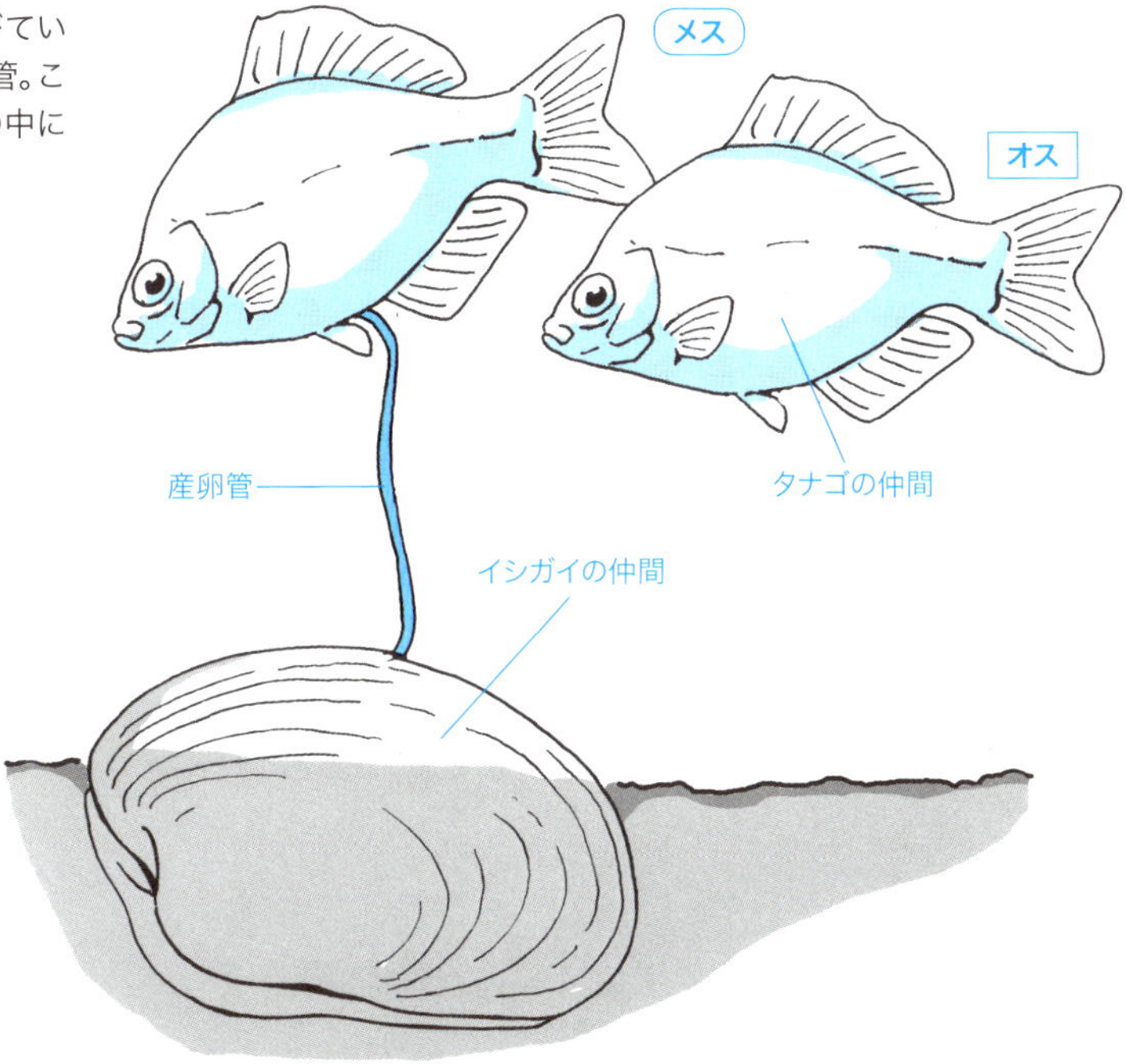

稚魚は貝のなかで成長する

貝のなかでふ化した稚魚は、貝のなかで3週間から1ヶ月かけて成長する。

貝のなかのようす

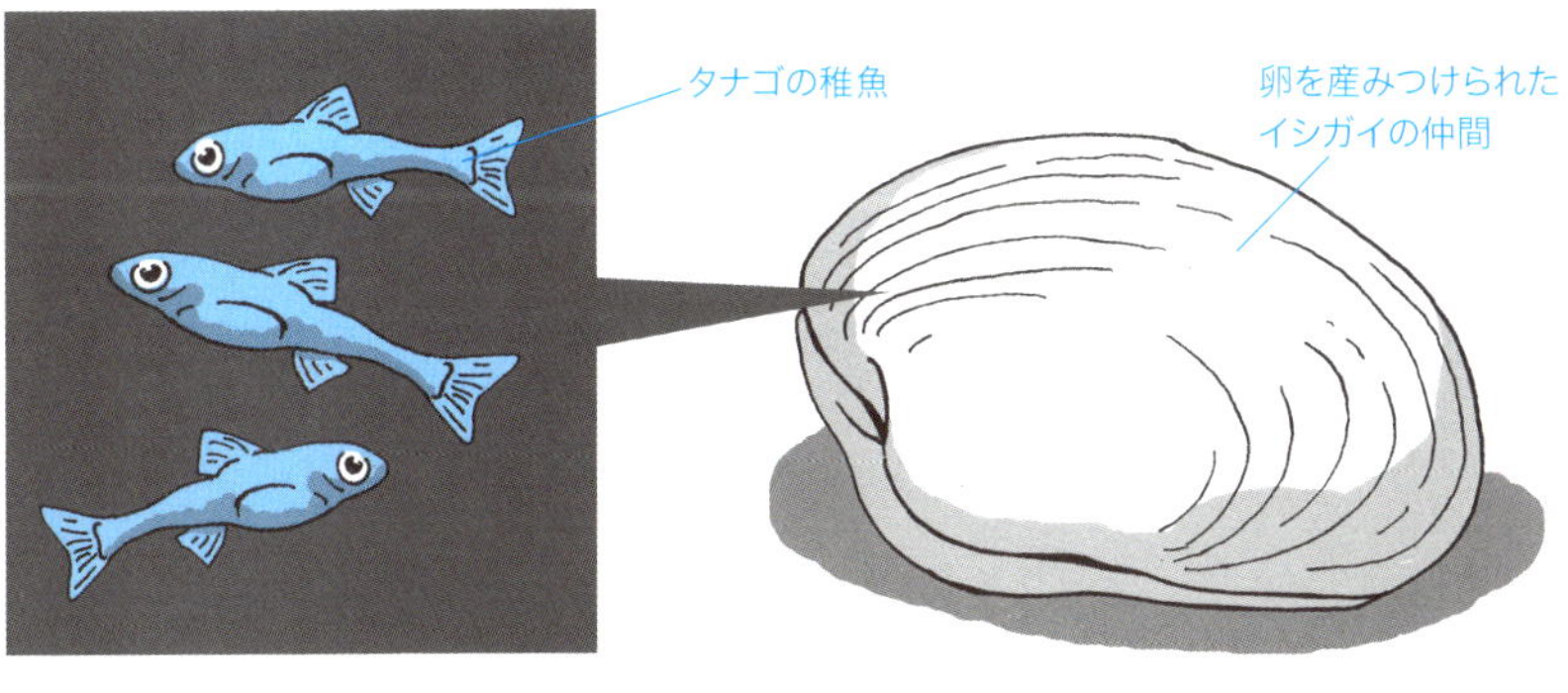

自家製のルアーで魚つりをする貝

小魚に擬態した外とう膜の一部
色は茶褐色から黒色

イシガイ

イシガイは、黒っぽい色をしたやや横長の二枚貝の仲間です。この貝は、外とう膜※（からだの外側の膜のような部分。ホタテガイなどでいう「ひも」）の一部を小魚そっくりのかたちにして、動きまで魚をまねすることで知られています。

イシガイの幼生は、自分で餌を捕まえる力がないので、ブラックバス（オオクチバス）やヨシノボリなどの魚のからだに寄生した状態でなければ成長できません。そのため、親のイシガイが外とう膜を小魚に擬態させてブラックバスなどをおびき寄せ、それに向かって幼生を放出することで、効率よく寄生させているのです。

イシガイは、かつては日本各地でふつうに見ることができ、一部の地方では食用にもされてきました。しかし、現在では環境の変化などにより、多くの地域で絶滅危惧種に指定されています。

分類	イシガイ目イシガイ科
全長	9cm
分布	北海道、本州・四国・九州、世界
生息環境	湖沼・河川の下流域など

※貝類など軟体動物にみられる器官。貝殻を作るための成分を分泌しており、通常、殻の縁に沿って左右の殻に一つずつついている。

からだの一部を小魚に擬態させる

小魚に擬態させたこの外とう膜をたくみにゆらすことで、ブラックバスやヨシノボリなどをおびき寄せる。

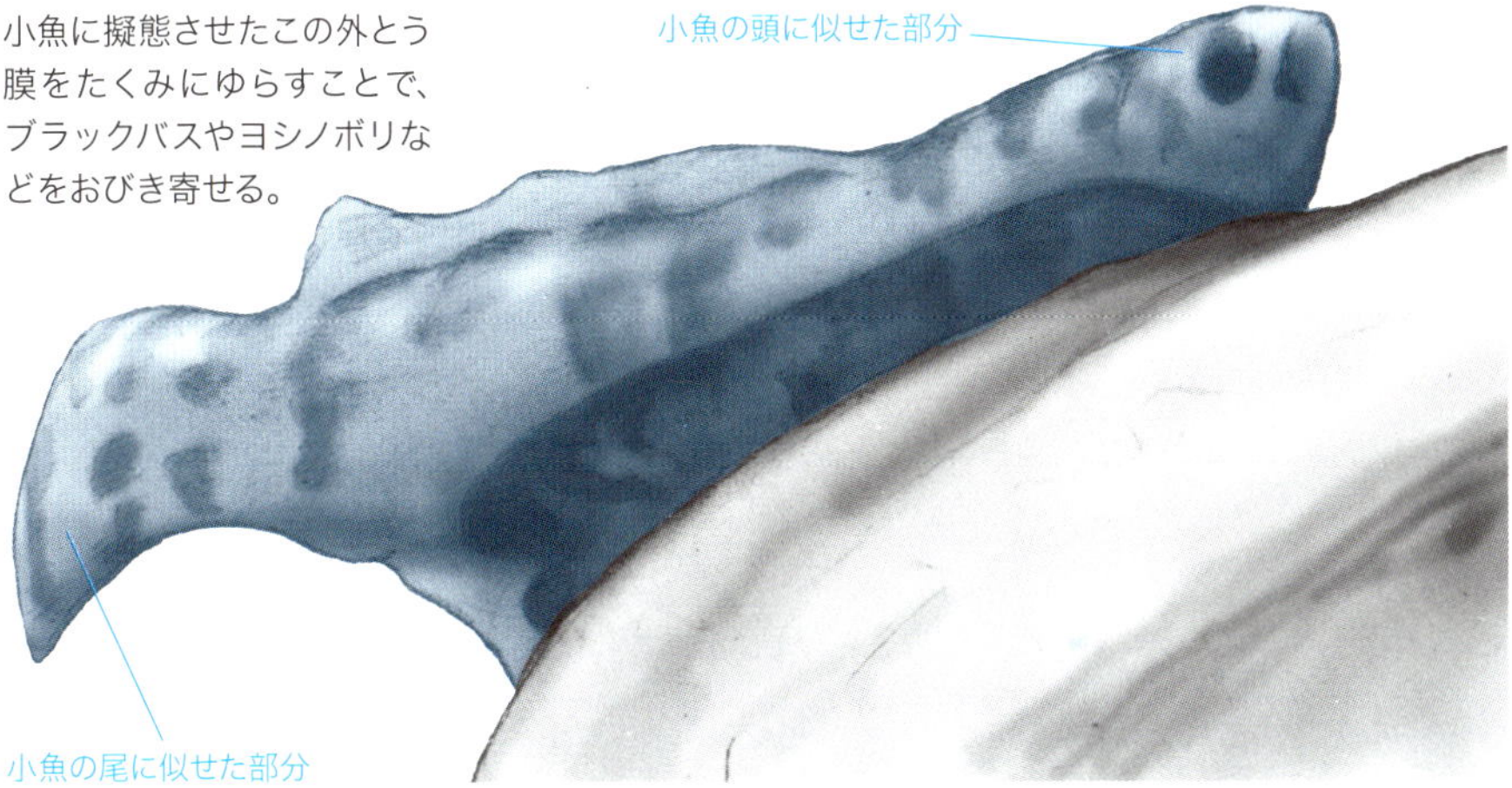
小魚の頭に似せた部分
小魚の尾に似せた部分

イシガイの生活史

自分のからだの一部を小魚のように動かしてブラックバスを引き寄せ、ブラックバスが襲いかかったところで、※グロキディウム幼生を発射。グロキディウム幼生を浴びたブラックバスは寄生される。その後、自力で餌を食べられるまでに成長したら、ブラックバスから脱落して水の底でくらしていく。日本ではヨシノボリ、オイカワ、カマツカなどにも寄生する。

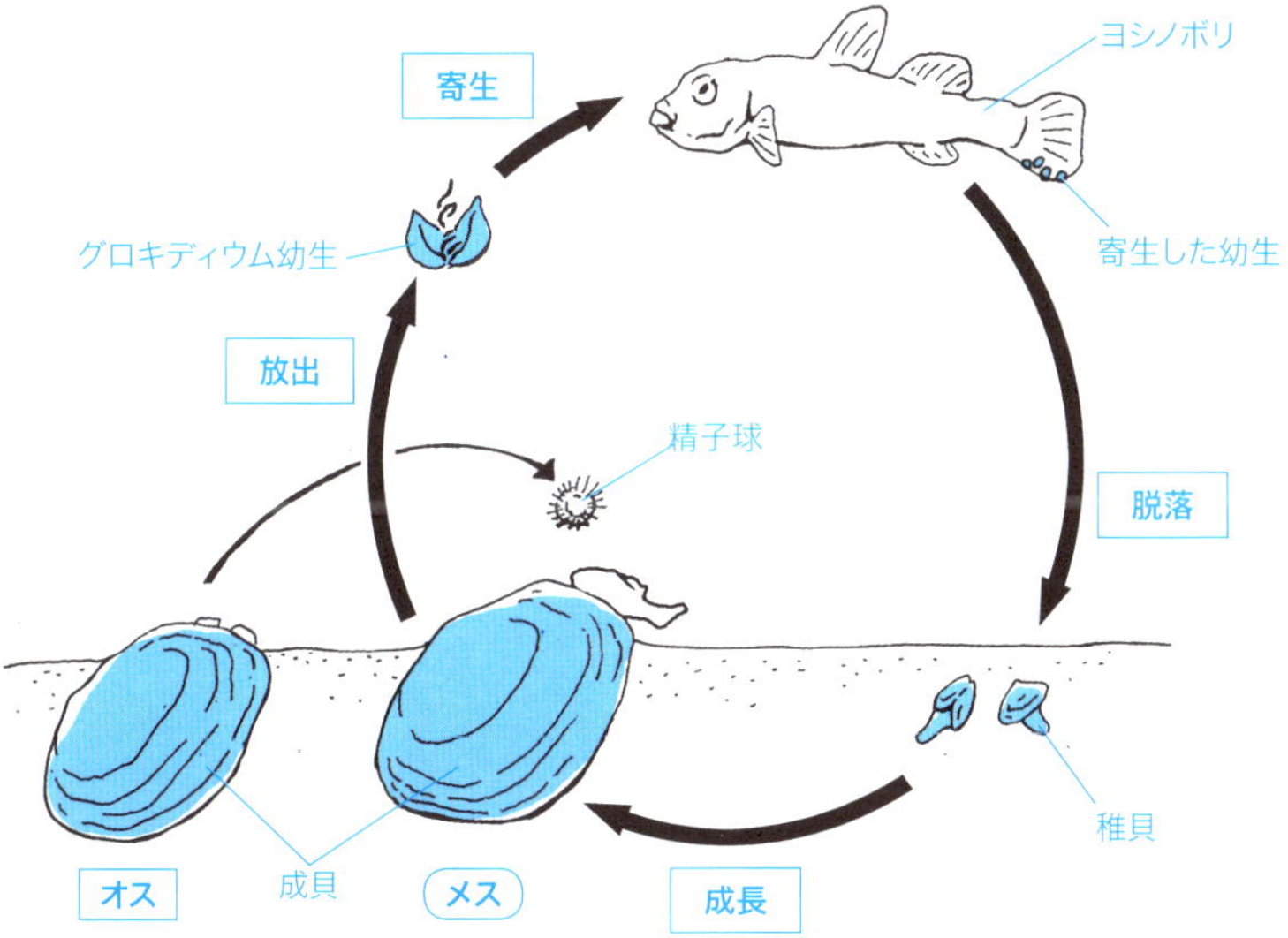
寄生
ヨシノボリ
寄生した幼生
グロキディウム幼生
放出
精子球
脱落
稚貝
オス
成貝
メス
成長

※イシガイ類の幼生の名前。一般的に魚のひれやえらに寄生して成長する。

口のなかで卵を育てる古代の魚

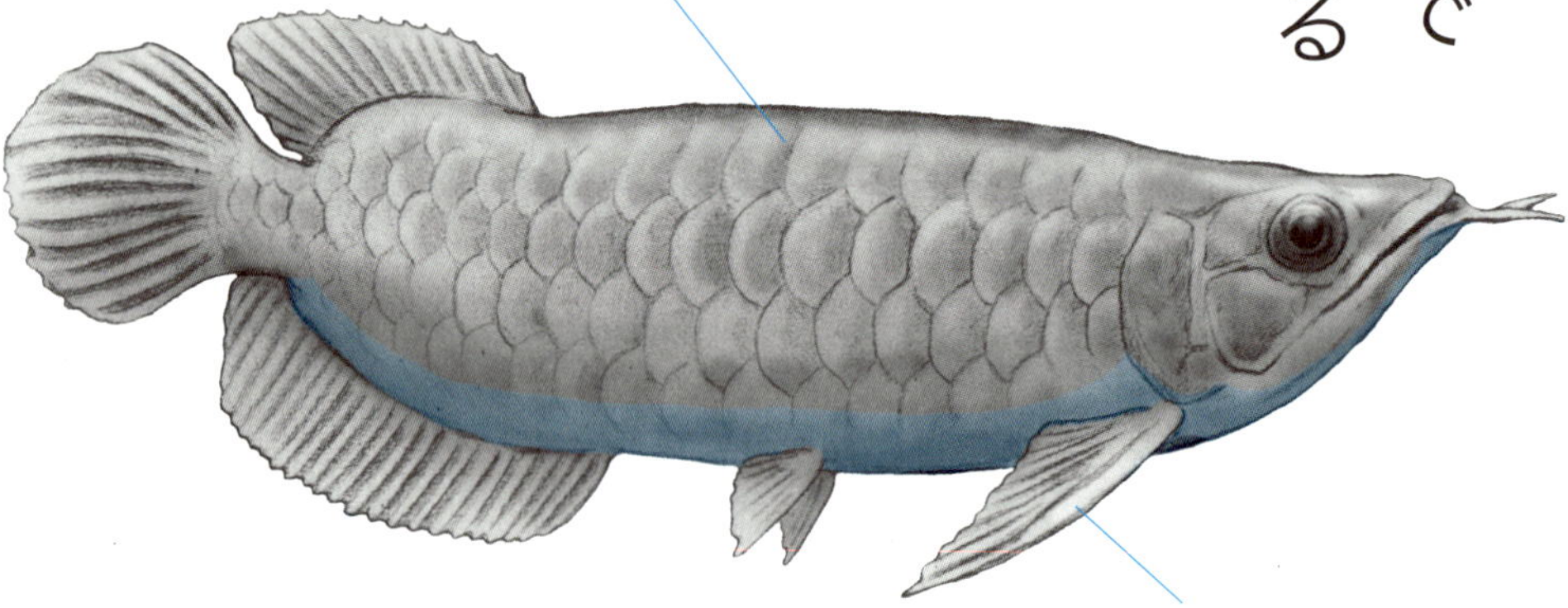
外敵から身を守るために水上へジャンプすることがある
胸びれが大きく発達

アロワナ

アロワナは、大きなからだで小型の魚を丸呑《の》みにする肉食魚ですが、その気性の荒い性格に似合わず、卵や稚魚を口のなかに入れて守る、子煩悩《こぼんのう》なマウスブリーダーとしても知られています。

気性の荒いオスとメスは、相性がよくないとケンカをしてしまい、なかなかつがいにはなりません。相性がよくつがいになったオスとメスは寄り添うように仲よく並んで泳ぎ、やがてメスが産卵すると、オスはすぐに卵を口にくわえます。卵を口に入れたオスは、卵がふ化するまでの40日から2ヶ月ほどの間、餌を食べないでひたすら卵を守ります。

アロワナは、中生代※からほとんど進化せずに現代まで生き残っている古代魚の一つです。淡水魚としてはもっとも大型の魚として知られ、ペットなどの観賞魚としても高い人気があります。

分類 ―― アロワナ目アロワナ科
全長 ―― 1m
分布 ―― 南アメリカ・オーストラリア・東南アジア
生息環境 ―― 淡水

※今から約2億5217万年前から約6600万年前の恐竜が出現した時代。三畳紀・ジュラ紀・白亜紀の三つに区分される。

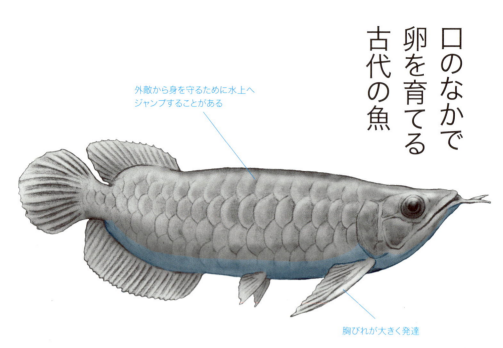

アロワナの子育て

1 オスとメスがつがいになると、仲よく並んで泳ぐ。

2 やがてメスが産卵すると、オスはその卵をくわえる。卵の大きさは約1cm。

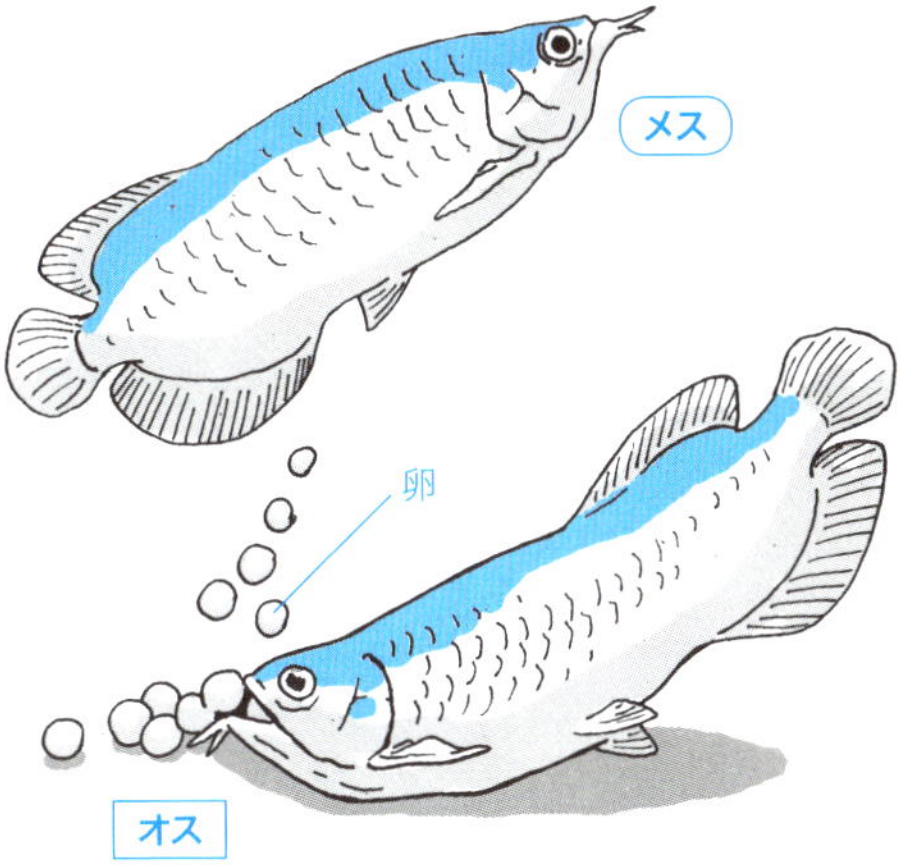

3 オスはふ化するまで卵を口のなかで守る。その間は餌を食べられない。

4 ふ化した後の稚魚も、しばらくの間は口のなかで守り続ける。

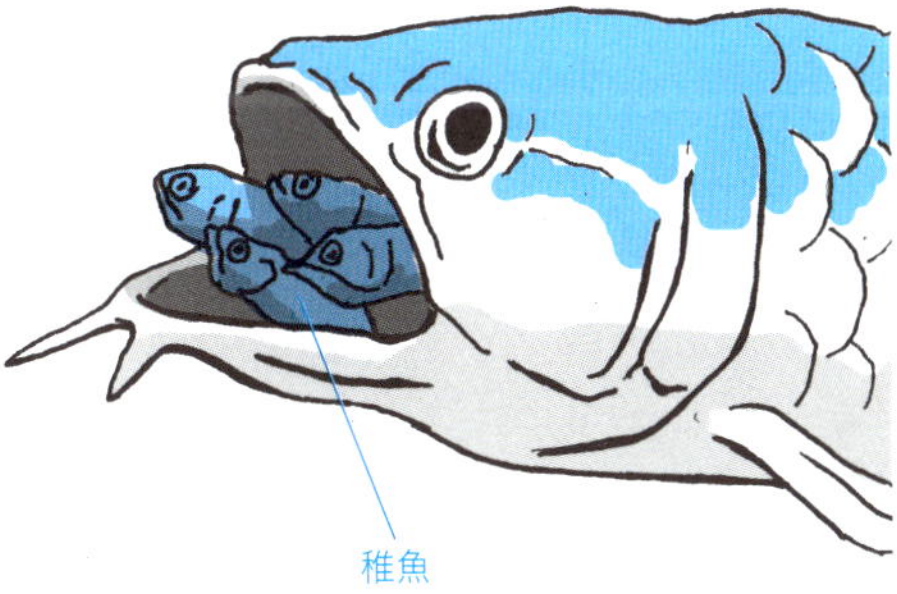

オスはいらない!? メスだけでふえるザリガニ

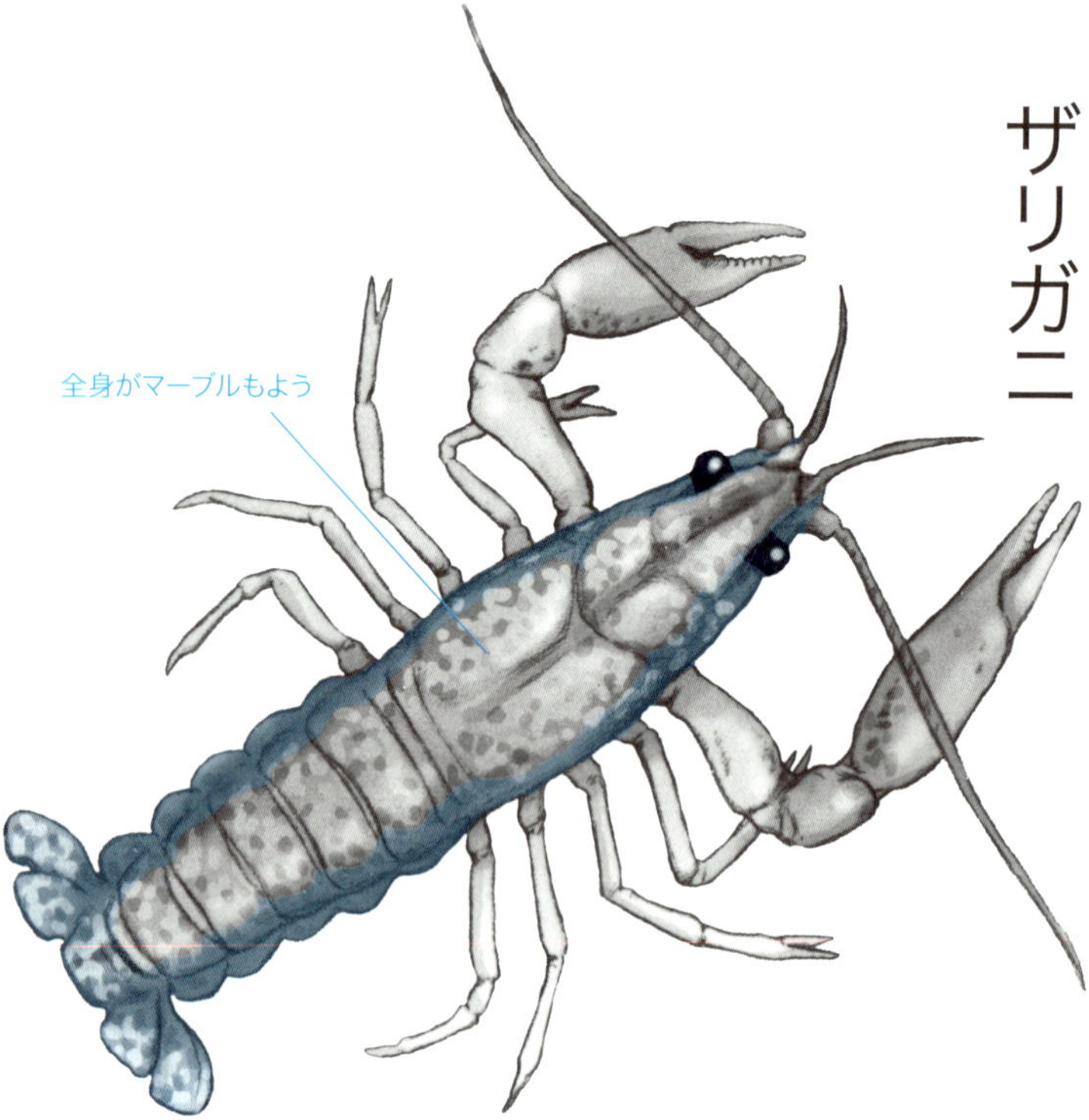

ミステリークレイフィッシュ

一般的に動物はオスとメスが交尾をおこない、卵子を受精させることで子孫を残します。しかし、なかにはメスだけで交尾せずに繁殖することができる動物もいます。このような繁殖のしかたを「単為《たんい》生殖」といいます。

ミステリークレイフィッシュとよばれるザリガニは、今までのところ、エビ、カニなどの仲間のなかでは、唯一の単為生殖をする種類として知られています。しかもこのザリガニは、今までオスの個体が見つかっておらず、メスだけでふえ続けています。また、この方法で生まれた子どものザリガニはすべてクローンなので、どのザリガニを見ても、からだのもようの位置やかたちも同じです。

このからだのもようが大理石に似ているために、英語では「マーブルクレイフィッシュ（大理石のザリガニ）」とよばれています。

分類	十脚目ザリガニ科
全長	最大８cm
分布	北アメリカ南部
生息環境	入り江や湿地

メスだけでふえるしくみ

ふつうの生殖方法ではオスとメスの遺伝子を半分ずつ受け継ぐのに対して、
この種類はメスの遺伝子をそのまま受け継ぐ。これは単為生殖といい、
生まれた子どもはすべて親のクローンである。

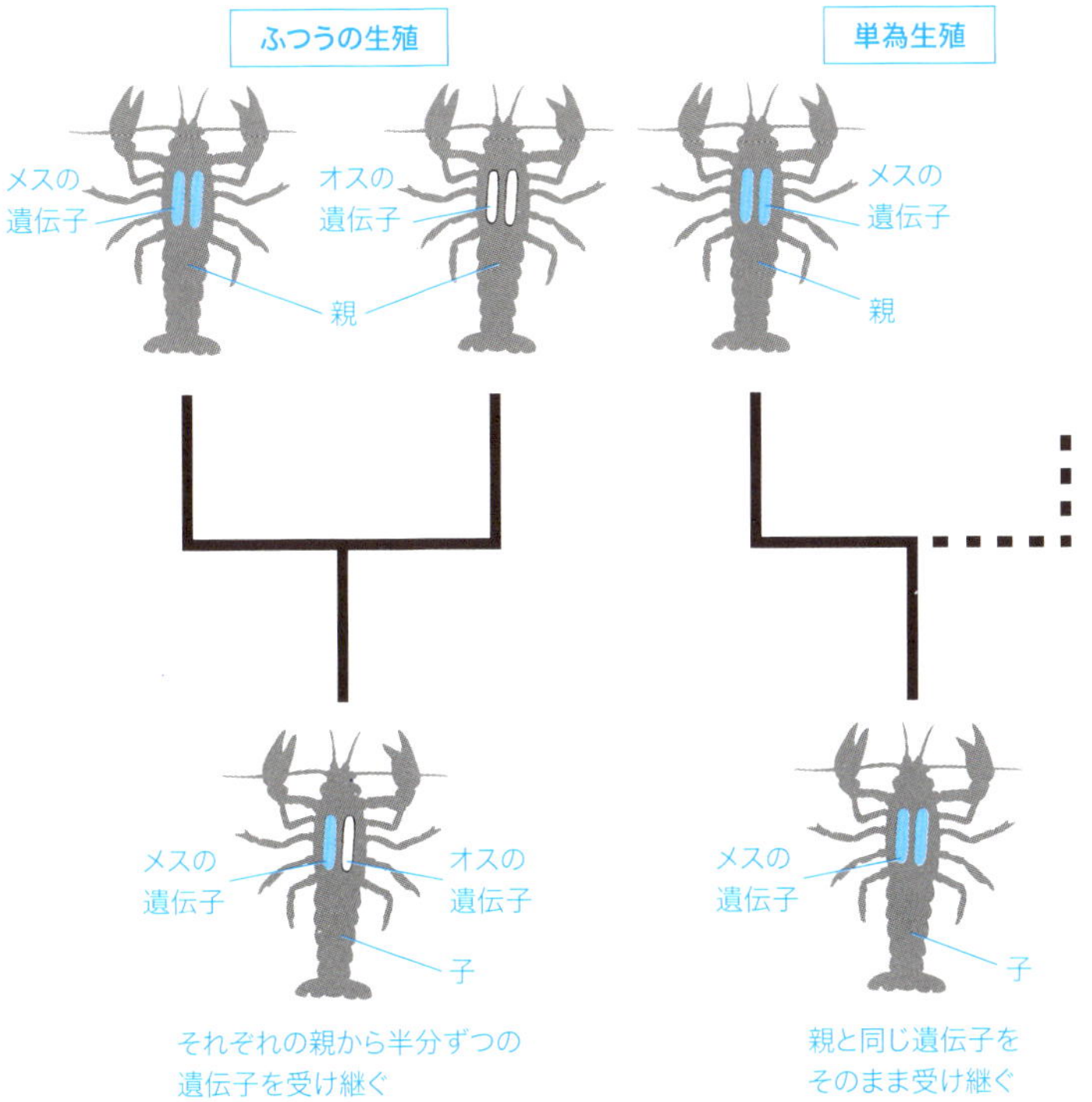

※ミツバチのオスのように、メスの遺伝子を半分だけ受け継ぐ生殖方法もある。

単為生殖でふえるそのほかの生きもの

単為生殖は、ミジンコやアブラムシ、ミツバチなどが有名。
しかし、大きな生きものでは非常に珍しいが、
なんと飼育時のコモドオオトカゲなどでも見られることがある。

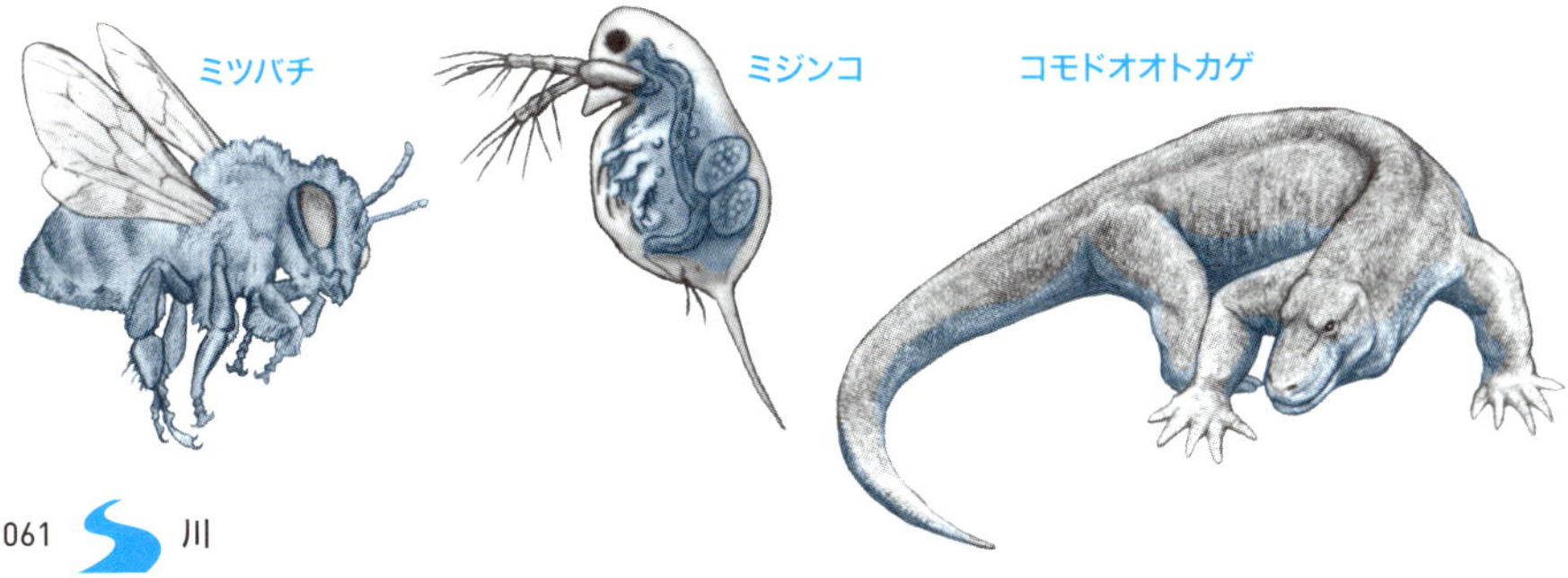

まるで葉のような根をもつ水草

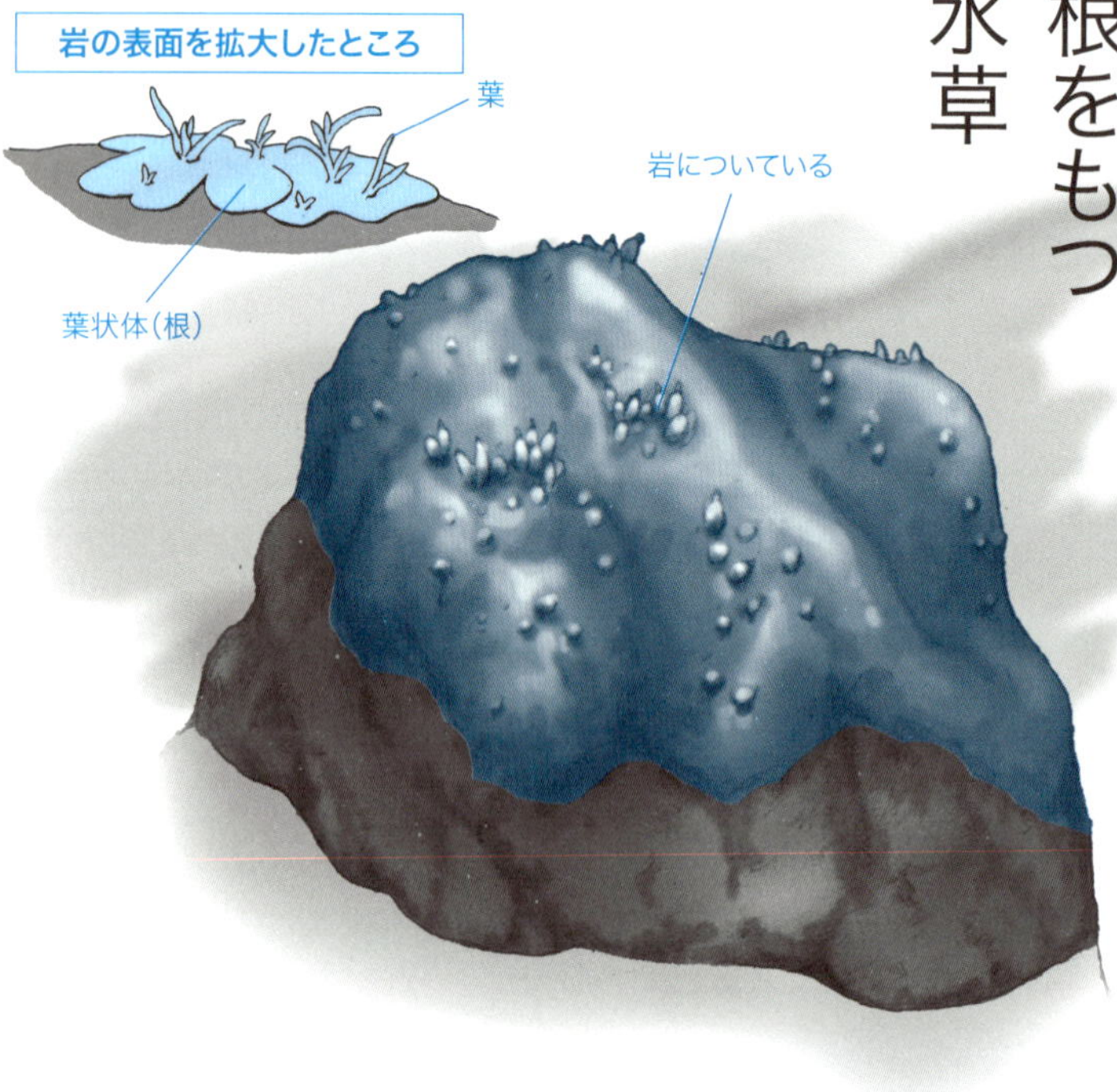
岩の表面を拡大したところ
葉
葉状体（根）
岩についている

カワゴロモ

ふつうの植物は、ほかの植物よりも少しでも多くの太陽光を浴びて光合成をするために、上へ上へと伸びて葉を広げます。一方で地中に広がる根には光が当たることはなく、光合成もできません。

ところがこのカワゴロモは、まるで葉のように根を広げ、その根で光合成をするという変わった植物です。

カワゴロモは、川の岩の上にコケのように広がって成長します。しかしコケとはまったく異なる種類で、サクラやタンポポなどと同じ花を咲かせて種をつくる種子植物の仲間です。

コケのように広がって見える緑色の部分は葉ではなく、葉緑素をもった「葉状体《ようじょうたい》」とよばれる根です。葉は小さく葉状体の表面から生えていて、茎は退化していてありません。

10～12月になると、葉状体の上に小さな花を咲かせ、種子をつくった後は枯れてしまいます。

分類 ---- カワゴケソウ目カワゴケソウ科
全長 ---- 1cm（葉の長さ）
分布 ---- 宮崎県・鹿児島県
生息環境 ---- 河川の流水中

まるで根のような葉をもつ水草

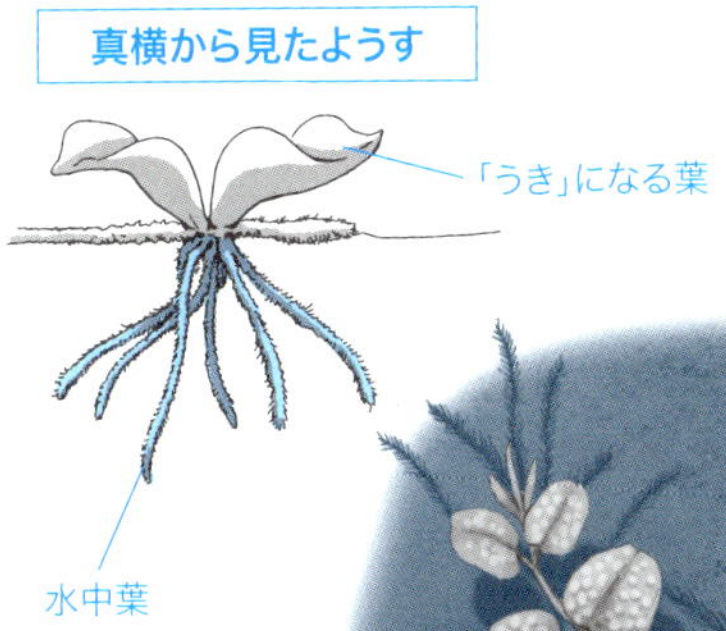
真横から見たようす
「うき」になる葉
水中葉

地面に根をはることなく
水面に浮いている

サンショウモ

サンショウモは、水面に浮かぶ水草です。一つの枝の先に3枚の葉がつきますが、2枚の葉が内部に気室《きしつ》という「うき」をもつことで水に浮かんでいます。残りの1枚の葉は細長く伸びて細かく枝分かれし、まるで根のように水中に垂れ下がっています。この葉は「水中葉《すいちゅうよう》」とよばれ、ほんとうの根のように水中から養分を吸収する役割を果たしています。サンショウモは根をもっていないかわりに、この水中葉を利用しているのです。

サンショウモの見た目は水田などで見られるウキクサによく似ていますが、実はシダ植物で、ウキクサを含む一般的な種子植物とはまったく異なる種類です。そのため、ほかのシダ植物と同じように秋になると胞子のうをつけ、なかの胞子をばらまいて繁殖します。サンショウモは、葉のかたちがサンショウに似ていることから名づけられました。

分類　デンジソウ目サンショウモ科
全長　3～10cm
分布　本州・四国・九州、ヨーロッパ・アジア・アフリカ
生息環境　河川や池・水田

資源の革命!? 石油をつくり出す藻類

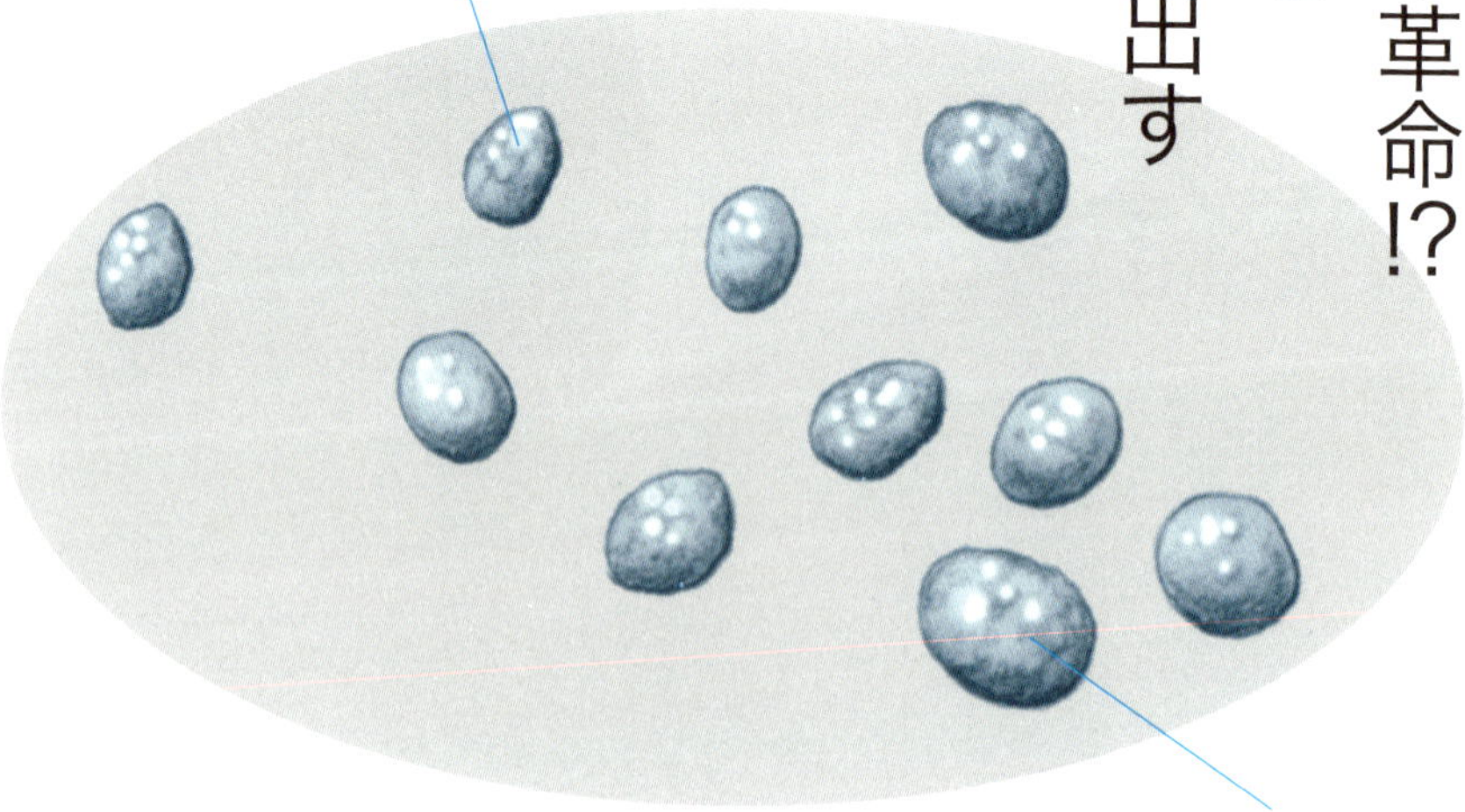

藻類なのに葉緑体をもたず
光合成を必要としない
オレンジ色に見える
こともある

オーランチオキトリウム

貴重な資源である石油は、燃料のほかにプラスチックや樹脂、薬品などのさまざまな原料として使われています。基本的には地下深くから採取されていて、有限な資源だとされています。ところが最近、石油と同じような成分をつくり出せる藻類が相次いで発見され、研究が進められています。

このなかで以前から知られていたのが、ボトリオコッカス・ブラウニーという種類です。この藻類は、光合成によって重油に似た油をつくり出すことができます。

ところが、2010年に筑波大学で、オーランチオキトリウムとよばれる藻類が、今までの10分の1以下のコストで、ほぼ同じ成分を生産することが確認されました。

最近は、ボトリオコッカスに近い仲間のシュードコリシスチスも、同じはたらきをする藻類として研究が進められています。

分類 ヤブレツボカビ目ヤブレツボカビ科
全長 0・005〜0・01mm
分布 熱帯から亜熱帯域
生息環境 汽水域

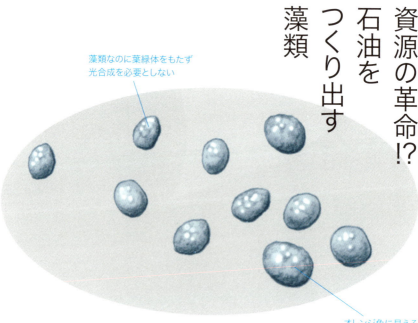

オーランチオキトリウムの活用

オーランチオキトリウムは藻類だが光合成をおこなわず、
周囲の有機物を吸収しながら重油に似た成分をつくり出す。

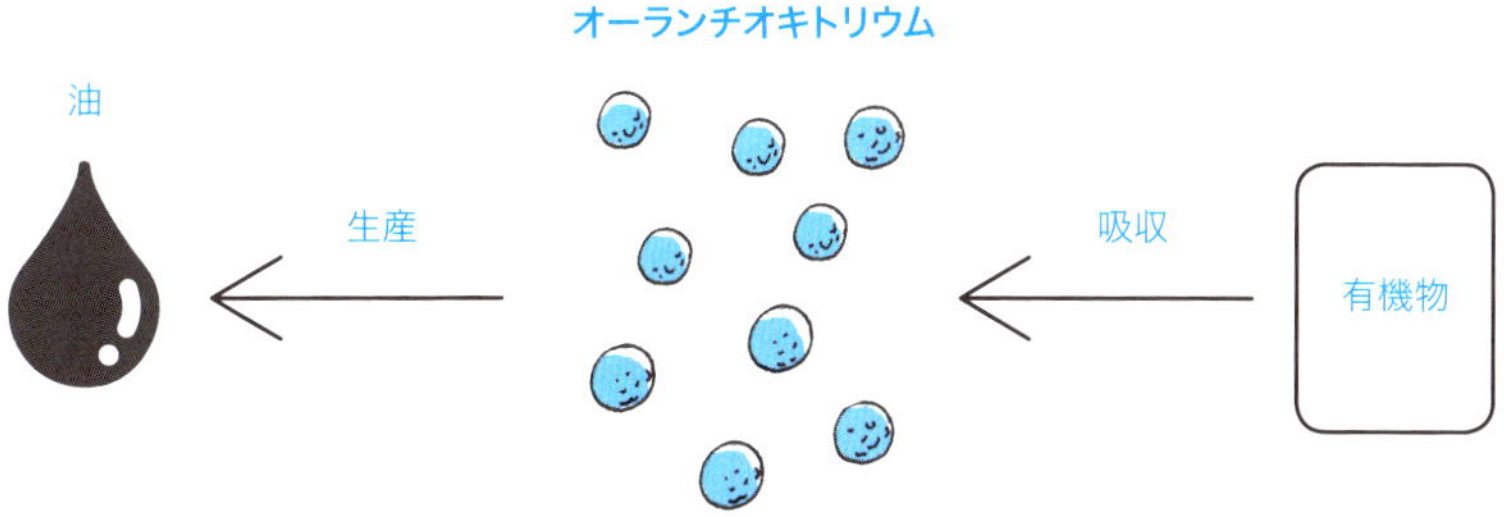

化学合成

ボトリオコッカスの場合

ボトリオコッカスはオーランチオキトリウムと異なり、
光合成によって重油に似た成分をつくり出す。
生活排水中の有機物や二酸化炭素を、ボトリオコッカスに食べさせて
出てきた余剰有機物をオーランチオキトリウムの餌に使う
実験がおこなわれている。

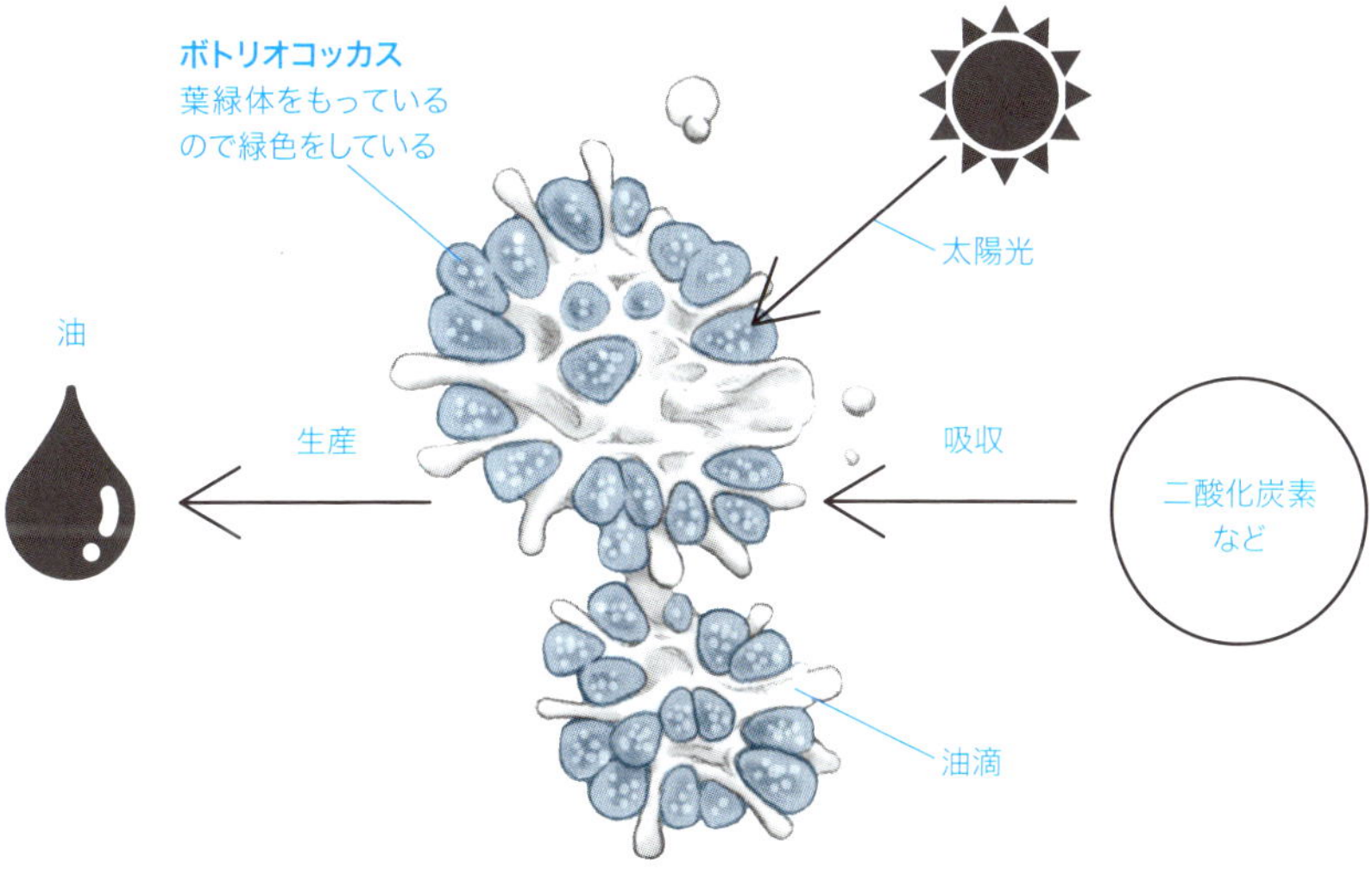

光合成

卵ではなくオタマジャクシを産むカエル

からだは落ち葉のような茶色
口には牙をもつ

リムノネクテス・ラーヴァエパーツス

両生類であるカエルは、基本的にメスが卵を産み、その卵にオスが精子を振りかけて受精させます。これを体外受精といいます。一方、交尾をしてメスの体内で受精させる方法を体内受精といいます。

最近まで、体内受精をおこなうカエルは十数種が知られていましたが、これらはすべて受精した卵か、成長したカエルを産む種類でした。ところが1994年、インドネシアでオタマジャクシの状態で子どもを産むカエルが発見され、2014年に「リムノネクテス・ラーヴァエパーツス」と命名されました。このカエルのメスは、体内で100個ほどの卵をつくり、交尾をして受精をおこないます。そして、体長が10数mmほどのオタマジャクシになるまで体内で育て、そのまま出産します。このカエルは、6000種以上いるカエルのなかで唯一、オタマジャクシを産む種類なのです。

分類 ―― 無尾目ヌマガエル科
全長 ―― 3.5〜4cm
分布 ―― スラウェシ島
生息環境 ―― 熱帯雨林

卵を産むことなくオタマジャクシを産む

カエルの仲間にはさまざまな生殖行動をする種類が知られているが、
オタマジャクシを産むカエルはこの種類のほかに知られていない。

産まれたオタマジャクシの色は白っぽく、内臓が透けて見える
母ガエル

子孫の残し方の違い

ふつうのカエルは水のなかに卵を産んで、そのままオタマジャクシになる。
リムノネクテスの場合は体内で卵からオタマジャクシにして、
そのときにようやく水のなかに出産する。

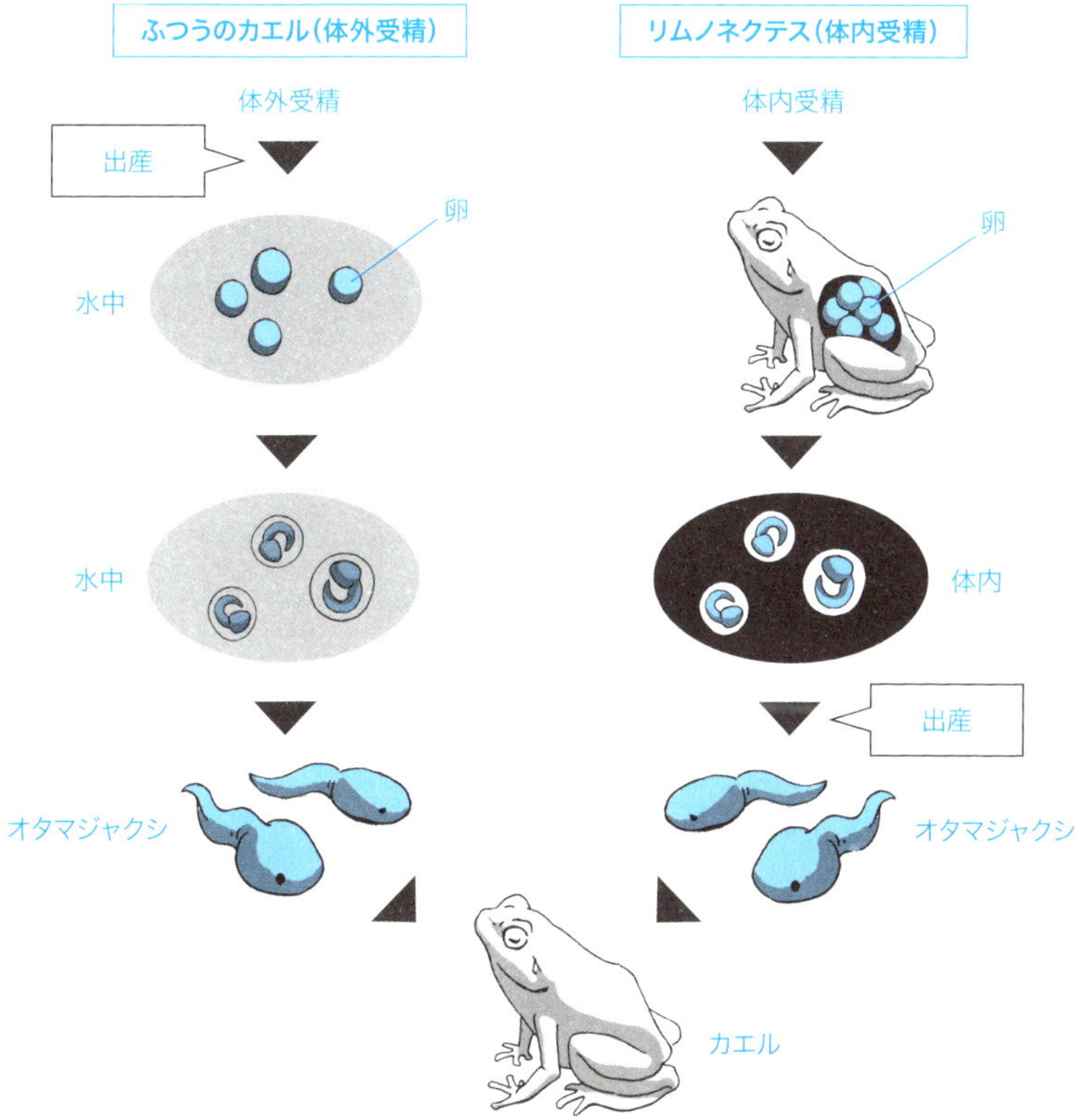

ふつうのカエル（体外受精）
リムノネクテス（体内受精）
体外受精
体内受精
出産
卵
水中
卵
水中
体内
出産
オタマジャクシ
オタマジャクシ
カエル

背中の袋で子どもを育てるカエル

背中の皮ふはなめらか
手足は短め

リオバンバフクロアマガエル

カエルのなかには、背中からオタマジャクシを産む種類もいます。その一つが、フクロアマガエルの仲間です。とはいえほんとうに背中から生まれてくるわけではありません。背中に「育児のう」という袋状の構造があり、そこに卵を産みつけて、ふ化した後に外に出すのです。

この仲間の、エクアドルやコロンビアにすむリオバンバフクロアマガエルのメスは、一度に50個ほどの卵を産みます。その卵をオスはメスの背中にある袋に卵を押し込みます。卵は3ヶ月ほどでふ化しますが、このときメスは水場に移動し、後ろ足を使って袋のなかのオタマジャクシをかき出します。

背中で子どもを育てるカエルは、フクロアマガエルだけではありません。南アメリカの熱帯域にすむピパピパ（コモリガエル）は背中に多くの卵を埋め込み、小さなカエルになるまで育てます。

分類 ---- 無尾目アマガエル科
全長 ---- 6cm
分布 ---- 南アメリカ
生息環境 ---- 樹上

背中の袋のしくみ

ふだんは背中の袋（育児のう）には何も入っていないため、
ふつうの姿をしているが、卵を入れるとひと目でわかるほどに背中が盛り上がる。

育児のうに入った卵

卵が入っている状態。メスの背中の皮ふが
盛り上がって卵が入っていることがよくわかる。

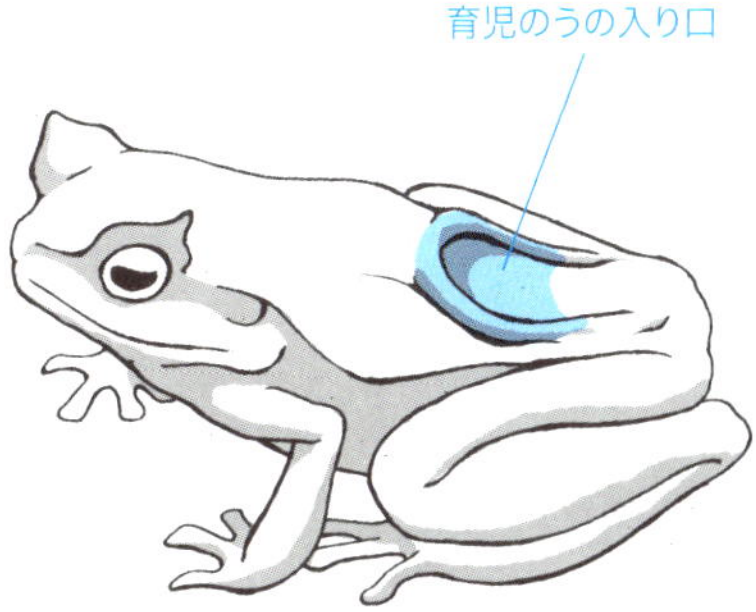
育児のうの入り口

卵が入っていない状態。育児のうは、
U字型の入り口をしている。

変わった子育てをするカエルたち

オタマジャクシ

ヤドクガエル
アメリカの熱帯域にすむヤドクガエルのなかには、オタマジャクシを背負って、安全な場所まで運ぶものがいる。

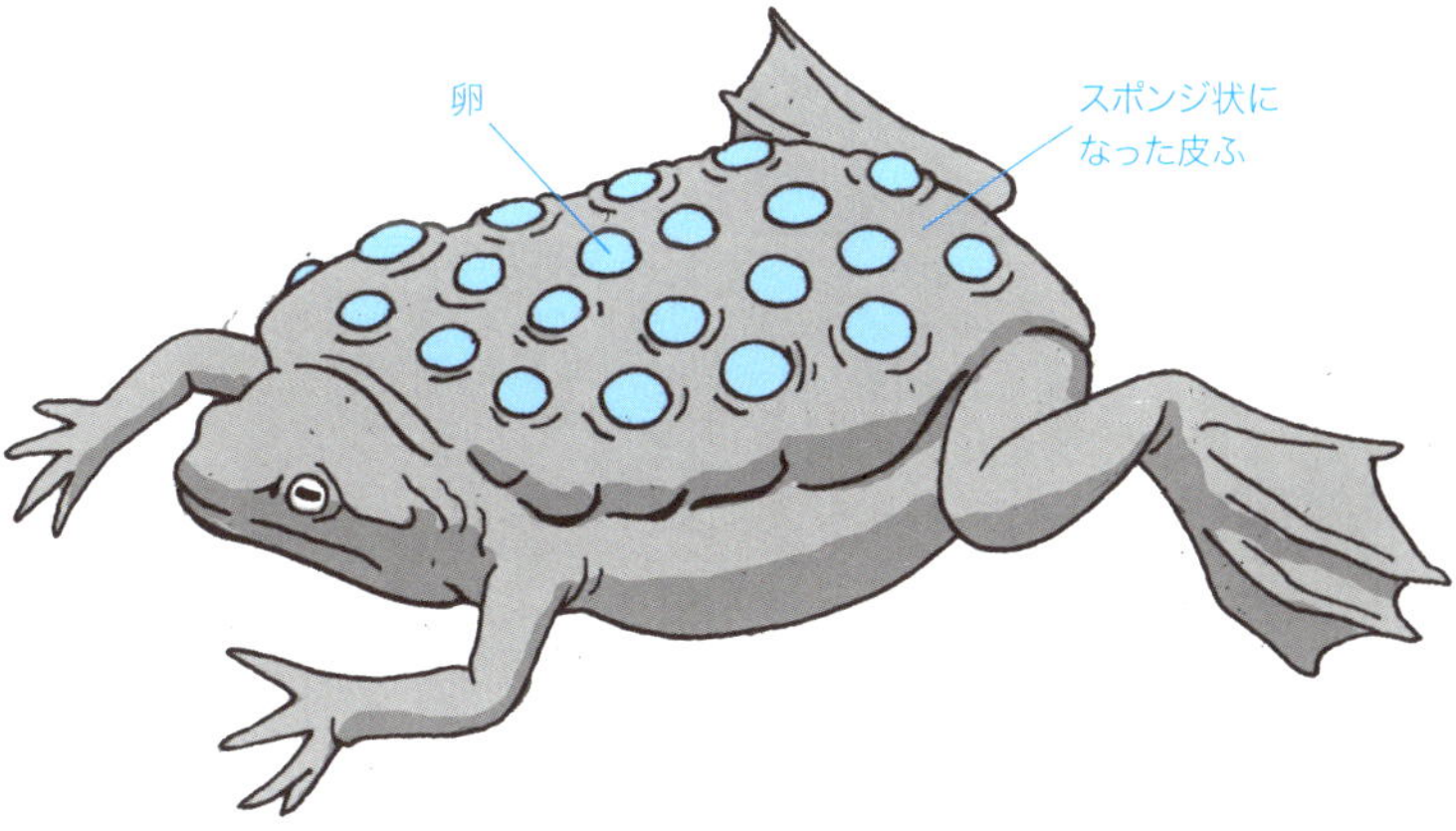
卵
スポンジ状に
なった皮ふ

ピパピパ
（コモリガエル）
卵を背中に埋め込んだコモリガエル。この仲間は卵をスポンジ状になったオスの皮ふに埋め込む。

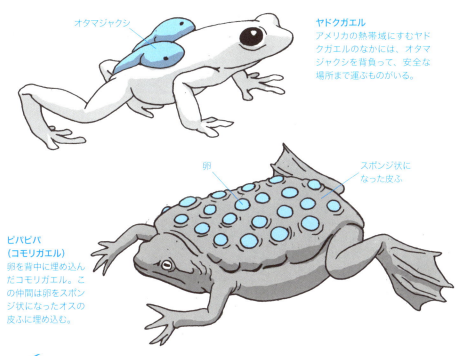

口から出産するカエル

天敵があらわれたら
動かずに死んだふりをする
鼻先が
とがっている

ダーウィンハナガエル

カエルの仲間には、オタマジャクシや卵を親が守って育てるものがいます。チリやアルゼンチンなどにすむダーウィンハナガエルも、その一つです。

このカエルのメスは、一度に30個ほどの卵を産み、オスがその卵を大切に守ります。そして、約3〜4週間たって卵がふ化しそうになると、オスはオタマジャクシを飲み込んでしまいます。口のなかにある鳴くための袋（鳴《めい》のう）に入れて育てるのです。オタマジャクシは、自分のからだについている卵黄から栄養分をとりながら成長し、体長が1・2cmほどになったころ、親の口から外に出て自分の力で生きるようになります。

このカエルは、姿が枯れ葉に非常によく似ていることでも知られています。枯れ葉そっくりのからだで森のなかに潜み、敵から身を守っているのです。

分類 無尾目ダーウィンガエル科
全長 2・5〜3・5cm
分布 南アメリカ
生息環境 森林の小川

子どもを口から出産する

ふ化しそうな卵を飲みこんで、カエルに成長すると口から吐き出す。この珍しいカエルはすでに絶滅しているともいわれている。

成長した子どもを
吐き出す親
からだのなかで
子どもを育てる
のはオスの役割
成長した子ども

鳴のうのしくみ

鳴のうは、メスを誘うときに鳴き声を大きくするための、柔らかい袋状の皮ふ膜。肺をふくらませることで、空気が肺から喉頭を通って鳴のうに入り、喉頭が振動することで音を発している。

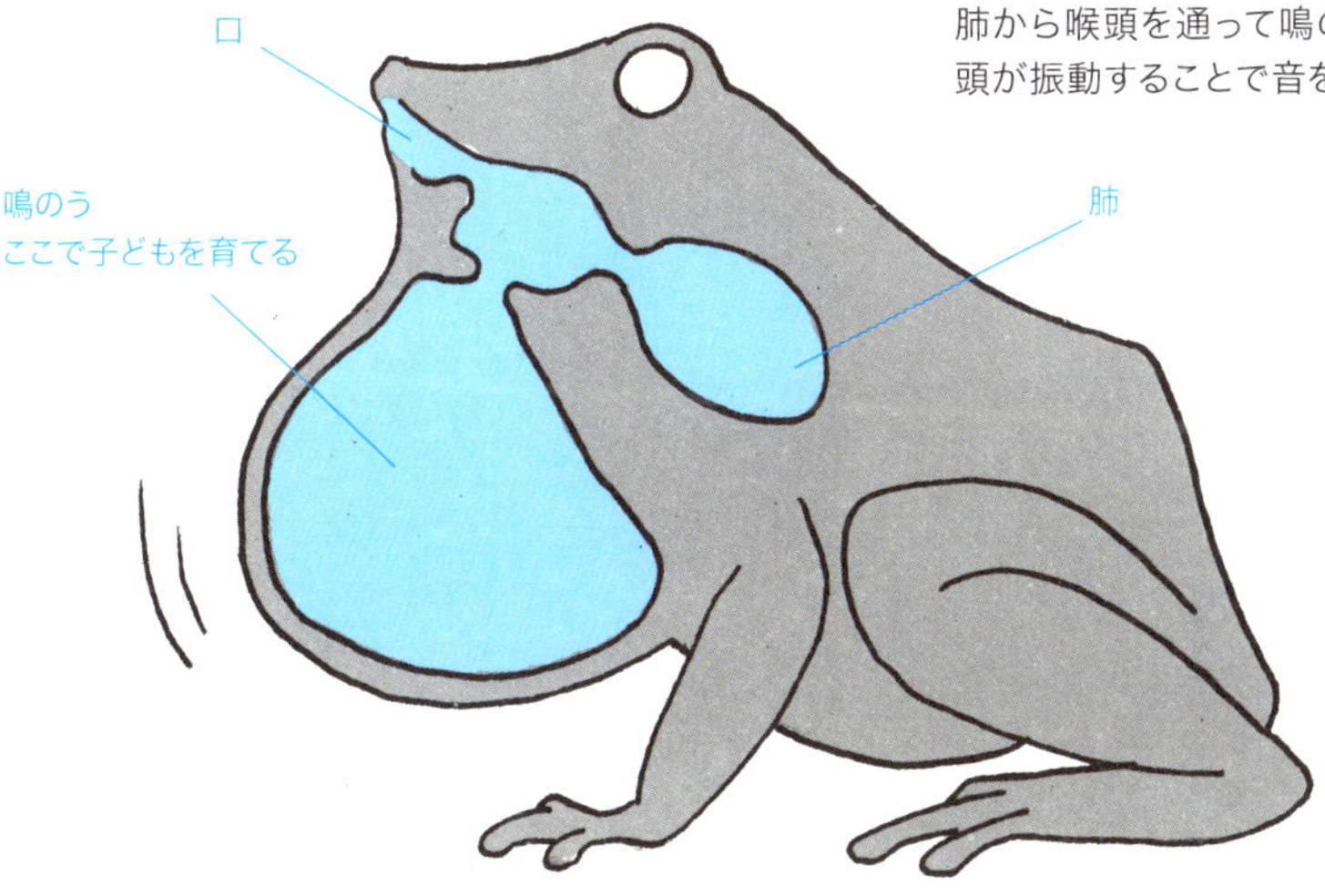
口
鳴のう
ここで子どもを育てる
肺

狙った獲物は逃さない水鉄砲の名手

口がとがっている
黒い帯もよう

テッポウウオ

テッポウウオは、下あごが上あごよりも前に出ている独特の顔をしており、この口を上手に使って水鉄砲のように水を飛ばすことで知られています。この水鉄砲を使って、木の葉に止まっている昆虫などを撃ち落とし、捕らえて食べるのです。飛距離は種類によって異なりますが、なかには1mも水を飛ばせるものもいます。

テッポウウオの口のなかを見ると、口内の上部に、口の先端に向かって細くなっている溝があります。ここに下から舌を当てて水の通路をつくり、えらを閉じる力で水を強く押し出すのです。

テッポウウオは南アジアから東南アジア、オーストラリア北部にかけての熱帯域の川にすむ魚ですが、1980年代に沖縄県の西表島でも発見され、日本にもすんでいることがわかりました。

分類	スズキ目テッポウウオ科
全長	最大40cm
分布	沖縄県西表島、熱帯アジアとその周辺
生息環境	汽水域など

水を飛ばして獲物をとる

水の屈折によって水中から見ると獲物の位置がずれて見えるはずだが、テッポウウオはそのずれを修正して水を当てることができるといわれる。

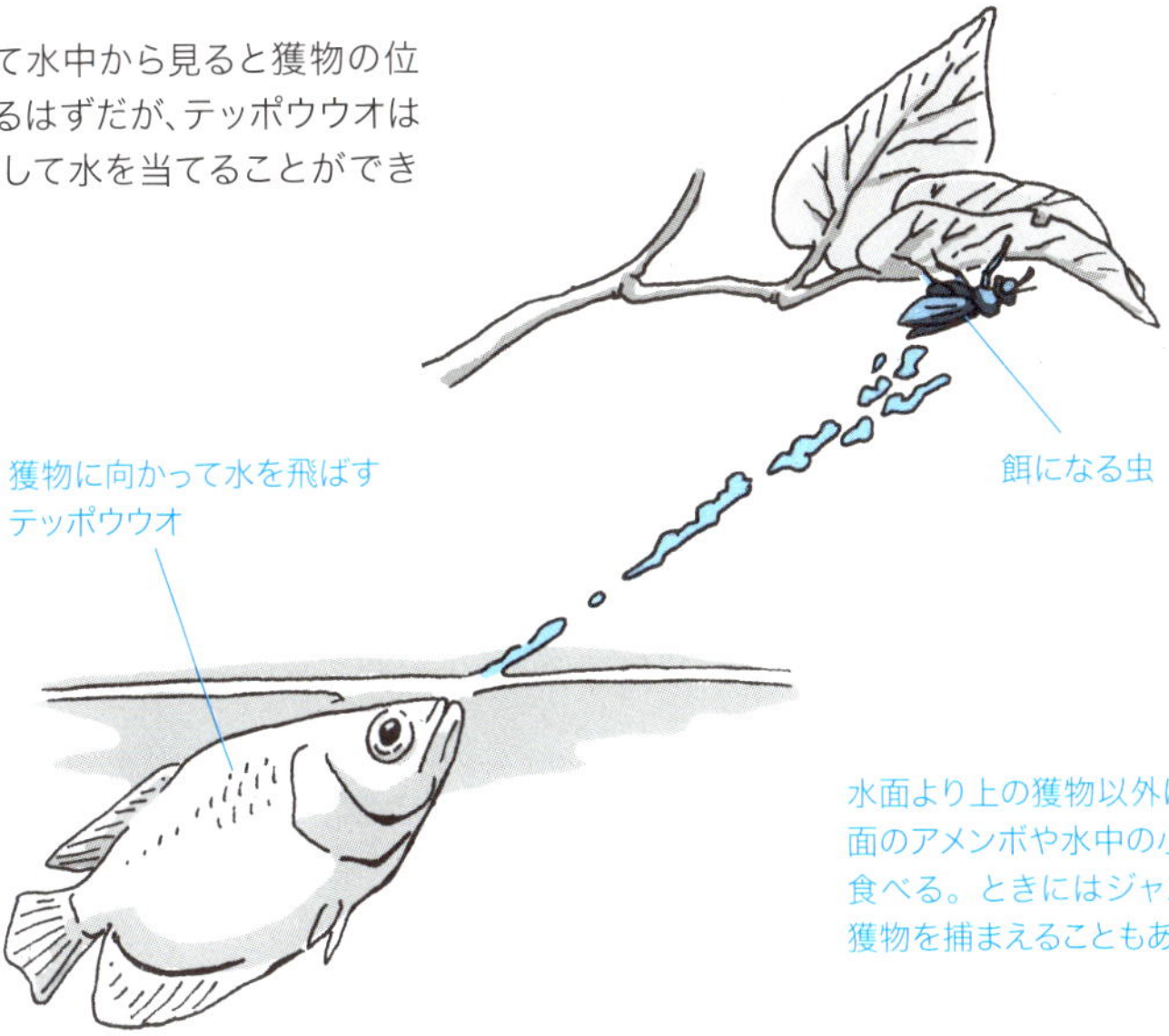
獲物に向かって水を飛ばす
テッポウウオ
餌になる虫

水面より上の獲物以外にも、水面のアメンボや水中の小動物を食べる。ときにはジャンプして獲物を捕まえることもある。

水を飛ばすしくみ

水鉄砲を飛ばすために、テッポウウオの口のなかは独特のつくりをもっている。

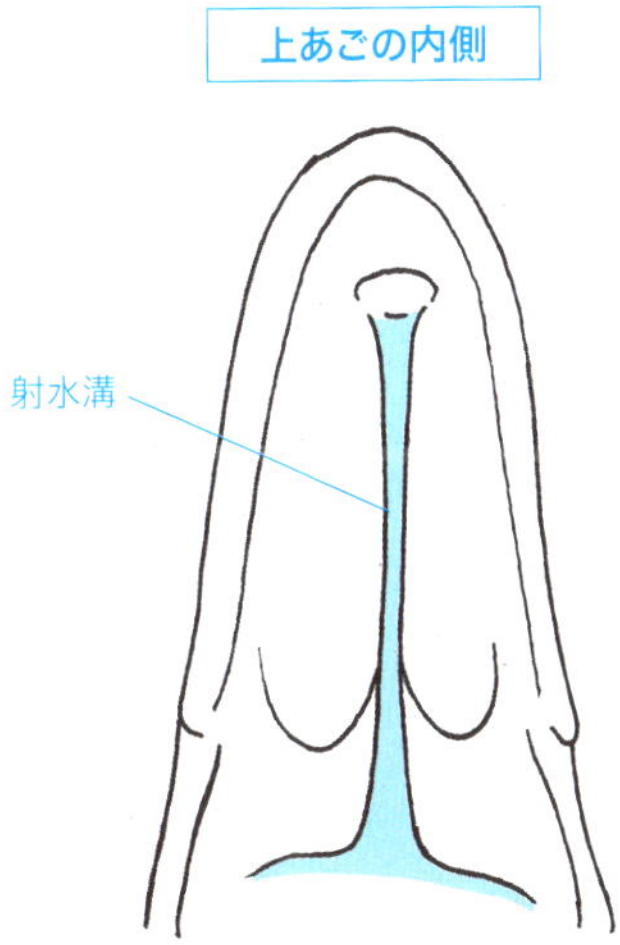
上あごの内側
射水溝

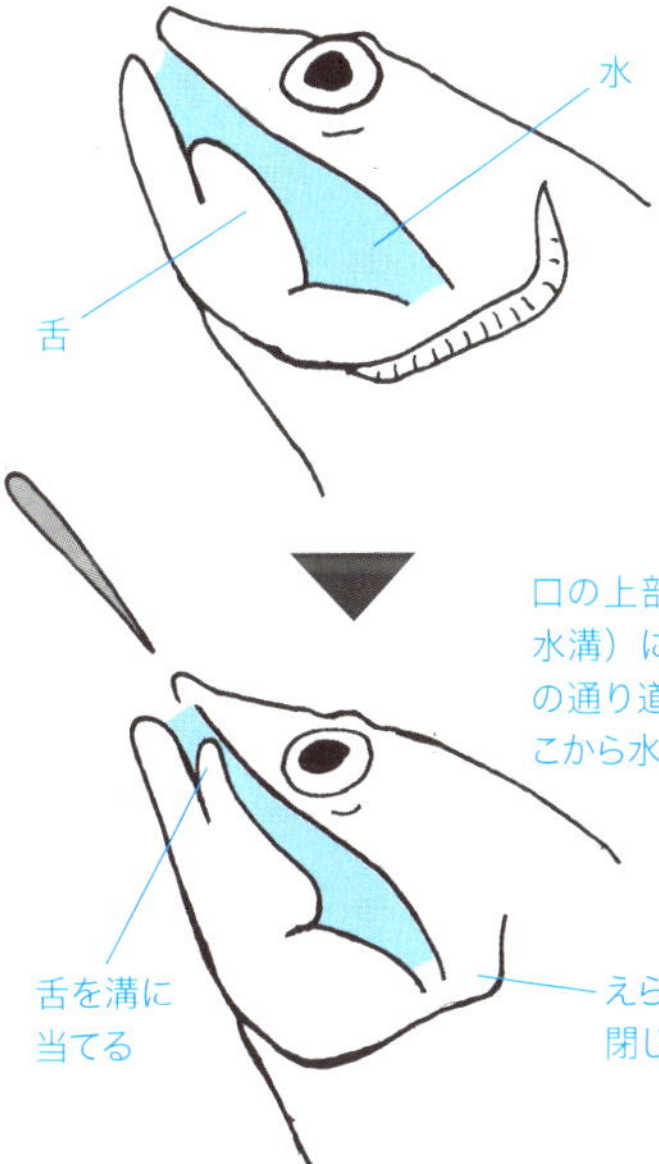
水
舌
舌を溝に
当てる
えらを
閉じる

口の上部にある溝（射水溝）に舌を当てて水の通り道をつくり、そこから水を噴射する。

四つの目をもつ忍者のような魚

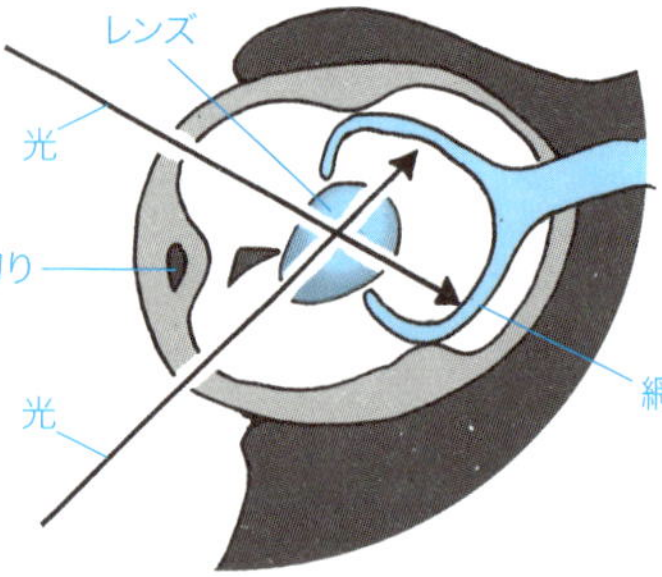
目のつくり
水中と水面上から別々に入った光は、一つのレンズをとおって二つに分かれた網膜に別々に像を結ぶ。
レンズ
光
仕切り
光
網膜

からだはメダカのような姿
つき出した目

ヨツメウオ

ヨツメウオは、その名のとおり四つの目をもつ魚です。といっても、ほんとうに目が四つあるわけではありません。目の中央に水平な不透明の仕切りがあるため、1個の眼球に2つの目があるように見え、左右合わせて四つの目をもっているように見えるのです。

1個の眼球にレンズは1個しかありませんが、像が映る網膜は上下2ヶ所に分かれています。ヨツメウオは、この特殊な目のつくりによって、水中と水面上を同時に見ることができるのです。

顔から大きく飛び出ているこの目を半分水から出し、より広い範囲を同時に見ながら泳ぐことで、泳ぎが遅いヨツメウオでも水に落ちた昆虫などを効率よく捕らえたり、水鳥などの外敵をいち早く見つけて身を隠したりすることができるのです。

分類	カダヤシ目ヨツメウオ科
全長	最大30cm
分布	中央・南アメリカ
生息環境	汽水域

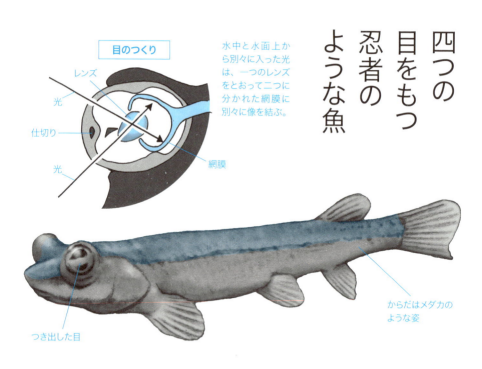

浅海

にすむ生きもの

たった1日で50cmも成長する海藻

茎の部分には空気を蓄えた浮き袋（気胞）がついているため、海面に向かってまっすぐ伸びることができる。
浮き袋

オオウキモが集まって生えている場所は、まるで森のようになっている

オオウキモ

オオウキモは英語でジャイアントケルプとよばれ、海藻などの藻類といわれている仲間ではもっとも大きく成長する種類です。成長するスピードが早く、1日に50cmも成長します。一般に成長が早い海藻のナガコンブでも1日平均13cmほどの成長なので、驚くべきスピードです。

水深数十mの海底の岩などにくっついて成長しますが、成長が進むにつれ水深よりも長くなることもあり、海面に出た部分は海の表面に広がるようにして成長します。

オオウキモがたくさん生えている場所は、まるで森のように見えることから「ケルプ※の森」とよばれます。そこには、プランクトンや小魚、エビ、カニ、ヒトデや、それらを食べる大きな魚、ラッコ、アザラシなど、多くの生きものが集まります。またラッコは、海流に流されないようにするために、オオウキモをからだに巻きつけて眠ることも知られています。

分類　コンブ目コンブ科
全長　最大50m以上
分布　北アメリカ太平洋岸の中～高緯度地域など
生息環境　水深25mよりも浅い海

※コンブ科に属する大型の海藻類の通称。

1年にわずか13mmしか成長しない海藻

サンゴの根もとなどにへばりつくように広がることで、死んだサンゴが固定され、はがれ落ちにくくなる。

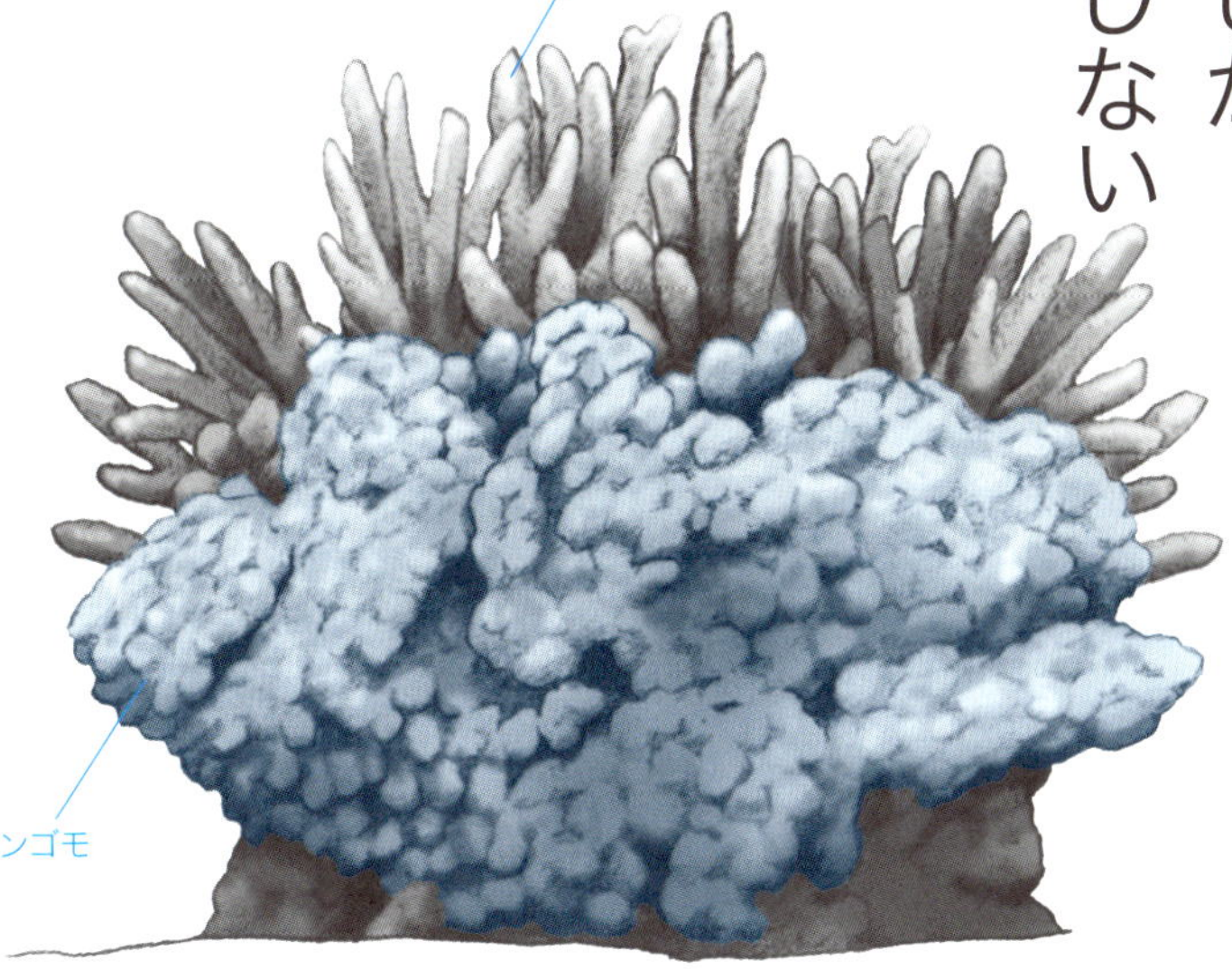

無節サンゴモ類

オオウキモが早く成長する海藻の代表格であるのに対して、成長の遅い海藻の代表格として知られているのが無節サンゴモ類です。その成長のスピードは、1年間にわずか約13mmとまでいわれています。

これは、単純に計算すると1日に50cm成長するオオウキモの1万分の1以下という遅いスピードです。サンゴモは名前に「サンゴ」とついていますが、サンゴの仲間ではなく、紅藻類という藻類の一種で、表面が石灰質で覆われて石のように硬くなる仲間です。からだに節がある有節サンゴモ類とからだに節をもたない無節サンゴモ類に分けられ、日本近海では100種類ほどが知られています。この無節サンゴモはコケのように岩にへばりつきながら生えていて、熱帯の海では死んだサンゴを岩にくっつけるための接着剤のようなはたらきをし、サンゴ礁の形成にも役立っています。

分類 サンゴモ目（無節サンゴモ類）
全長 厚さ数mm〜20mm
分布 世界各地
生息環境 沿岸部

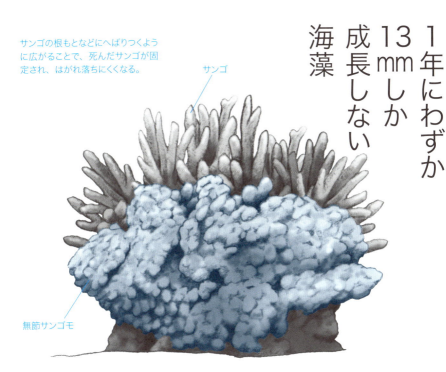

かわいく日光浴をするクラゲ

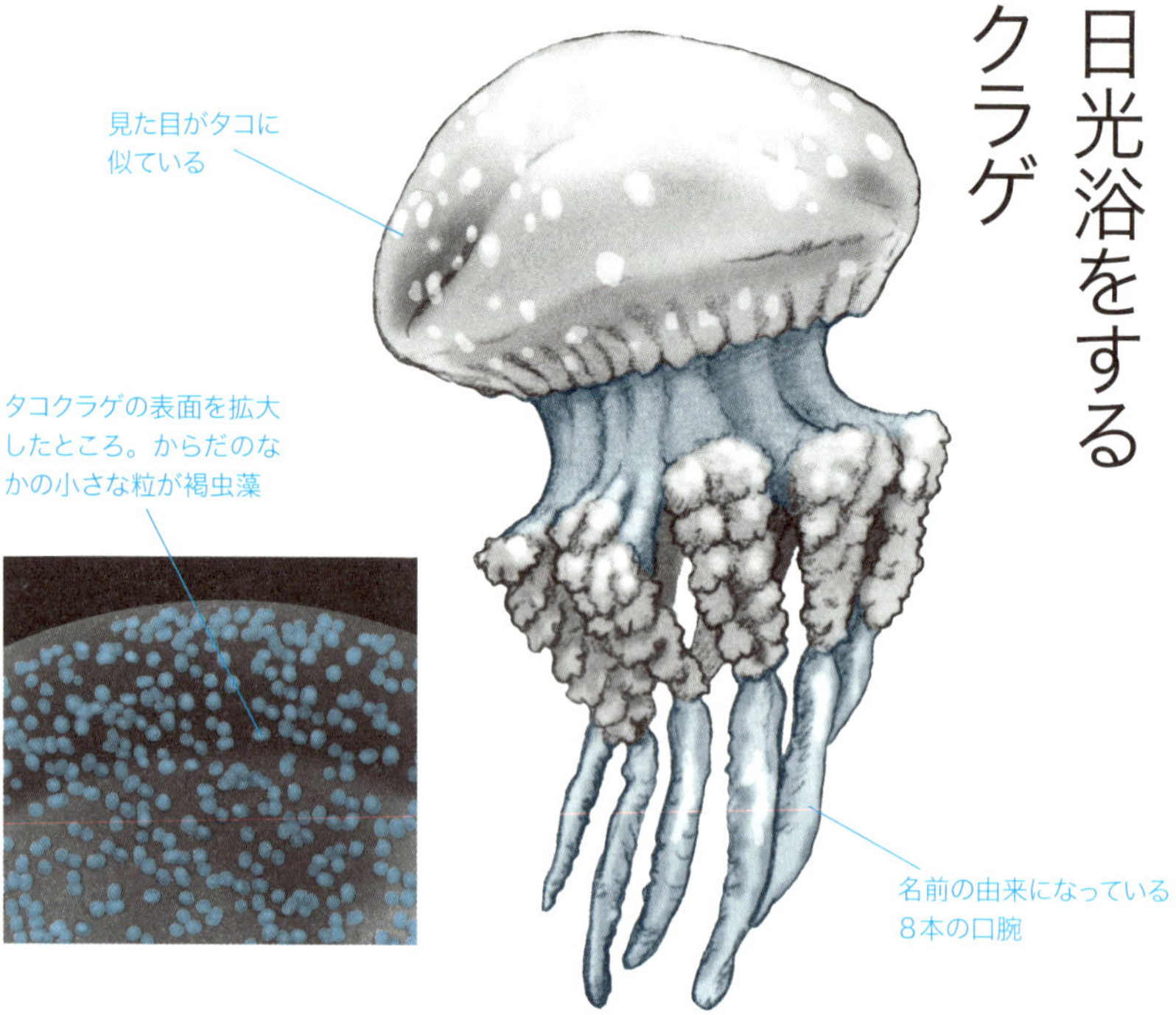
見た目がタコに
似ている
タコクラゲの表面を拡大
したところ。からだのな
かの小さな粒が褐虫藻
名前の由来になっている
8本の口腕

タコクラゲ

タコクラゲというクラゲは、からだのなかに褐虫藻《かっちゅうそう》という小さな藻類をすまわせて生きています。からだが褐色に見えますが、これはからだのなかに無数にすんでいる褐虫藻の色が透けて見えているためです。

この藻類は植物と同じように光合成で栄養分をつくることができます。タコクラゲはこの栄養分を利用して生きているので、この褐虫藻ができるだけ効率よく光合成をおこなえるように、日当たりのいい海面を日光浴でもするかのように泳ぎながらくらしています。

「タコクラゲ」という名は、8本の腕（口腕《こうわん》）をもつ、その姿がタコに似ていることから名づけられました。日本から南に3000kmほど離れたパラオ共和国には、この仲間のクラゲが数百万もの数で群生する「ジェリーフィッシュレイク」とよばれる湖があり、世界的に有名な観光地となっています。

分類 根口クラゲ目タコクラゲ科
全長 10～20cm
分布 関東以南、南西太平洋
生息環境 静かな湾内など

毒で浮き袋をつくる海藻

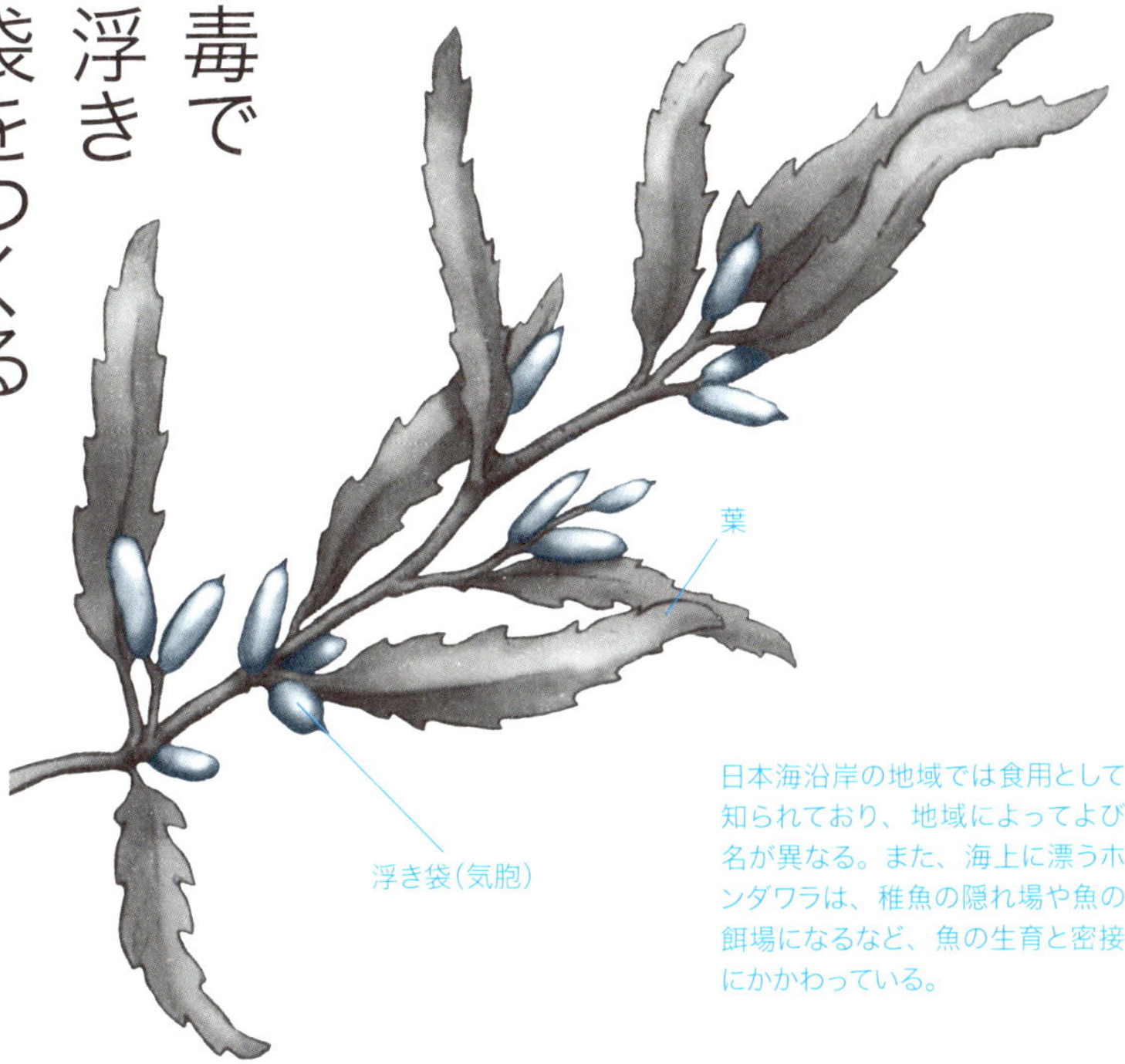

日本海沿岸の地域では食用として知られており、地域によってよび名が異なる。また、海上に漂うホンダワラは、稚魚の隠れ場や魚の餌場になるなど、魚の生育と密接にかかわっている。

ホンダワラ

ホンダワラは、葉緑体の代わりに茶色い色素で光合成をおこなっている褐藻類《かっそうるい》という海藻の一種で、ヒジキなどと同じ仲間です。日本では古くから食用などに利用されてきました。

ホンダワラの仲間は、茎についている気体の入った袋（気胞）を使って海に浮かび、ときには海面に漂う流《なが》れ藻《も》となって長い距離を移動することもあります。こうして浮かぶことで、海の底の岩などにつくよりも多くの日光を浴びることができ、効率よく光合成をおこなえるのです。

この気胞のなかの気体は、実は高濃度の一酸化炭素だといわれています。一酸化炭素はヒトが吸い込むと、血液と結びついて、酸素をからだ中に送り届けるはたらきを弱め、ときには死に至らしめることもある毒性の強い気体です。なぜ、このような毒性の強い気体を気胞のなかに蓄えているのかは、未だによくわかっていません。

分類 ヒバマタ目ホンダワラ科
全長 1～8m
分布 本州・四国北部・九州北部・八丈島、熱帯から温帯にかけての海
生息環境 岩礁

気絶する!?強力な電気を発生させる魚

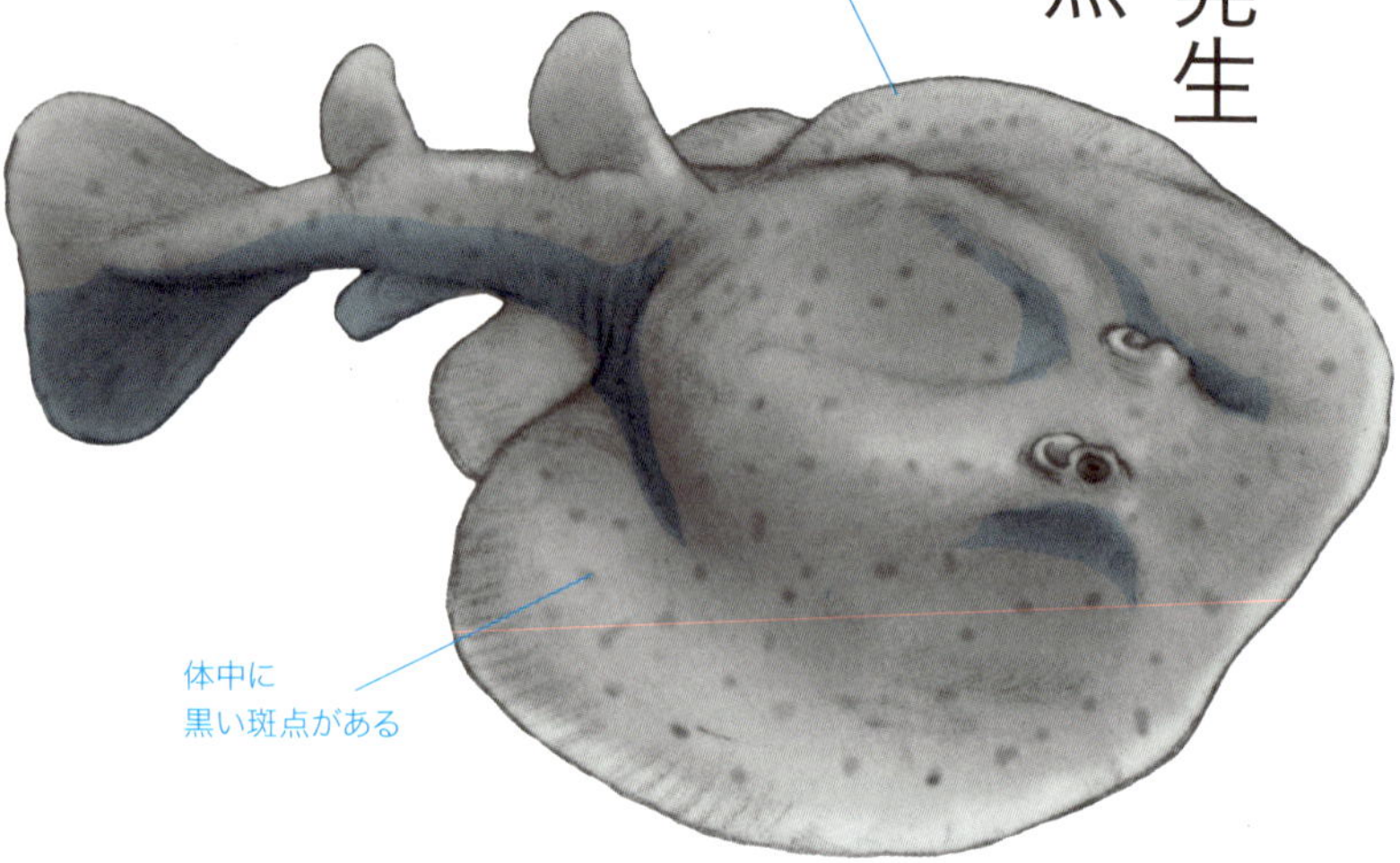
からだは円形
体中に
黒い斑点がある

ゴマフシビレエイ

ゴマフシビレエイは、その名のとおり電気によって獲物をしびれさせます。

シビレエイの仲間は、頭の両側に筋肉が変化してできた発電器をもっています。この発電器は体重全体の約15％にもなり、なかには六角形をしたゼラチン質の電板が重なってできた電柱が、数千本集まっています。この部分に神経を流れる電流を蓄えて発電するのです。

この発電器から発生させる電気は、約50Ｖの電圧をもち、電力は約1キロワットにもなります。ゴマフシビレエイは、この強力な電気を1秒間に数百回から千数百回発生させ、餌となるエビやカニなどをしびれさせてしまうのです。

この電気の強さは、まともに受けるとヒトを気絶させてしまうほどのものです。ヒトを積極的に襲うことはありませんが、しばしばダイバーによる感電事故が起こっています。

分類 ------ シビレエイ目ヤマトシビレエイ科
全長 ------ 1.4ｍ
分布 ------ 北東太平洋
生息環境 ---- 水深200ｍまでの沿岸

発電器のしくみ

体重全体の15%にもなる大きな一対の発電器をもっている。
これは外から見てもからだのどこにあるかがわかるほどの大きさ。

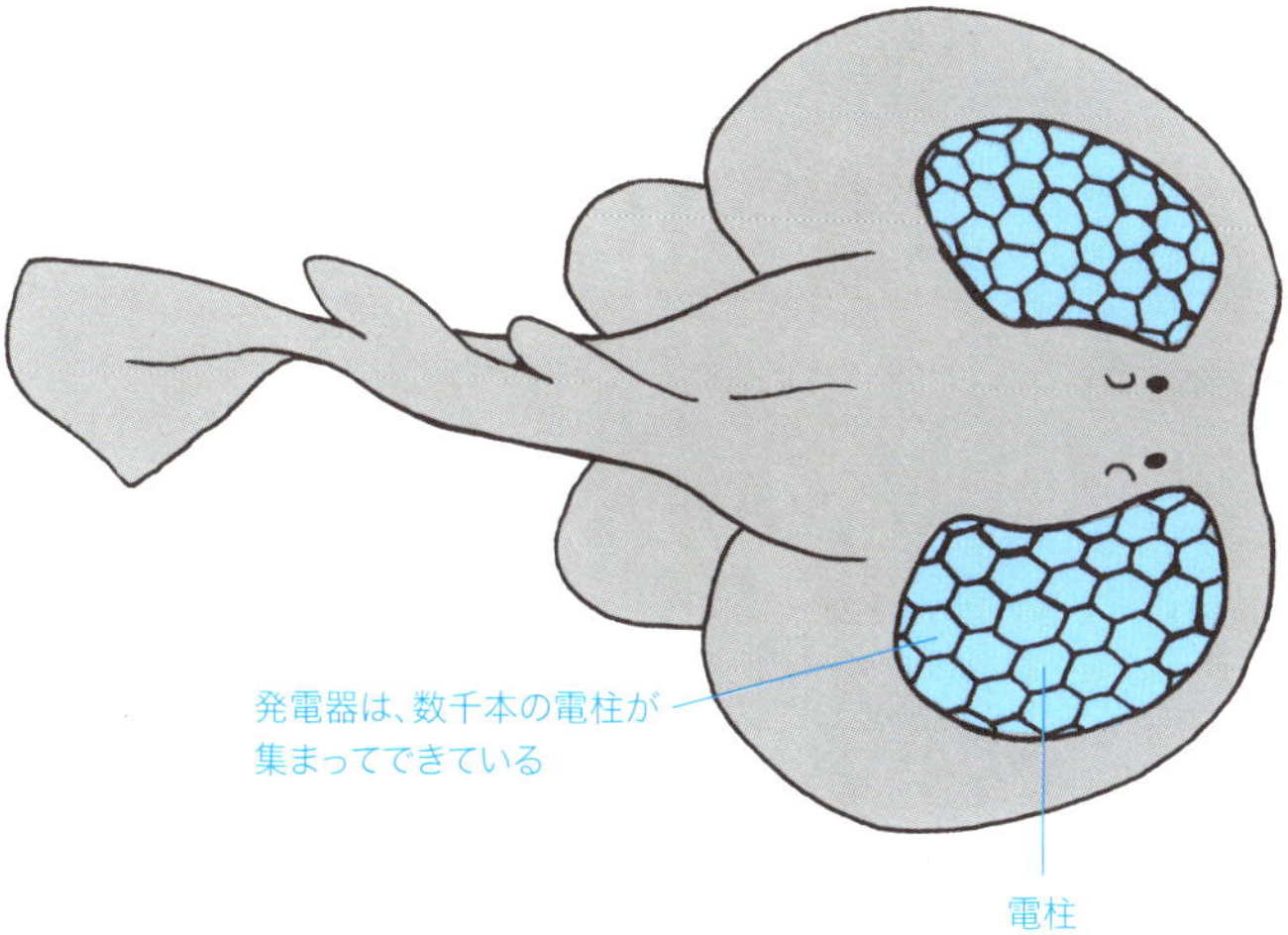
発電器は、数千本の電柱が
集まってできている
電柱

電柱のしくみ

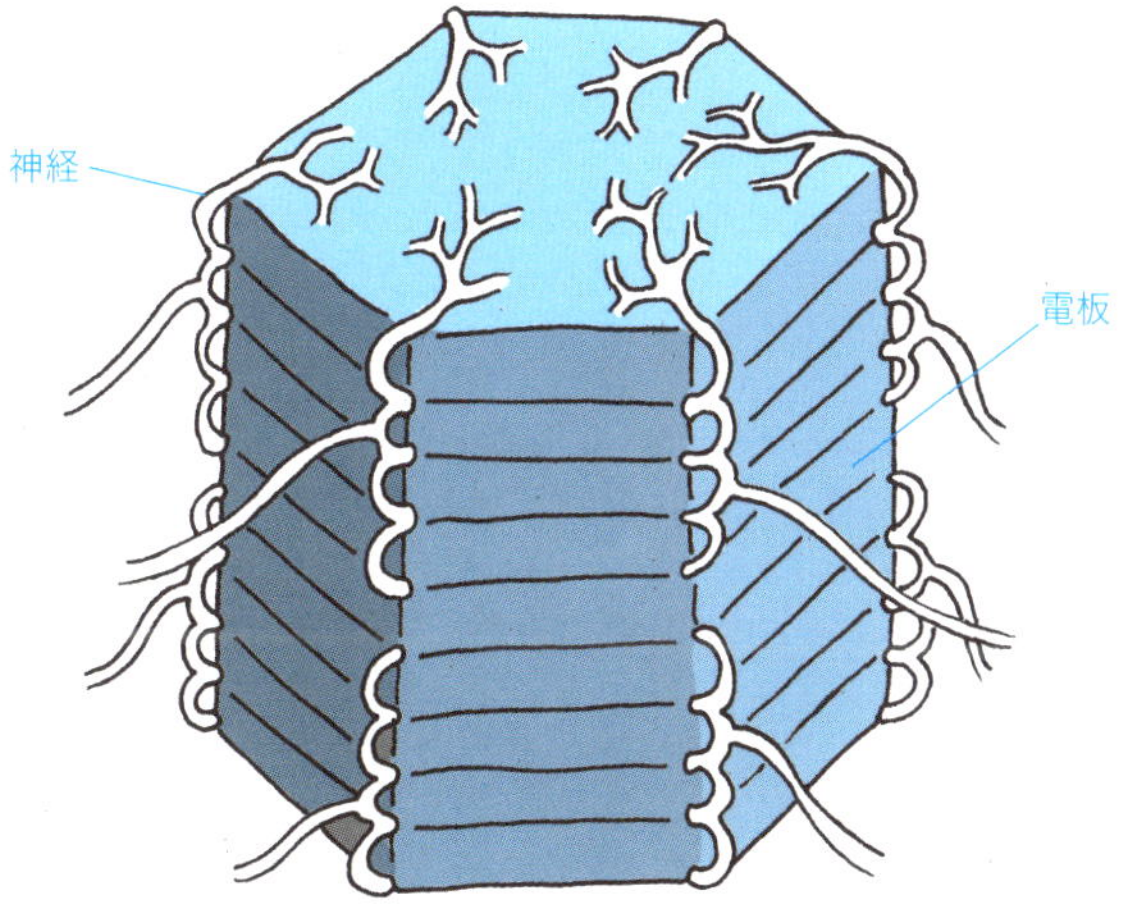
神経
電板

一本の電柱は、六角形の電板が数百枚重なってできている。
この電板に神経の電気を蓄えて発電する。

劇薬注意！硫酸を蓄える海藻

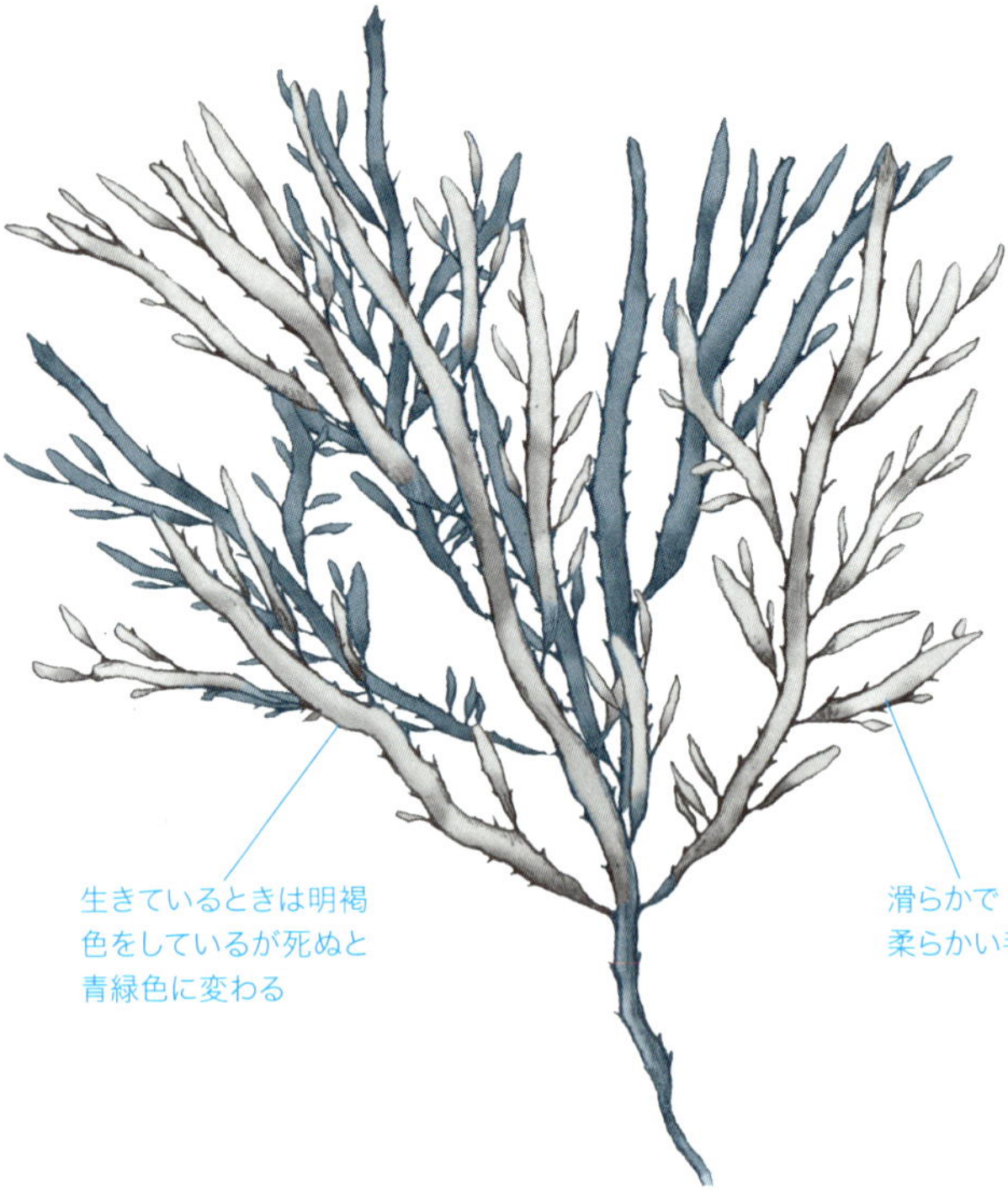
生きているときは明褐
色をしているが死ぬと
青緑色に変わる
滑らかで
柔らかい手触り

ウルシグサ

ウルシグサは、羽毛のように枝分かれした葉が特徴的な褐《かっ》藻《そう》類という仲間の海藻です。日本では東北から北海道にかけての寒い地域でよく見られます。

ウルシグサは、陸上に上がるなどして死んでしまうと、すぐに刺激臭のある液体を出して、青緑色に変化して傷んでしまいます。この液体の正体は、なんとpH０・５〜０・８という強力な硫酸です。硫酸は動物の皮ふにつくと、やけどを起こしてしまう危険な毒物です。この硫酸がまわりの海藻をとかして傷めてしまうため、ウルシグサは「酢草《すぐさ》」とよばれて海藻を採る漁師からは嫌われています。

ウルシグサがからだのなかに硫酸を蓄えているのは、天敵に食べられないようにするためだと考えられています。しかし、もともと細胞に対して毒性がある硫酸を、どのようにして蓄えているのか、詳しいことはわかっていません。

分類　ケヤリモ目ウルシグサ科
全長　10〜１００cm
分布　世界中の寒帯・亜寒帯
生息環境　低潮線付近の岩上

小さなからだからまばゆい光

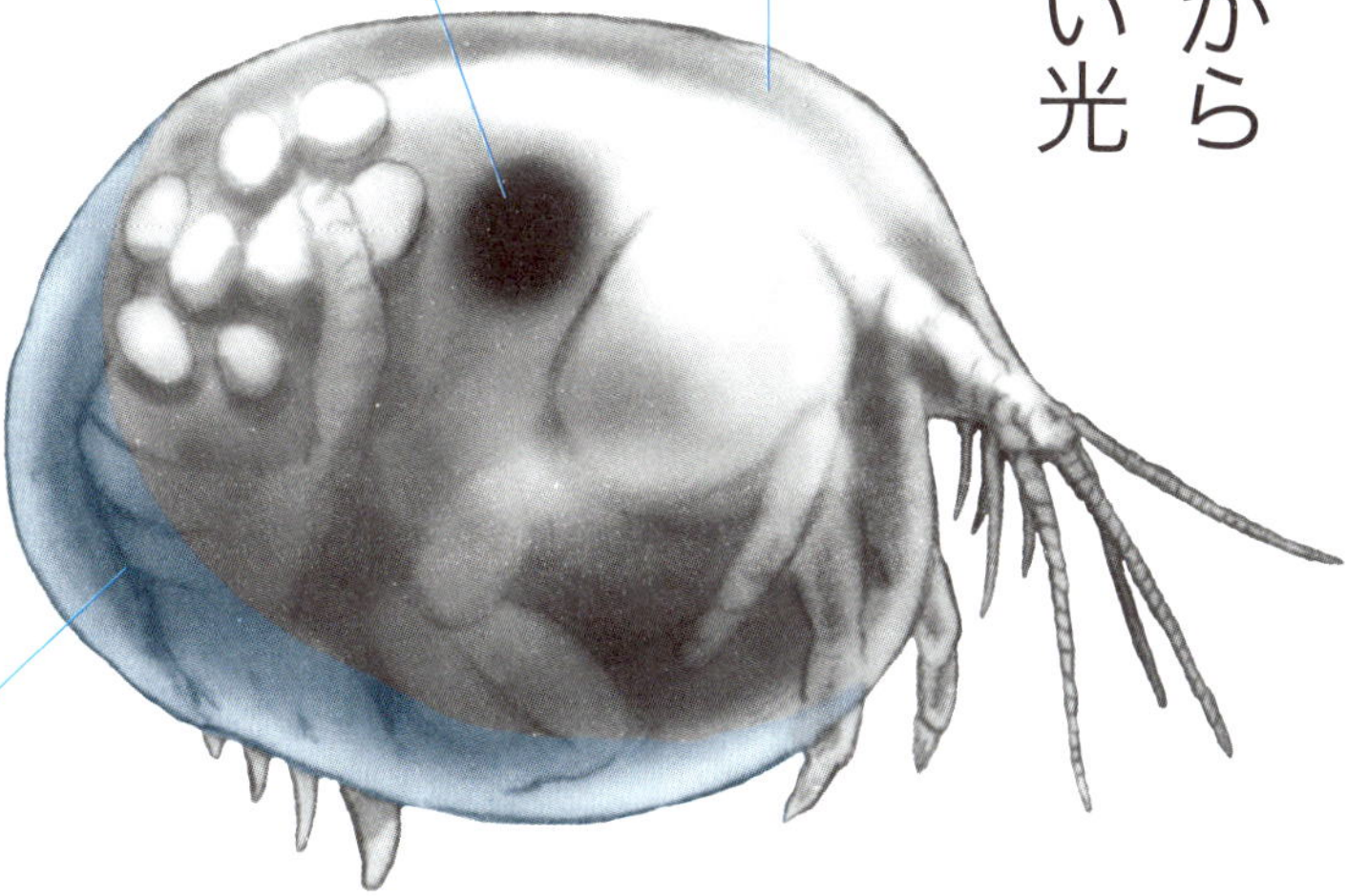
ウミホタルは柔らかそうな見た目に反して二枚貝のような硬い殻をもっている。エビやカニと同じ「甲殻類《こうかく》」である。
複眼
オスよりもメスの方が一回り大きい
消化器官

ウミホタル

ウミホタルはホタルイカ（P.152〜153）と並び、発光する海の生きもののなかでとくに身近なものの一つです。

鮮やかな青い光は、おもに驚いたときや身の危険を感じたときなどに発せられます。

また、ウミホタルは光から逃れようとする性質をもっているため、外敵に驚いて発せられた仲間の光を合図に、その場から逃げ出すことで敵から身を守っているのです。そのほかにも、オスがメスを引きつけるときに、この発光現象を利用するといわれています。

光るしくみには、ルシフェリン※という物質を使っているといわれています。この物質が海水のなかに放出され、海水と化学反応を起こすことで光るのです。

魚のなかには、キンメモドキなどのようにウミホタルを体内にとり込んで光るものもいます。

分類	カイムシ目ウミホタル科
全長	3〜3.5mm
分布	日本の太平洋沿岸、東南アジア
生息環境	浅い海の砂地

※おもにホタルや深海魚、微生物が起こす生物発光のおおもと。熱をほとんど出さずに発光できる。

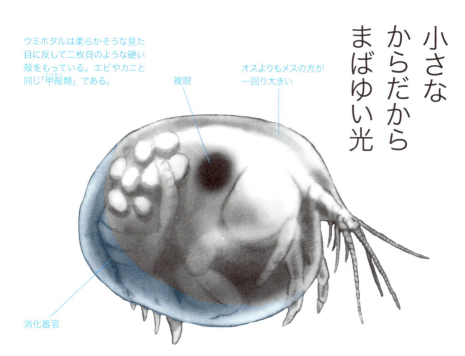

お腹のなかを光らせて身を隠す魚

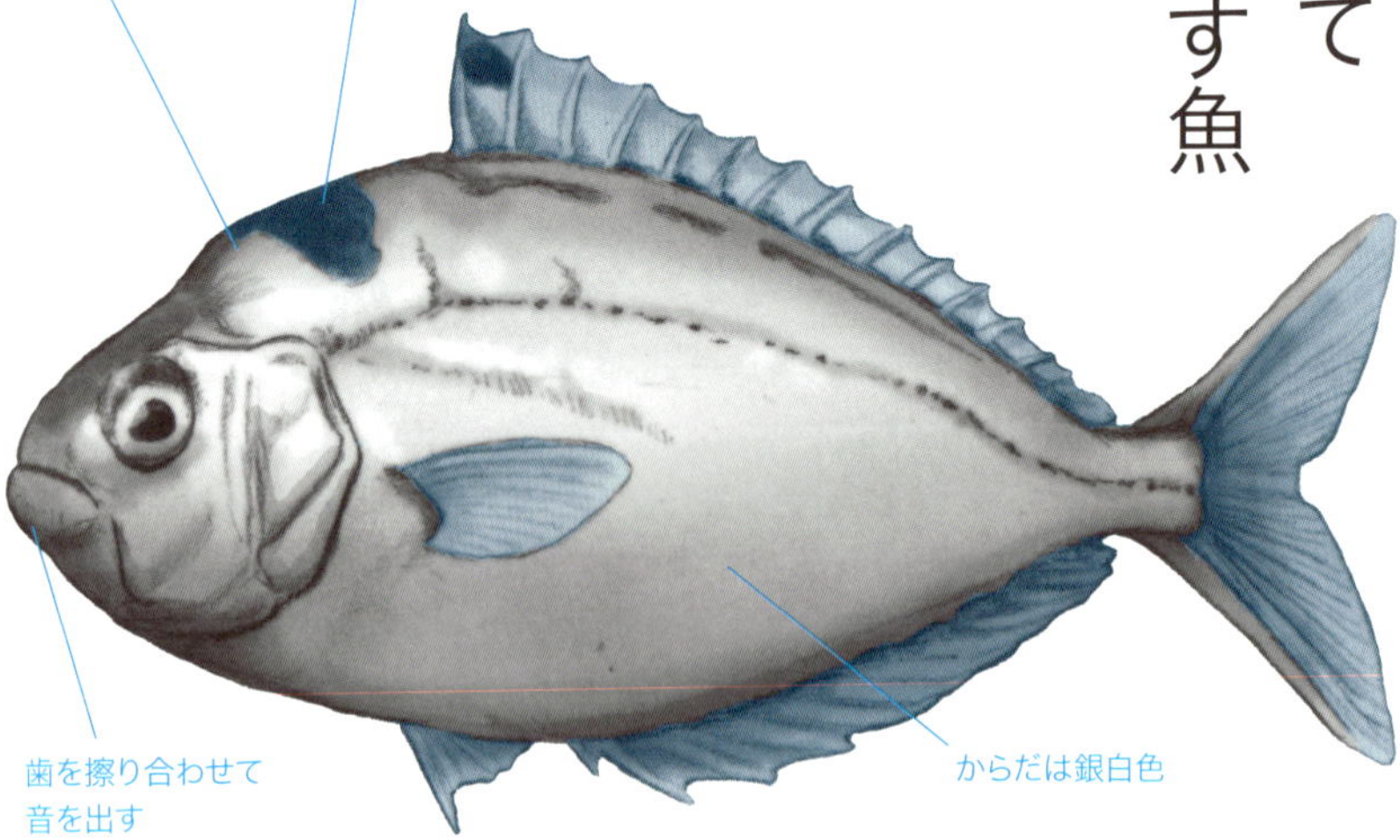
頭頂部が突き出て
段差がある
黒褐色の斑点がある
歯を擦り合わせて
音を出す
からだは銀白色

ヒイラギ

発光する魚にはいろいろな種類がいますが、多くが海の深い場所にすむ仲間です。そのなかでも比較的浅瀬にすむ発光魚として、私たちに身近な種がヒイラギです。

ヒイラギは、発光バクテリアを体内にとり込んで腹部《ふくぶ》を光らせます。浅い場所を泳いでいるヒイラギを下から見ると、水面から射し込む光をさえぎっているため、その姿を黒い影としてみることができますが、腹部を発光させていると、その影が見えにくくなります。この効果によって、ヒイラギはより深い場所にいる大型の魚から身を隠しているのです。

浅い場所を群れになって泳ぐヒイラギは、釣りや漁の獲物としても一般的で、さまざまな調理法で食用にされています。

また、ヒイラギは鳴くことができる魚です。釣り上げられたときなどには、口の奥にある歯を擦り合わせて、ギーギーと音を出します。

分類	スズキ目ヒイラギ科
全長	10～15cm
分布	本州中部以南、朝鮮半島南部・東シナ海
生息環境	内湾の砂底

ヒイラギが光るしくみ

発光器から出た光を、内壁が銀白色になっている浮き袋のなかで反射させることで外に出している。

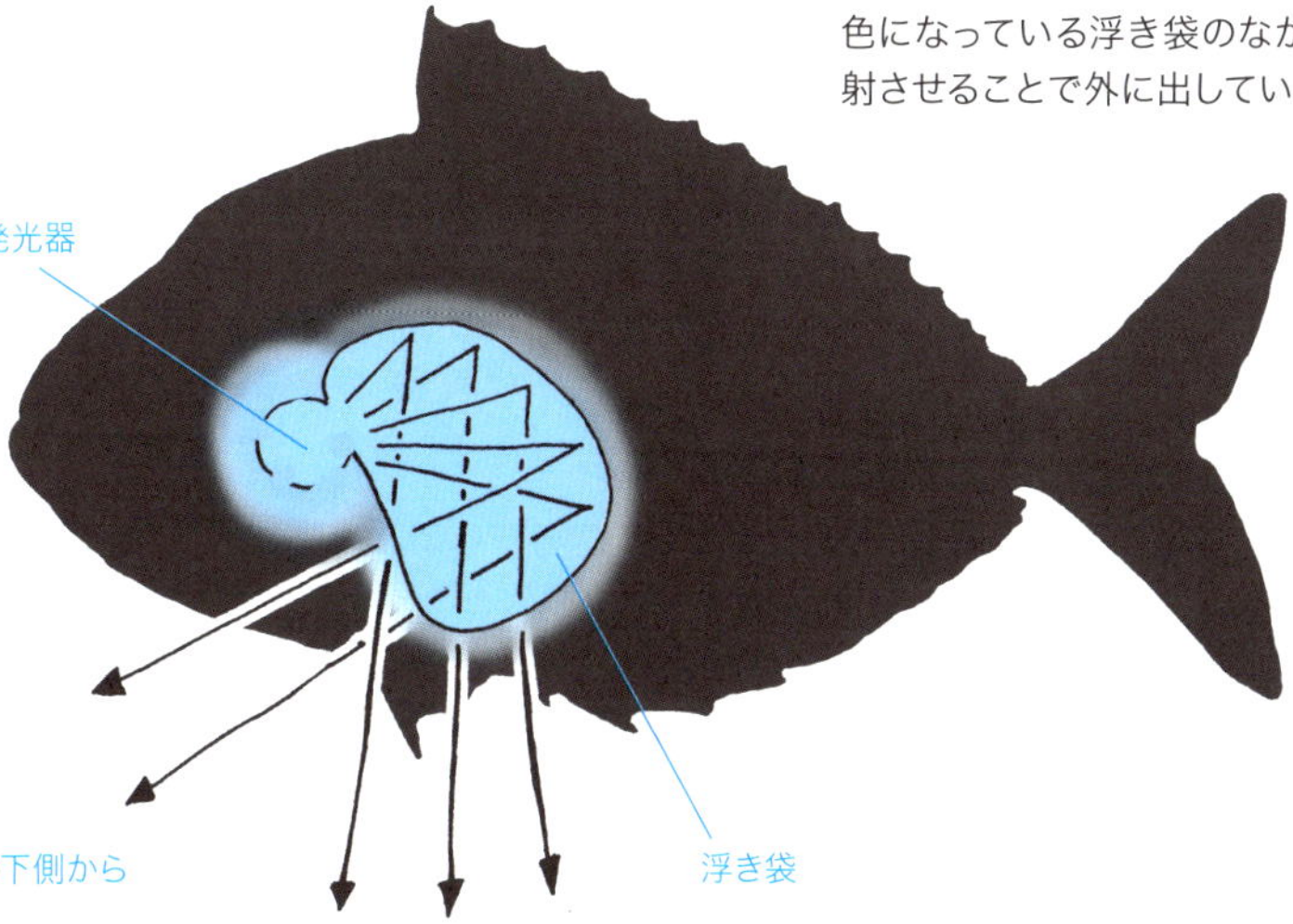

発光器
光はからだの下側から出ている。
浮き袋

下から見たヒイラギ

下から見たときに影になって目立たないために、からだの下側である腹部を光らせる。
ちなみに、発光する部分が体内にあるため、ヒイラギのオスは、
体内の発光器から体表にかけて半透明になっている部分がある。

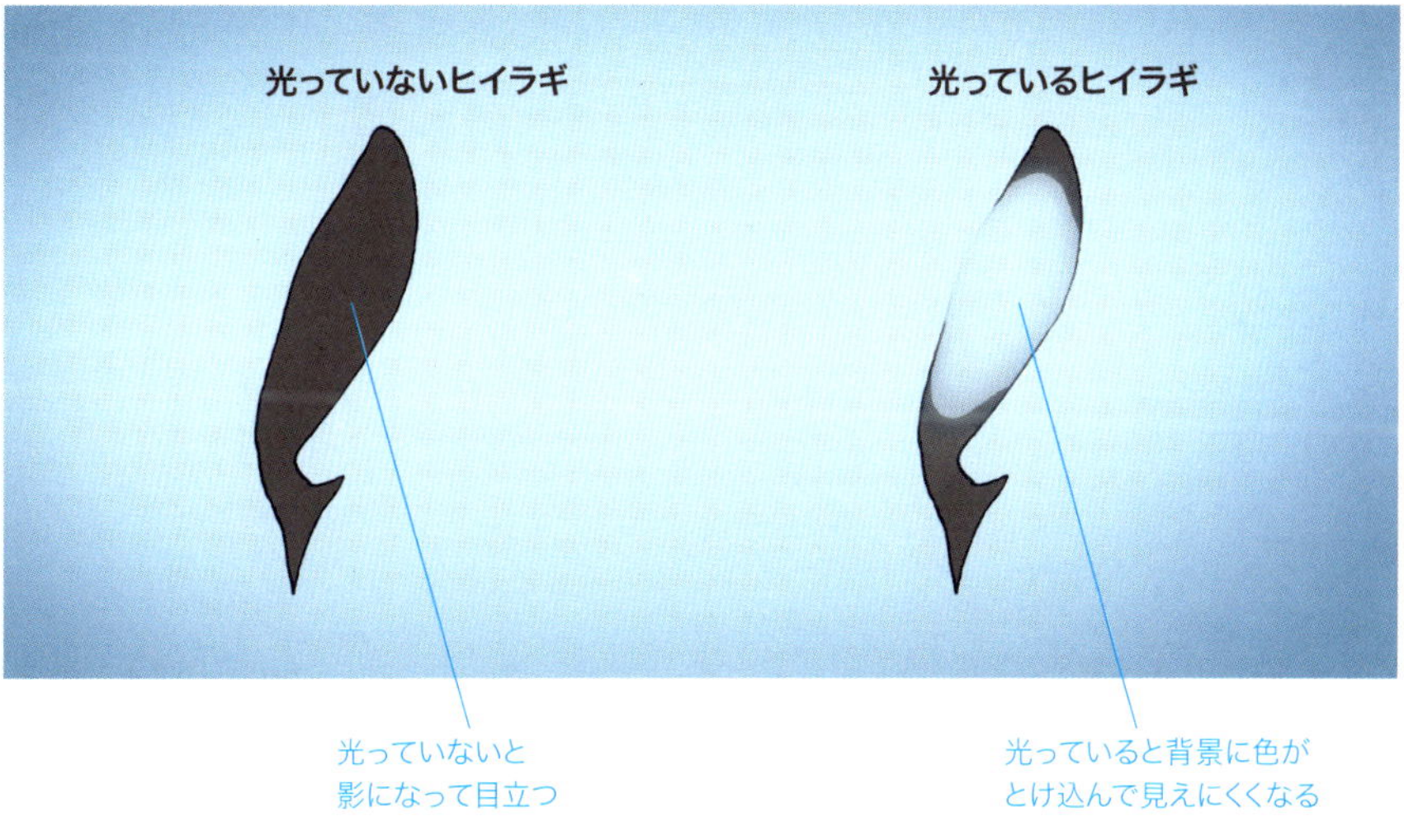

光っていないヒイラギ
光っているヒイラギ
光っていないと影になって目立つ
光っていると背景に色がとけ込んで見えにくくなる

明るく光る奇怪なゴカイ

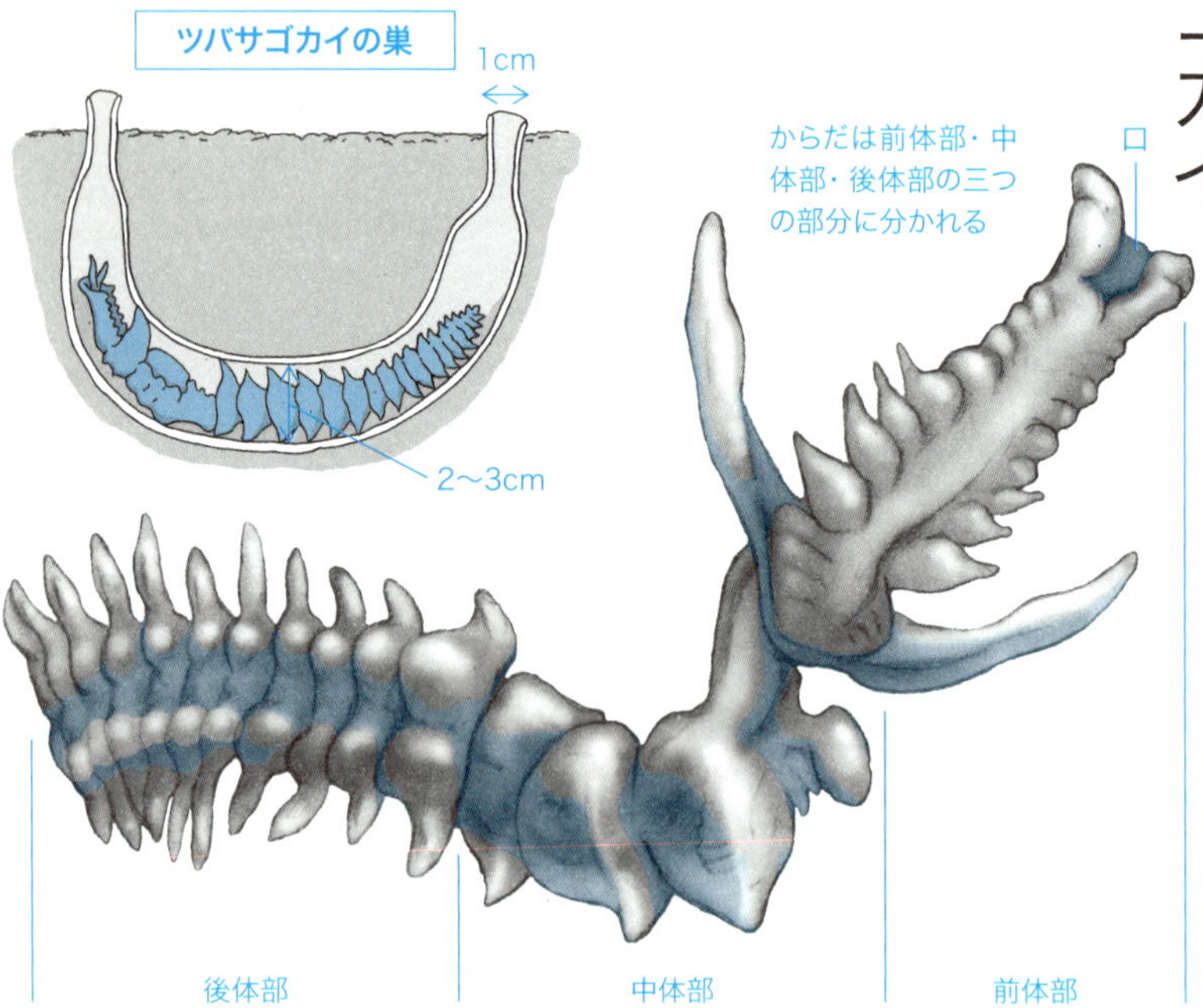

ツバサゴカイの巣
1cm
2〜3cm
からだは前体部・中体部・後体部の三つの部分に分かれる
口
後体部
中体部
前体部

ツバサゴカイ

ツバサゴカイは、比較的大型のゴカイで、明るく光ることができます。光はホタルの光のようにとても明るくなりますが、なんのために光るのかはよくわかっていません。

ツバサゴカイという名前は、からだの両側についたつばさのような器官に由来しています。

とてもグロテスクな姿をしていますが、ヒトに危害を加えるような危険な生きものではなく、干潟の砂や泥のなかにU字形の管をつくってすんでいます。

この管の両端は海底から突き出ていて、この両端は満潮時には水の底に沈みます。そしてツバサゴカイは、この管の口から水といっしょにプランクトンなどを吸い込んで食べているのです。

昔は日本全国の干潟で見られましたが、最近は干潟の減少によって急速に数を減らしています。

分類 スピオ目ツバサゴカイ科
全長 5〜25cm
分布 日本全国、ロシア・インドネシア
生息環境 干潟

夜の海に光る姿はまるでパレード

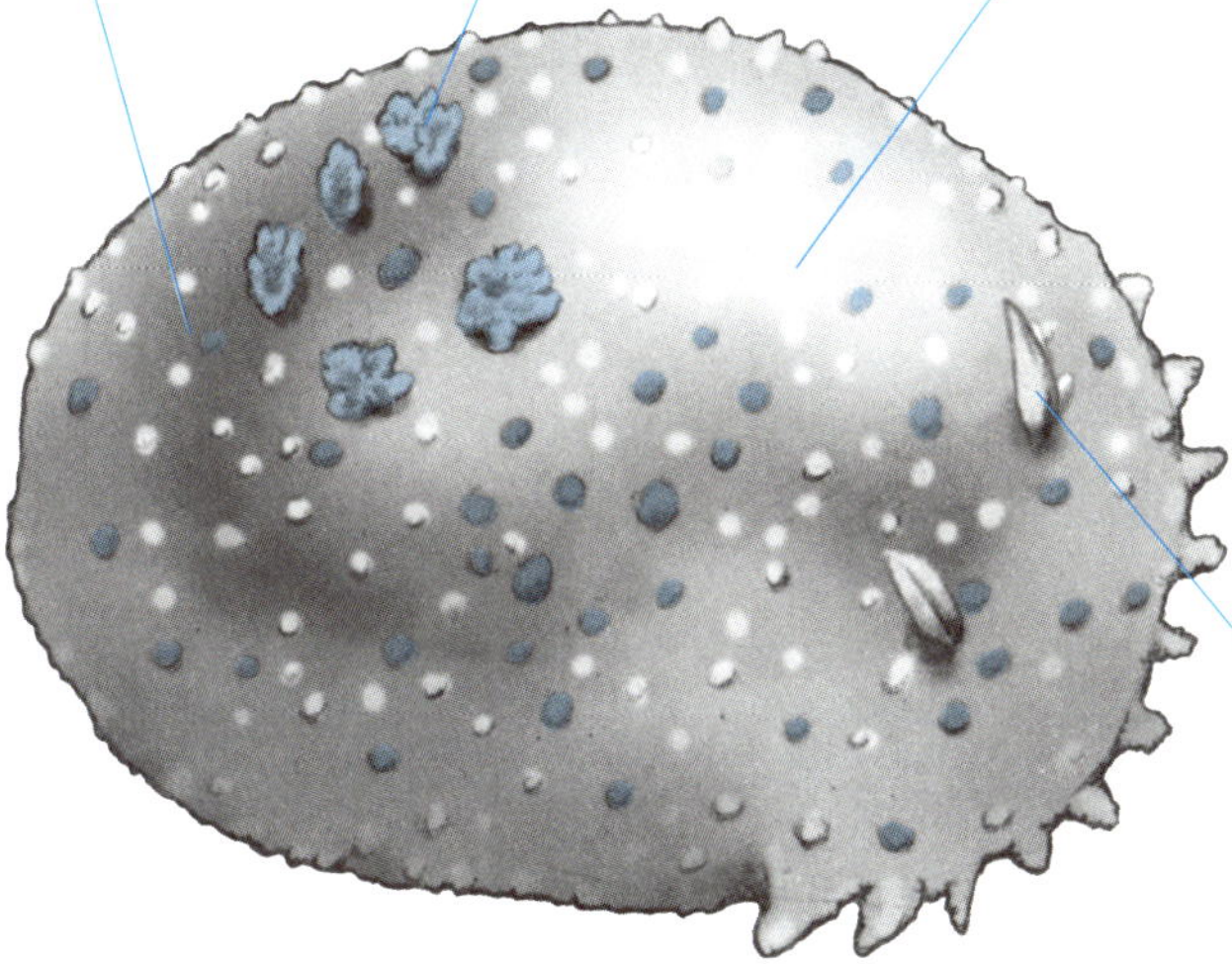
刺激を受けると
青白く発光する
えら
突起が多く鮮やかな赤や
黄の斑点をもつ
触角

ハナデンシャ

ハナデンシャは、大型のウミウシの仲間です。ウミウシは色鮮やかな種類が多いことで知られていますが、このウミウシは発光することで知られています。

背中には鮮やかな赤や黄の斑点や突起をたくさんもっていますが、そのうちのいくつかが発光器になっていて、刺激を受けると青白く発光するのです。

ふだんは海底をゆっくりとはいながら移動していますが、大好物のクモヒトデというヒトデに似た仲間を見つけると、のしかかるようにして口を開け、一気に吸い込んで食べてしまいます。

ハナデンシャという名前の由来は、白いからだに赤や黄の鮮やかな斑点をもつ姿が、「花電車（電飾をたくさんつけたパレード用の路面電車）」に似ていることから名づけられました。

分類　裸鰓目フジタウミウシ科
全長　10〜15cm
分布　本州中部以南、インド洋・西太平洋
生息環境　浅海底の泥中

ジェット噴射で素早く泳ぐ！

殻を開いて水を吸い込み、殻を閉じながら水を勢いよく吐き出して進む

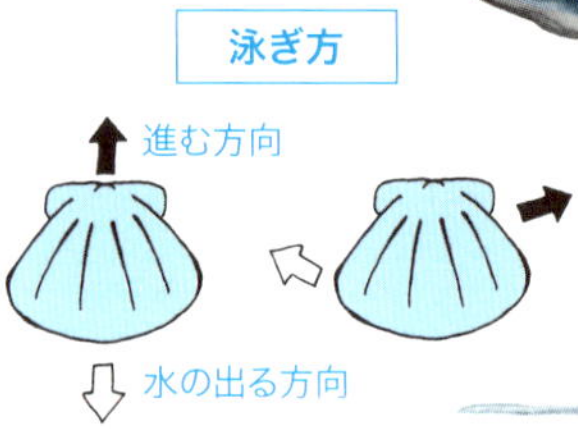
泳ぎ方
進む方向
水の出る方向

進みたい方向と逆向きに水を出すことで泳ぐことができる。

ホタテガイ

食用としても有名なホタテガイは、ふだんは海底の砂地でじっとしながらくらしています。しかし、天敵であるヒトデやミズダコなどに出会うと、殻《から》を開閉させながら後方に向けて海水を勢いよく噴射し、泳いで逃げます。そのスピードは秒速60cmほどといわれ、ふだんのゆっくりした動きからは想像もできないほどの素早さです。

このようにホタテガイが泳ぐことは古くから知られており、その名は泳ぐ姿が帆を立てた船に似ていることに由来します。

ホタテガイは、アサリやシジミと並んで、私たちにとって非常になじみ深い貝の一つで、寿司のネタや焼き物、煮物などの材料として広く利用されています。

ちなみに食材としては、イタヤガイとよばれる貝が代用されることがあります。イタヤガイはホタテガイと似ていますがまったく異なる種類です。

分類　イタヤガイ目イタヤガイ科
全長　20cm
分布　東日本以北、千島列島・サハリン・朝鮮半島北部
生息環境　浅海の砂底

自力で泳ぐイソギンチャク

泳ぎ方

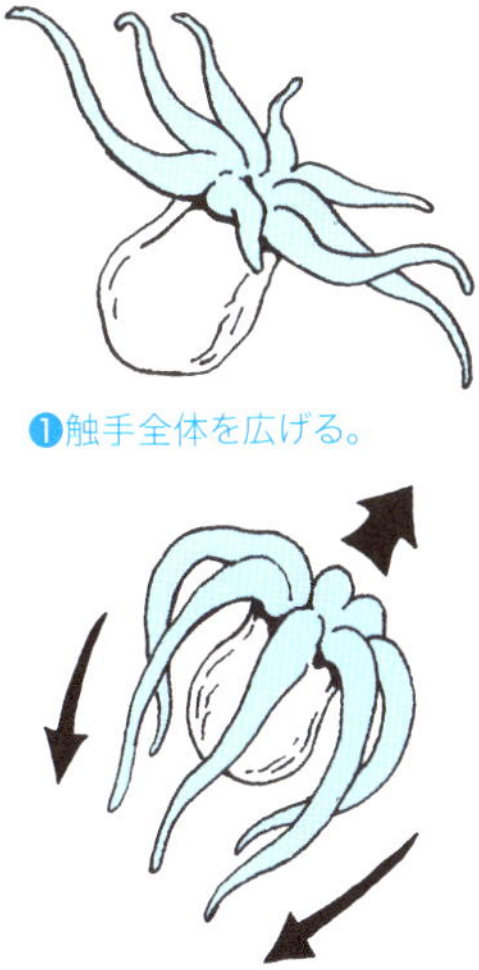

❶触手全体を広げる。

❷触手全体を巻き込むように勢いよく曲げ、水をかいて前に進む。

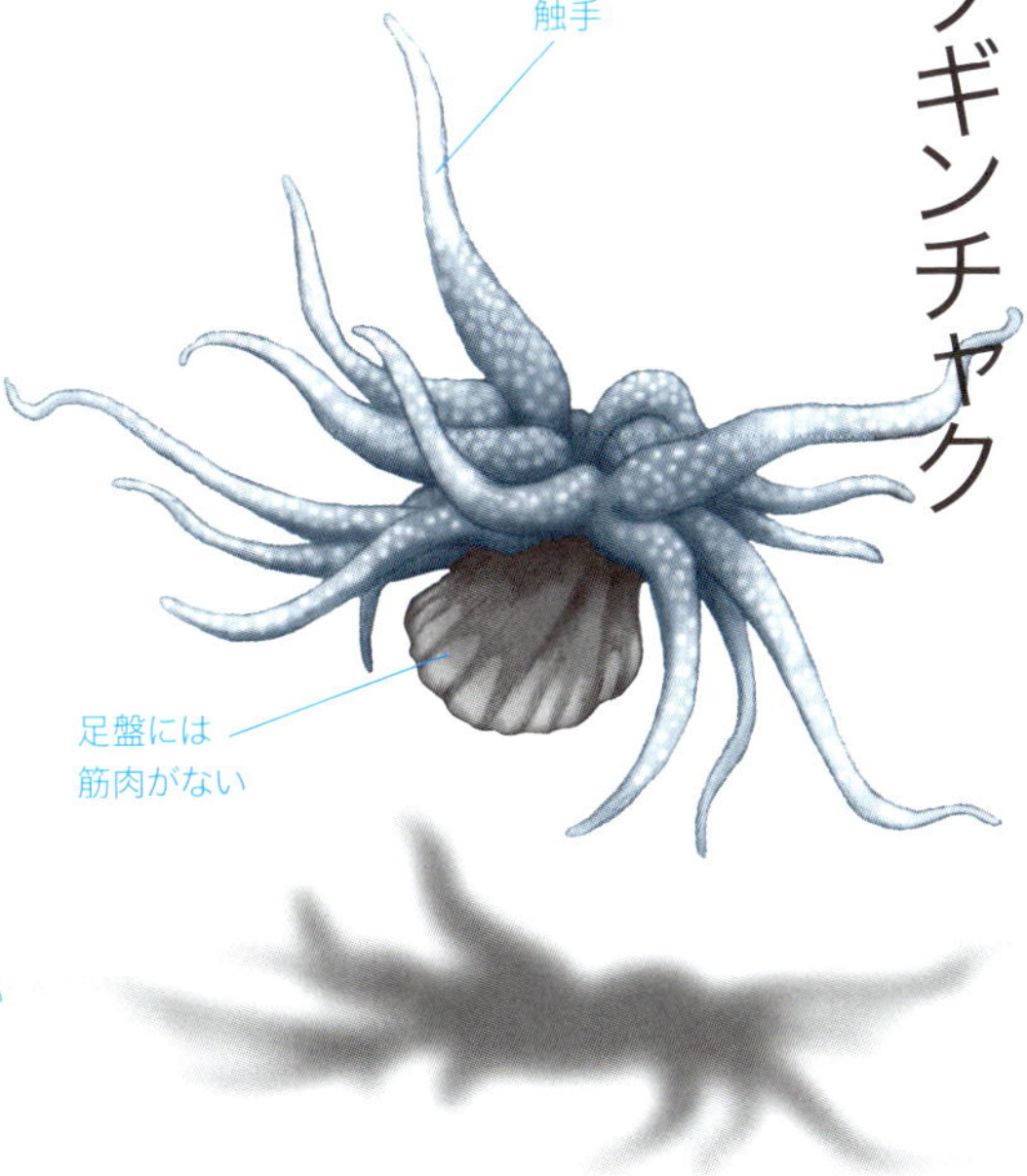
触手
足盤には
筋肉がない

オヨギイソギンチャク

イソギンチャクの仲間は、上部の口盤《こうばん》とよばれる部分から出したたくさんの触手を使い、小さな魚やプランクトンなどを捕らえてくらしています。一般的には植物の根のような足《そく》盤《ばん》という部分を使って岩などにしっかりと吸いつき、自分の力で移動したりすることはほとんどできません。

ところが、このオヨギイソギンチャクは、たくさんの触手を波打たせて羽ばたくようにしながら、水のなかを上手に泳ぐことができます。敵から逃れたり、より環境のいい場所でくらしたりすることができるように、自力で泳げるようになったと考えられています。

オヨギイソギンチャクは触手が比較的ちぎれやすく、ちぎれた触手からからだを再生することができます。そのため、天敵のカワハギなどが入ってくる心配のない養殖場などで大発生し、養殖に大きな被害を与えることがあります。

分類	イソギンチャク目オヨギイソギンチャク科
全長	1cm
分布	本州太平洋岸、太平洋からアフリカ沿岸
生息環境	内湾など

蛍光を発して光る美しい海藻

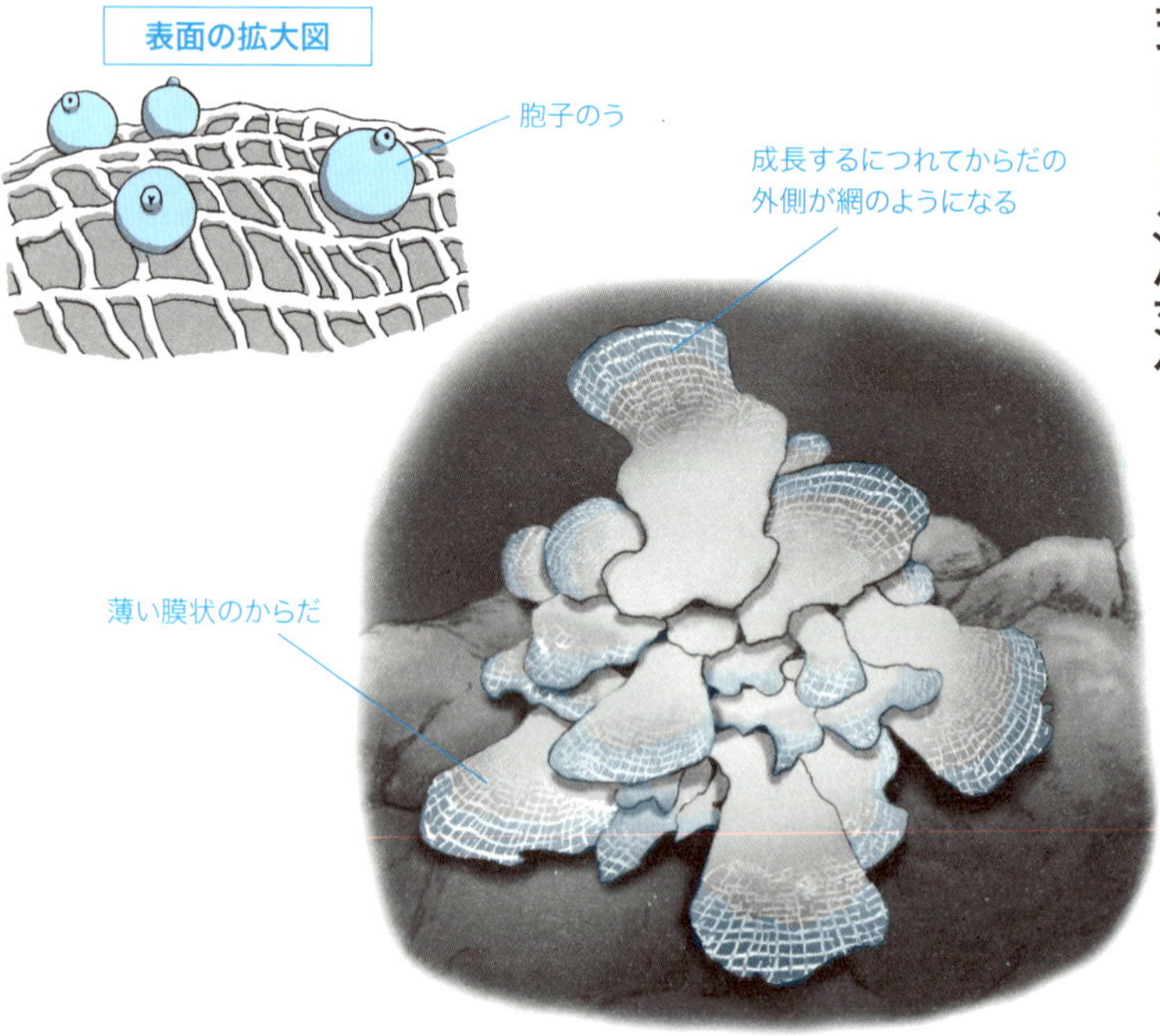
表面の拡大図
胞子のう
成長するにつれてからだの
外側が網のようになる
薄い膜状のからだ

アヤニシキ

アヤニシキは、紅藻《こうそう》類の仲間で、鮮やかな青紫色の花が開いたような姿が特徴です。またこの海藻は、色鮮やかな蛍光色を発して光ることでも知られています。

とくに春から夏にかけてよく見られる海藻で、根元近くは膜状ですが、上部はレースのような網状になり、さらに先端に近い部分は裂けて房状になっています。繁殖するときには、葉の表面に「胞子のう」という丸い粒のようなものをたくさんつくり、そこから胞子を放出します。

アヤニシキという名前は、鮮やかな色で波にゆれる姿が非常に美しいことから名づけられました。その美しい姿からダイバーにも人気の高い海藻ですが、非常にもろく、海中から出すとすぐにかたちが崩れ、光も発しなくなってしまいます。水中で光合成をおこなっているときでしか、蛍光色を発することができないのです。

分類　イギス目コノハノリ科
全長　5～15cm
分布　関東地方以南、朝鮮半島・中国
生息環境　沿岸の岩礁

青緑色に光るのに地味な海藻

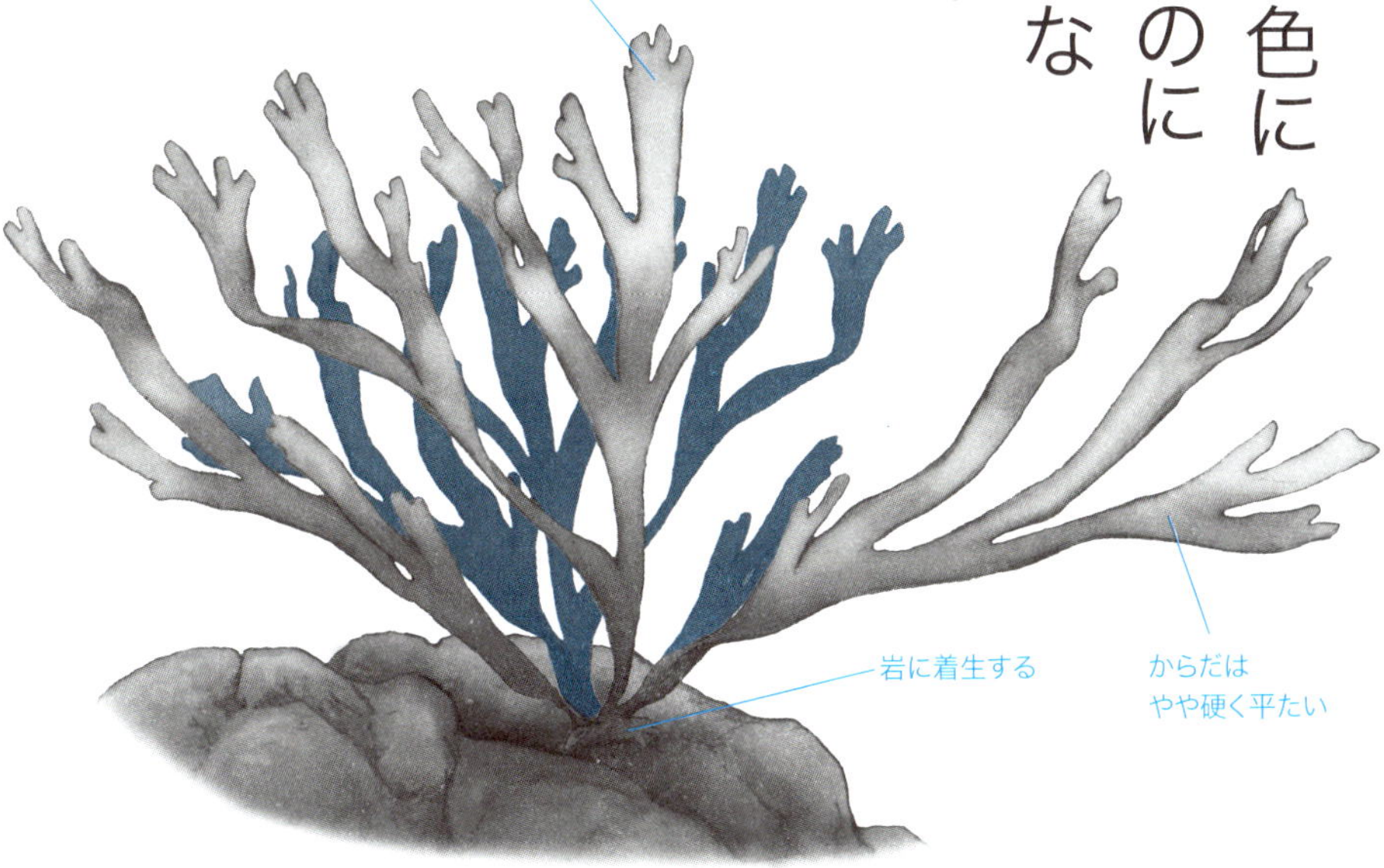
光合成をおこなうときに
青緑色に光る
岩に着生する
からだは
やや硬く平たい

フクリンアミジ

褐藻《かっそう》類の仲間であるフクリンアミジは、アヤニシキ（P.90）と異なり、ふだんは茶色で非常に地味な見た目ですが、水中で光ることができます。日中、光合成をさかんにおこなっている元気な個体を水中で見ると、鮮やかな青緑色の蛍光色を発しているのがわかります。

フクリンアミジは、冬から初夏にかけて潮下帯（つねに海水に浸っている場所）の岩の上などで観察できます。ウニが嫌う物質を含むため、ウニによる海藻の食害を防ぐ効果があるといわれています。比較的近縁の種であるアミジグサという海藻と外見上はよく似ていますが、ニセアミジ属であるフクリンアミジが光るのに対して、アミジグサ属であるアミジグサは光ることはありません。

名前にある「フクリン」とは、衣服の袖口の縁取りである「覆輪《ふくりん》」のようなもようがあることからついています。

分類　アミジグサ目アミジグサ科
全長　20cm
分布　日本全国
生息環境　潮下帯の岩

思いどおりに心拍数を変える!?

見た目どおり体内に大量の脂肪を蓄えているので、飢えや水温の変化に強い
性格はおとなしい

マナティー

マナティーは体内のエネルギー消費量が非常に少なく、6〜7分間水中に潜ったまま活動することができます。また、必要に応じて思いどおりに心拍数を変化させる能力があり、通常は1分間に30〜40回の心拍数を、身に危険が迫ったときには1分間に8回にまで低下させることができます。

心拍数が下がったときには、生きるために重要な脳などの器官に集中的に酸素が送られます。こうすることで体内の酸素が効率よく使われ、呼吸することができない水中でも長い時間生き延びることができるのです。

マナティーは、アザラシなどにやや似ていますが、ずんぐりとしたからだとゆっくりとした動きが特徴で、沖縄などにすむジュゴンと比較的近い仲間です。足が変化した尾びれで水中を上手に泳ぎ、海草や水生植物をムシャムシャとすりつぶすようにして食べます。

分類 カイギュウ目マナティー科
全長 3m
分布 アフリカ西部・北アメリカ南東部〜南アメリカ北部
生息環境 河川や汽水域、沿岸など

食事のようす

おもに海草や水生植物、海藻などを食べるが、陸に生えている植物を
食べることもある。ほかの動物を襲うことはほとんどなく、非常におとなしい性格なので
エネルギー消費量が少なく、長い時間水に潜っていられる。

海藻
前足（ひれ）を手のように
使って食べることも多い

マナティーとジュゴンの違い

姿のよく似ているマナティーとジュゴン。
簡単に見分ける方法は、尾のかたちを確認すること。
尾が丸いうちわのようなかたちをしているのがマナティー。
イルカのように三角形になっているのがジュゴン。

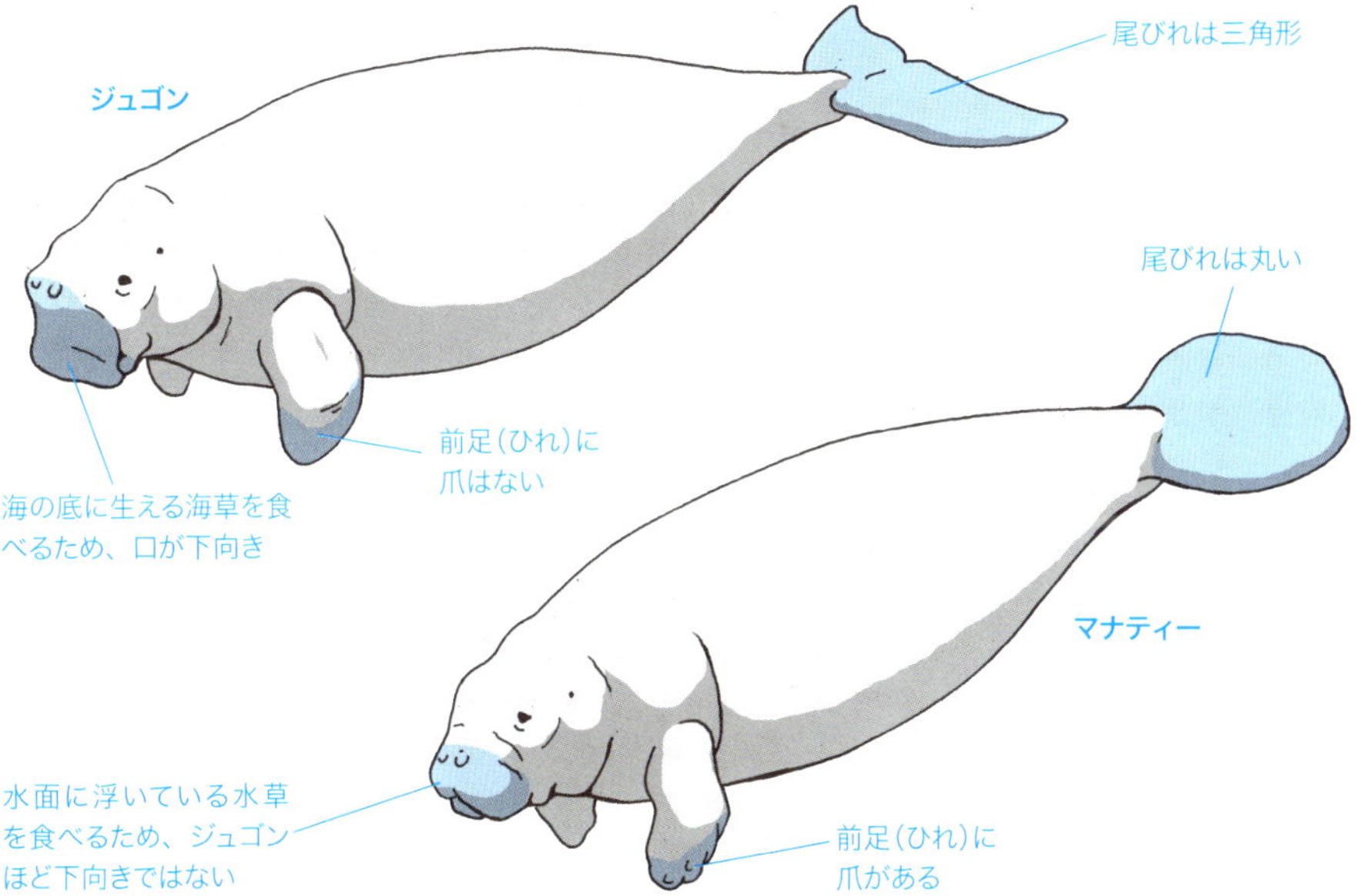
ジュゴン
尾びれは三角形
前足（ひれ）に
爪はない
海の底に生える海草を食
べるため、口が下向き
尾びれは丸い
マナティー
水面に浮いている水草
を食べるため、ジュゴン
ほど下向きではない
前足（ひれ）に
爪がある

名前のとおり逆さでくらすクラゲ

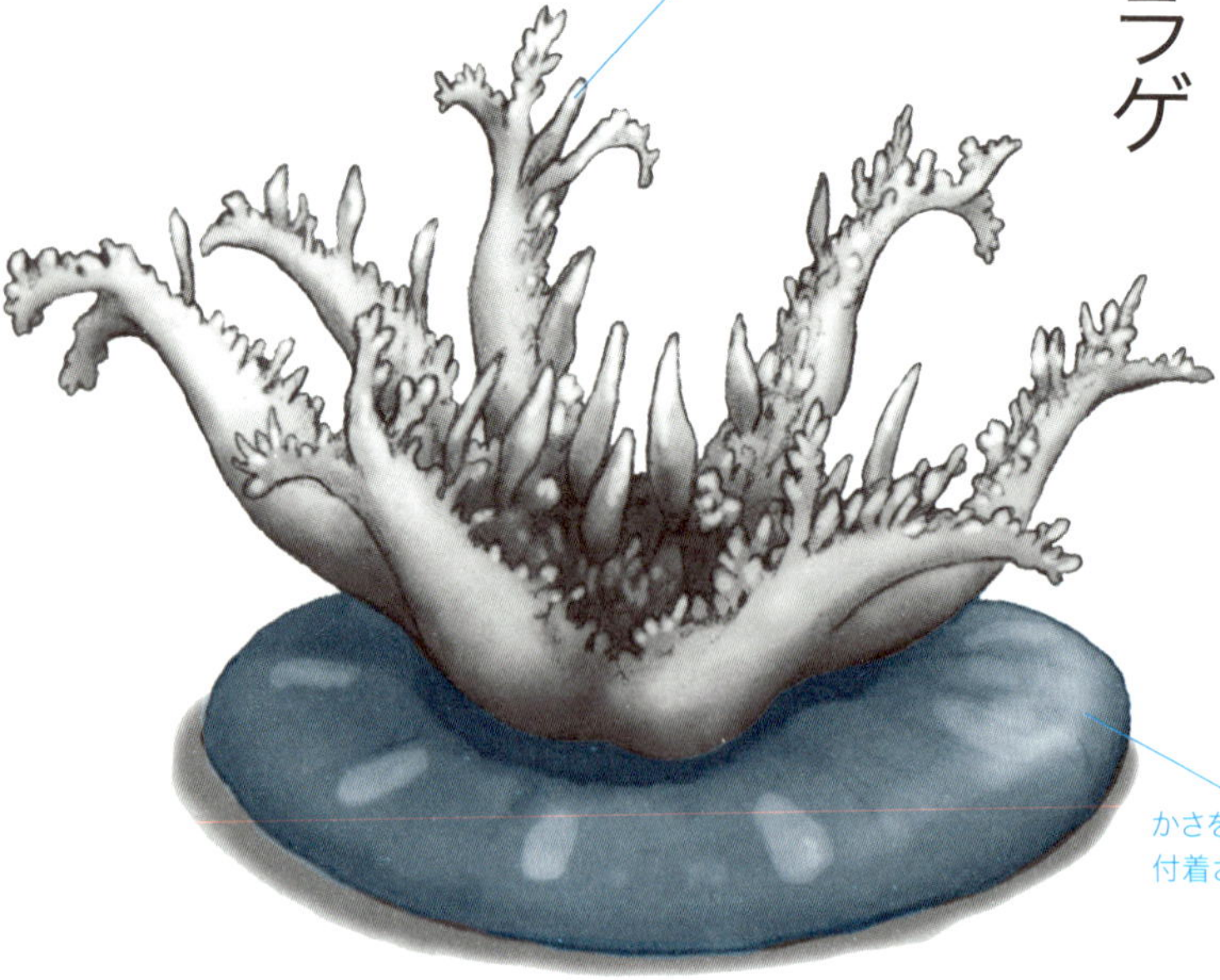

サカサクラゲ

ふつう、クラゲはかさを上にして、触手とよばれる足のようなものを下に伸ばしながら泳いでくらしています。ところが、サカサクラゲは、その名のとおり上下逆さまになってくらすことでよく知られています。

サカサクラゲは、からだのなかにタコクラゲ（P.78）と同じように褐虫藻《かっちゅうそう》をすまわせています。この藻類が光合成で栄養分をつくり、サカサクラゲはこの栄養分を利用して生きています。逆さになっているのは、この藻類に光を多く当てて光合成を効率よくおこなってもらうためなのです。

このクラゲは、学名を「カシオペア」といいます。北の空で北極星の周囲を回っているカシオペア座は、ヨーロッパなどでは決して沈むことなく、1日のうち半分は逆さまになって見えます。そのことから、サカサクラゲの学名に使われたといわれています。

分類 根口クラゲ目サカサクラゲ科
全長 15cm
分布 九州以南、世界中の温暖な海域
生息環境 サンゴ礁の海底など

いつも逆さというわけではない

ふだんは泳がずに海底にへばりついているが、驚いたときなどには
かさを動かして泳ぐこともある。

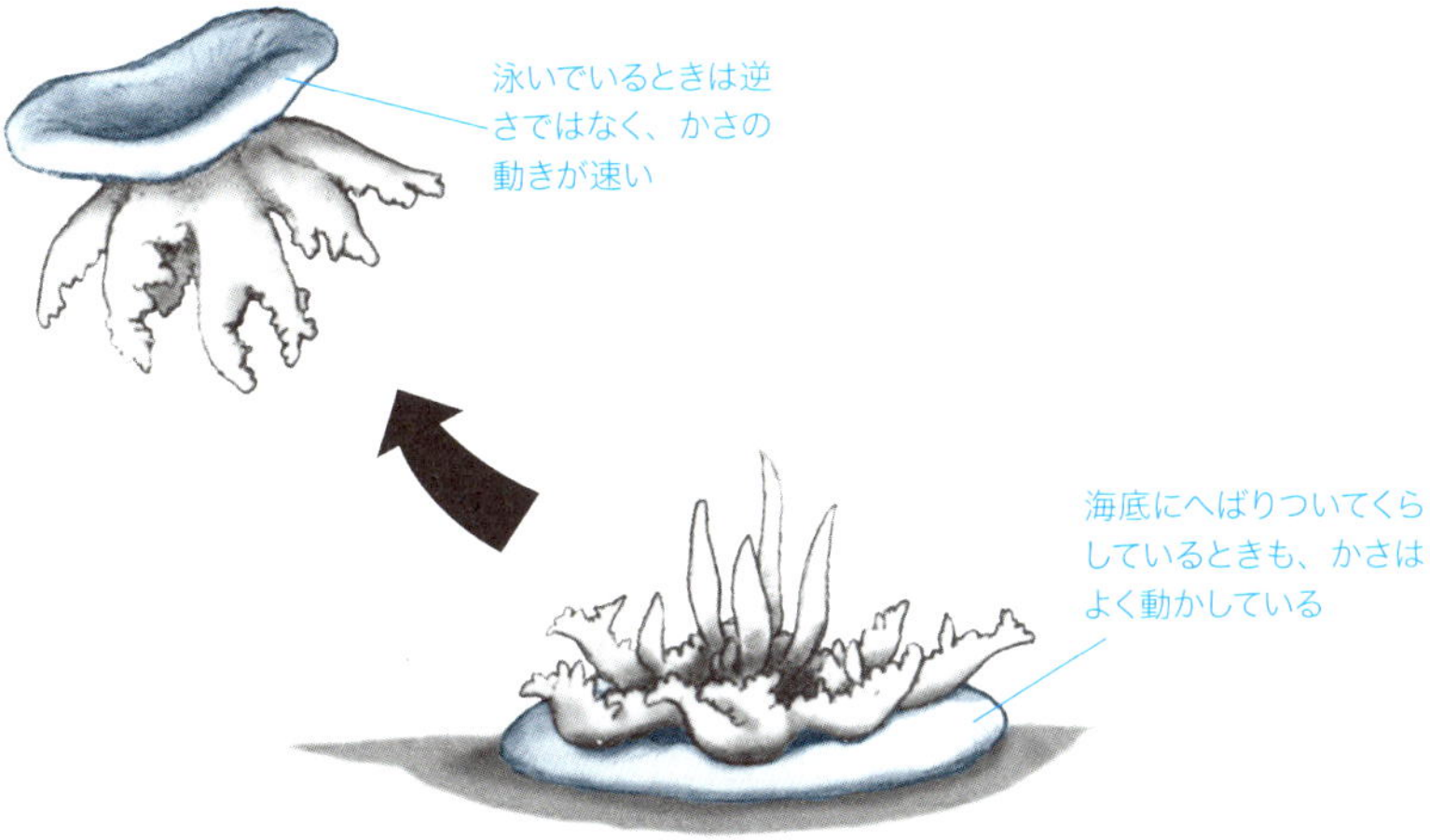
泳いでいるときは逆さではなく、かさの動きが速い
海底にへばりついてくらしているときも、かさはよく動かしている

褐虫藻との共生

体内にすんでいる褐虫藻が光合成でつくった栄養を、サカサクラゲは利用している。ちなみに光合成にすべての栄養を頼っているわけではなく、口腕《こうわん》という触手の先についた口からプランクトンを食べることもある。

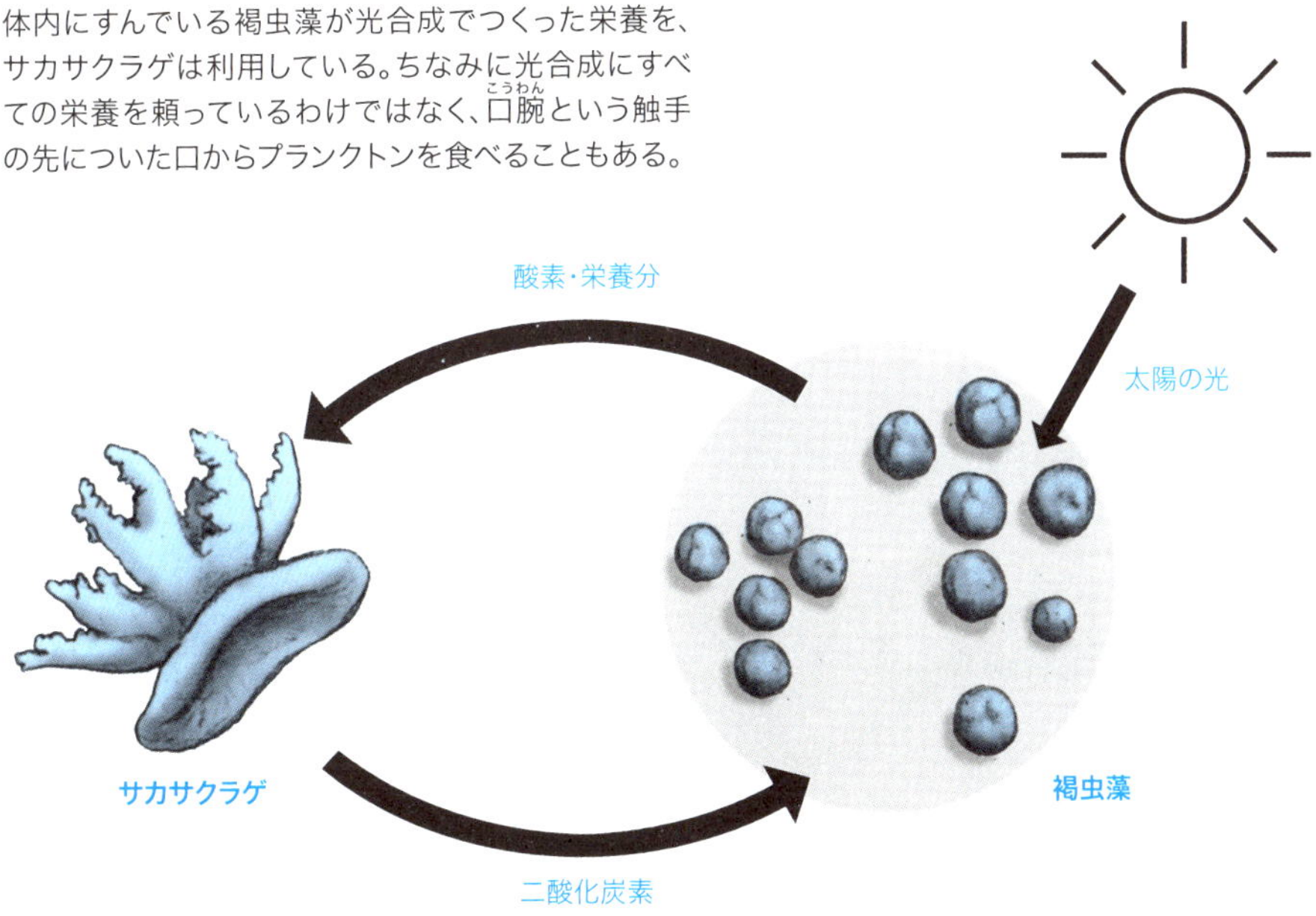
酸素・栄養分
太陽の光
サカサクラゲ
褐虫藻
二酸化炭素

世界一速く走るウニ!?

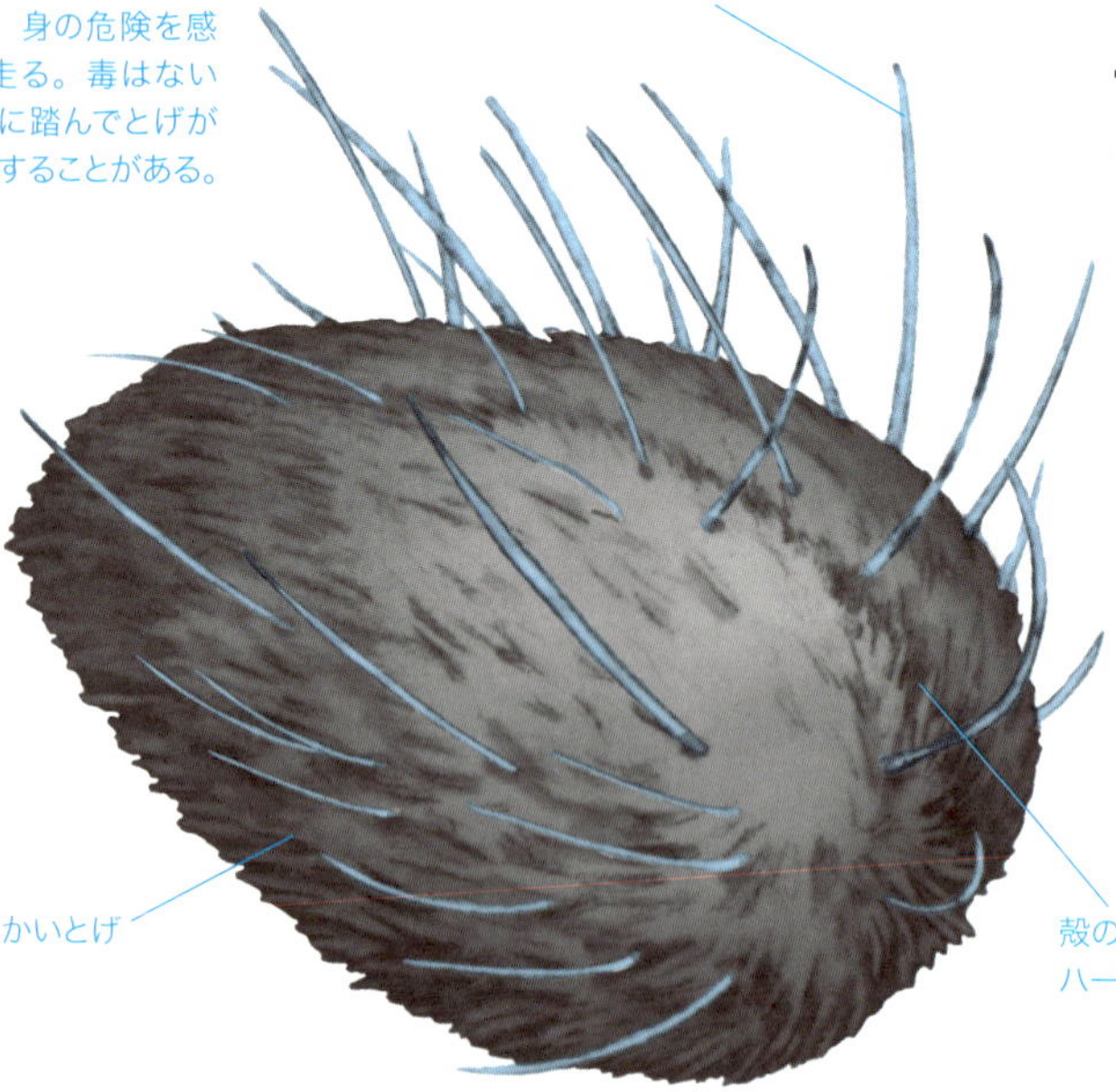
夜行性で昼間は砂のなかに潜っているが、身の危険を感じると素早く走る。毒はないが、気づかずに踏んでとげが刺さり、ケガをすることがある。
長いとげ
細かいとげ
殻のかたちはハート形

ヒラタブンブク

ヒラタブンブクは、暖かい浅海の砂底にすむウニの仲間です。「ブンブク」という名は、昔話に出てくる「分福茶釜《ぶんぶくちゃがま》」に似ていることに由来します。殻《から》のかたちがハート形に近いことから、英語では「細長いハート形のウニ」という意味の名がついています。

ブンブクの仲間は、ふつうのウニのようにとげが放射状ではなく、前から後ろに向かって流れるように生えていて、数本の長いとげをもっているのが大きな特徴です。一般的にウニの仲間は、たくさんのとげをゆっくりと波打つように動かしながら移動します。そのため、非常にゆっくりとしか移動することができません。ところが、ヒラタブンブクは長いとげをムカデの足のように動かして1秒間に20cmという速さで走ることができます。このように速く走ることで、敵から身を守っているのです。

分類 ブンブク目ヒラタブンブク科
全長 5cm
分布 相模湾以南、インド洋・太平洋・紅海
生息環境 浅海の砂底

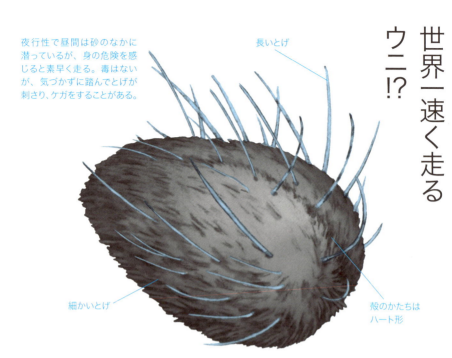

毒ウニのとげで身を守る魚

ガンガゼは動きが速いウニだが、器用にガンガゼに隠れながらついていく
ガンガゼの鋭いとげ
腹部に発光器官をもつ

ヒカリイシモチ

身を隠すために、ウニを利用する小魚がいます。暖かい海のサンゴ礁などにすむヒカリイシモチという魚も、その一つです。

ガンガゼはウニの仲間のなかでも、とくに長い30cmにも達するとげをもっていることで知られています。このとげは刺さりやすく、内部が空洞になっているため、折れやすい特徴があります。人が知らずに触れたり、踏んだりしてしまって刺されることも多いため、とくに危険なウニとされています。

ヒカリイシモチは小さいからだを利用して、このガンガゼのとげの間に身を潜め、敵の攻撃から身を守っているのです。

身を守るためにガンガゼといっしょにくらしている生きものは、ほかにもいます。細長いからだを逆立ちにして泳ぐ姿が特徴のヘコアユの幼魚や、かたちや色がとげにそっくりなガンガゼカクレエビなども、とげの間に隠れて身を守ります。

分類	スズキ目テンジクダイ科
全長	4cm
分布	奄美大島以南、インド洋・中部太平洋・紅海
生息環境	サンゴ礁や岩礁

ウミウシなのに殻をもつ!? 光合成もできる!?

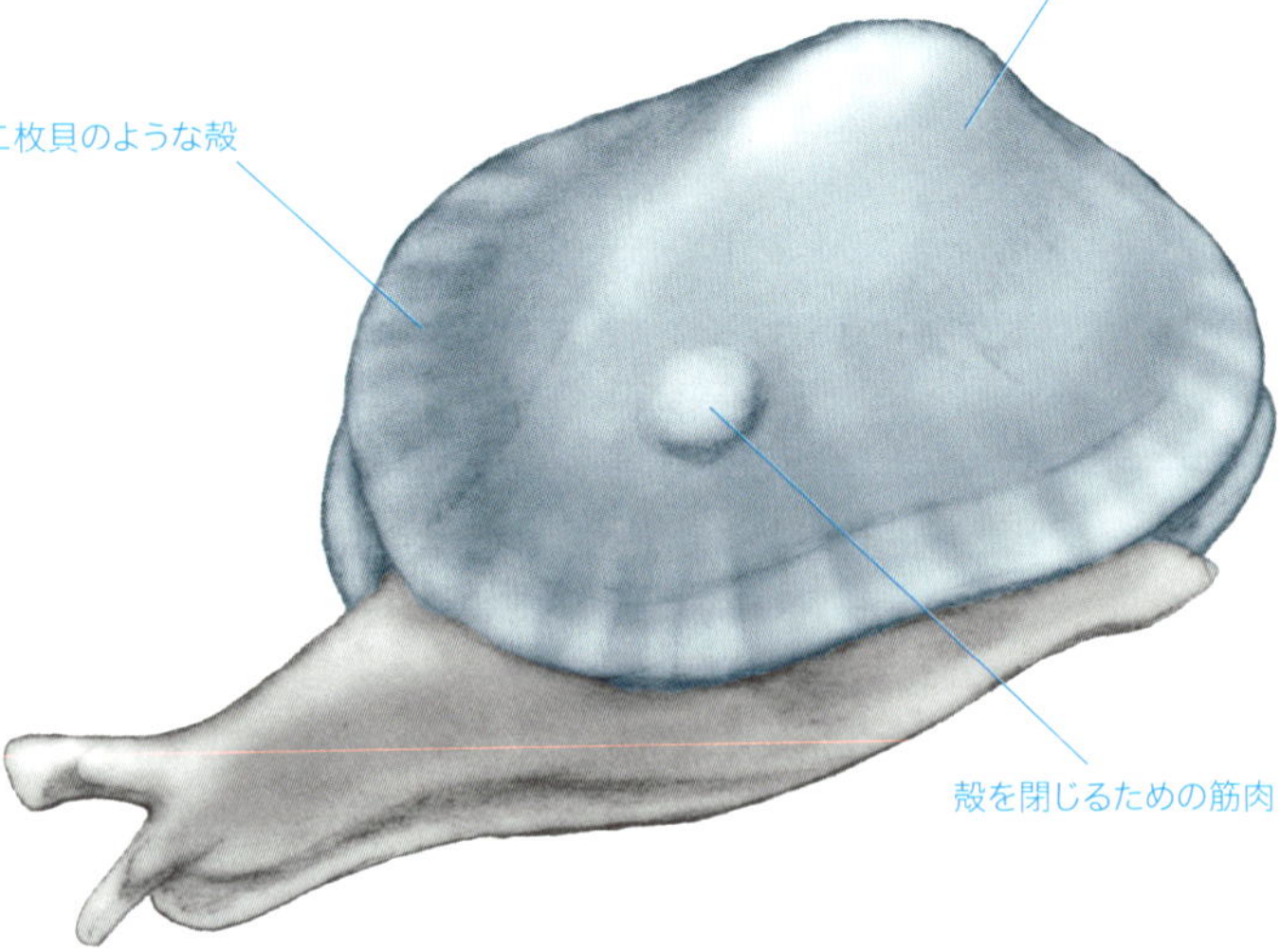

藻類を食べて、その葉緑体を体内にとり込んでいる。それによってしばらく光合成をおこなうこともある。これを盗葉緑体《とうようりょくたい》という。
色は鮮やかな黄緑色
二枚貝のような殻
殻を閉じるための筋肉

タマノミドリガイ

まるでナメクジのような見た目のウミウシは、巻貝に近い仲間です。進化の途中で貝殻《かいがら》が退化したと考えられており、小さな目立たない貝殻をもった種類もいます。そんななか、からだに対して非常に大きな殻をもつウミウシがいます。鮮やかな黄緑色をした、タマノミドリガイです。

この殻は生まれたばかりの頃は巻貝の殻のように巻いていますが、成長するにしたがってかたちが変化し、二枚貝の殻のようになります。

このウミウシは、1959年に岡山県の玉野市で発見されました。その後、同じような仲間が世界中で発見されてきましたが、なかには、タマノミドリガイが発見されるまでは二枚貝とされていたものもいました。これらはまだ研究があまり進んでおらず、同じ種かどうかはっきりしていないものも少なくありません。

分類 ―― 嚢舌目ユリヤガイ科
全長 ―― 8mm（殻の長さ）
分布 ―― 東京湾以南
生息環境 ―― 浅海の岩場

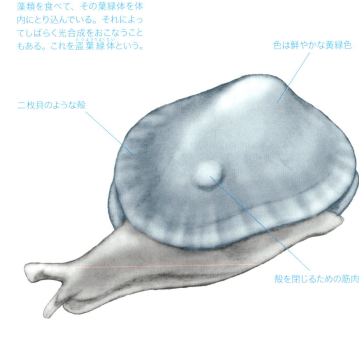

殻のかたちは独特

左側の貝殻の先端には、小さな突起がある。
これが幼生のころの巻いていた殻の痕跡（幼生殻《ようせいかく》）。
幼生のときは巻貝のような姿だったのが、成長するにつれてもう一枚の殻が
つくられて、二枚貝のような姿になることがわかっている。

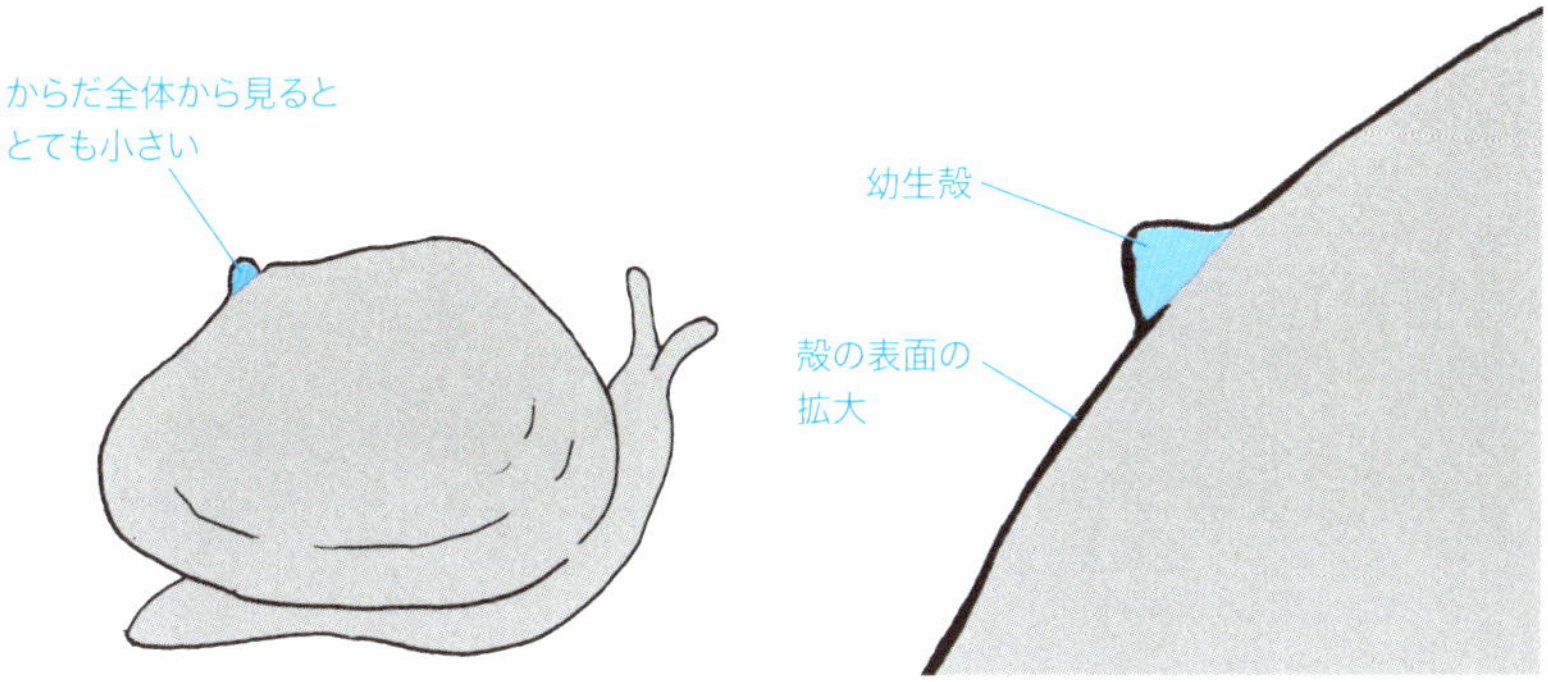
からだ全体から見ると
とても小さい
幼生殻
殻の表面の
拡大

他にも殻をもつウミウシがいる

タマノミドリガイに近い仲間にユリヤガイという種もいる。
両者は似ているが、ユリヤガイは殻の後ろ側がくびれており、
幼生殻もないことで区別することができる。どちらの種類も海藻から葉緑体をとり込んで
光合成をおこなうことができるため、からだは鮮やかな緑色をしている。

鮮やかな緑色
くびれ

オスが子どもを産む魚

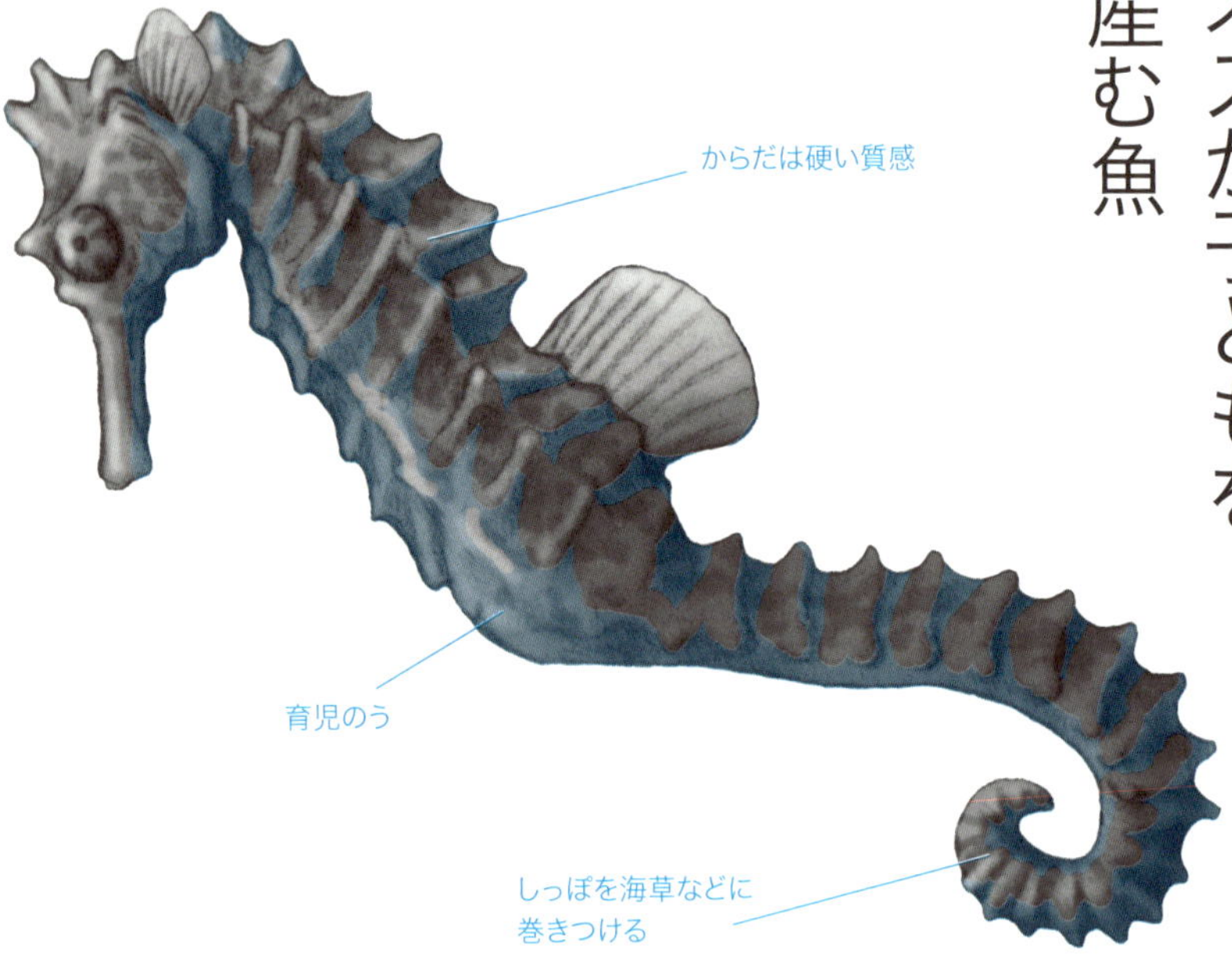
からだは硬い質感
育児のう
しっぽを海草などに
巻きつける

タツノオトシゴ

ほかの動物と同様に、魚は基本的にメスが卵や稚魚を産みます。しかし、なかにはオスが稚魚を産む魚もいます。そんな魚の一つが、タツノオトシゴです。

といっても、オスのからだのなかで卵がつくられるわけではありません。メスがオスの腹部《ふくぶ》にある育児のうという袋に輸卵管《ゆらんかん》という管を差し込んで卵を産みつけ、オスはその袋のなかで卵がふ化するまで守るのです。

ふ化したタツノオトシゴの稚魚は、体長5～20mmで、すでに親とほぼ同じ姿をしています。

タツノオトシゴは、魚とは思えない外見をしていますが、ヨウジウオ科のれっきとした魚です。しかし、泳ぐのはあまり得意ではなく、サンゴや海藻などに尾の部分を巻きつけてくらしています。馬のような細長い顔をしていることから、英語では「シーホース（海の馬）」とよばれています。

分類 トゲウオ目ヨウジウオ科
全長 1.4～35cm
分布 温帯・熱帯域
生息環境 沿岸の岩礁や砂泥底《さでいぞこ》

幼魚はイソギンチャクで身を守る

幼魚のときにはからだの両側と頭部に白い斑点がある
イソギンチャクの触手

ミツボシクロスズメダイ

イソギンチャクと共生している魚として、オレンジ色のからだと白い帯が特徴のクマノミ（P.110）が有名です。クマノミは大型のイソギンチャクの触手に隠れることで身を守り、かわりにイソギンチャクを狙う魚を追いはらいます。

クマノミは、イソギンチャクの毒に対する耐性をもち、さらにからだの表面の粘膜に刺されにくくする成分をもつと考えられています。

イソギンチャクを頼りにしているのは、クマノミだけではありません。ミツボシクロスズメダイという魚の幼魚も、クマノミと同じようにイソギンチャクの近くでくらしています。ただ、クマノミが一生イソギンチャクを利用してくらすのに対して、ミツボシクロスズメダイがイソギンチャクとともにくらすのは、幼魚のときだけ。成長すると、イソギンチャクのもとを離れ、自分の力で生きていくようになります。

分類　スズキ目スズメダイ科
全長　15cm
分布　本州中部以南、西部太平洋・インド洋
生息環境　水深50mまでの浅海

からだに卵をくっつけて育てる魚

からだの色は黄色やオレンジになる

ゼリー状の卵のかたまり

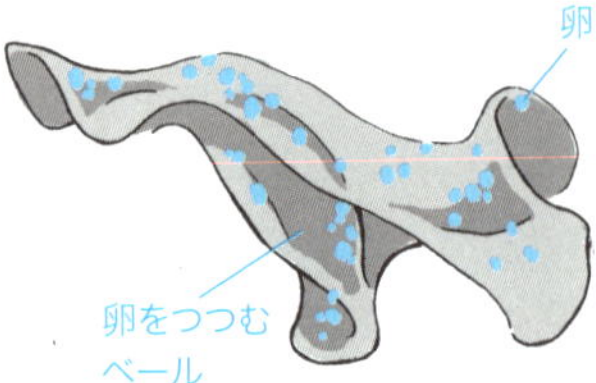
卵
卵をつつむベール

カエルアンコウ

カエルアンコウは、卵を「ベール」とよばれるゼリー状の袋のなかに産み、それをオスがからだの側面に付着させて守ります。からだに付着できなかった場合は波にのって遠くへ運ばれますが、卵を包むベールが水中を漂うようすは、まるでビニール袋のようです。このベールは卵が無精卵だった場合は、とけてしまいますが、受精卵だった場合には、産卵から5日ほどで、稚魚がふ化しはじめます。

カエルアンコウは、胸びれと腹びれを使って海底を歩くように移動します。その姿は、あまり機敏そうではありません。しかし、頭部についたつりざおのような突起をゆらして魚をおびき寄せ、素早い動きで飲み込むことができます。そのスピードは、脊椎《せきつい》動物のなかで最速ともいわれています。カエルアンコウは口が大きく、肋骨もないため、ときには自分よりも大きな魚を食べることもあります。

分類　アンコウ目カエルアンコウ科
全長　10～20cm
分布　南日本、全世界の温帯・熱帯域（東太平洋を除く）
生息環境　浅い岩礁域の砂地

卵に巻きついて守る魚

洋ナシ状にかたまった白っぽく不透明な卵
からだは平たく長い

ダイナンギンポ

ダイナンギンポは、冬から春にかけて産卵する魚です。卵は比較的数が少なく、直径5～6㎜ほどで、白っぽく不透明な洋ナシ状のかたまりになっているのが特徴です。

オスは、このかたまりを細長いからだで巻きつくようにしてもち運び、ふ化するまで外敵から守るという独特の性質があります。

オスによって守られた卵は、1ヶ月弱でふ化します。稚魚は腹部《ふくぶ》に大きな卵黄をもち、最初はこの卵黄を栄養にして成長し、水のなかを漂いながらくらしています。そして、15㎜ほどの大きさになると、成魚と同じように海底で生活するようになります。

ダイナンギンポの成魚は、あまり泳ぎまわることはなく、おもに海底の岩の隙間などに潜んで、貝やエビ、カニなどの小さな動物を食べながらくらしています。

分類 スズキ目タウエガジ科
全長 最大30㎝
分布 日本各地、朝鮮半島南部・遼東半島
生息環境 岩礁域の潮間帯

立派な生殖器官で有名な魚

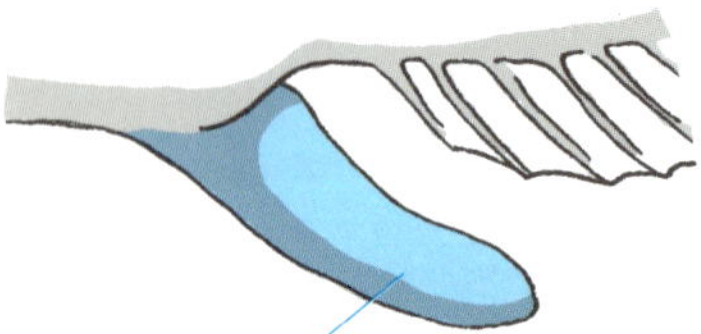
生殖突起の拡大図
生殖突起はからだの大きさにくらべて巨大

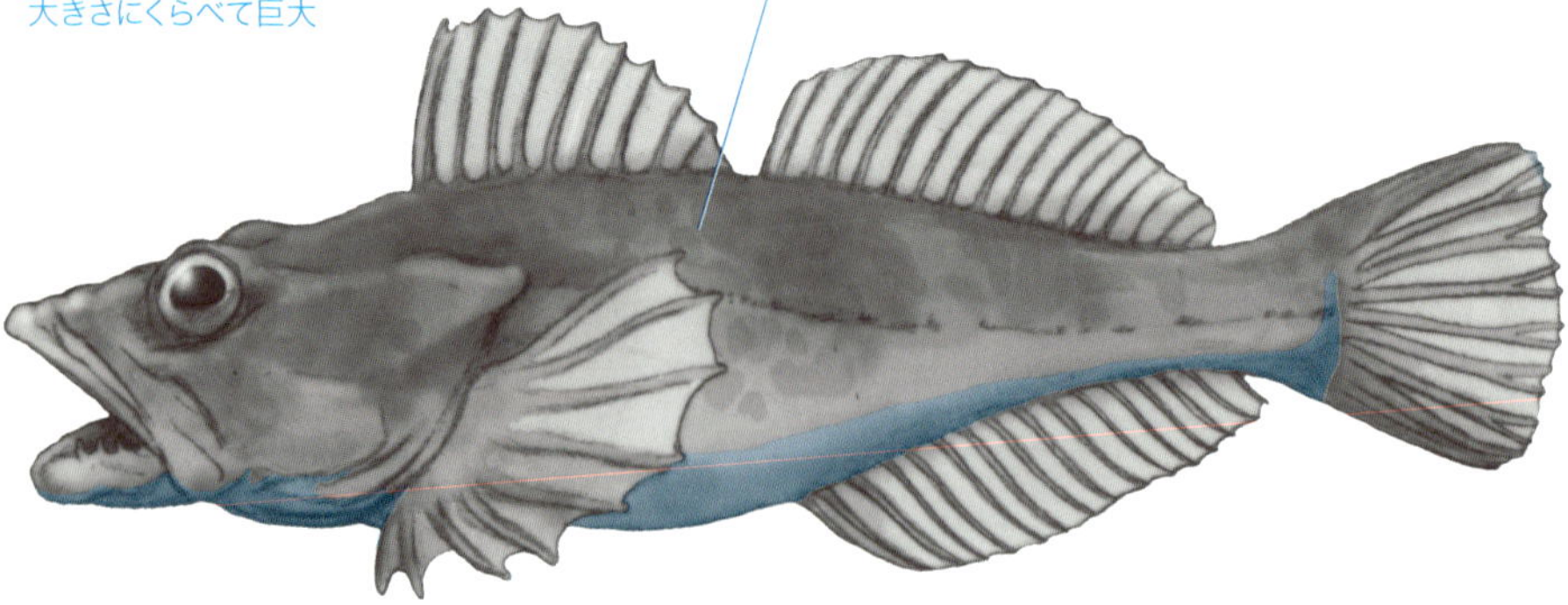
体表はなめらか

アナハゼ

ふつう魚は、メスが産んだ卵にオスが精子を振りかける、体外受精というかたちで生殖をおこないます。

ところが、カジカの仲間であるアナハゼは、オスとメスが直接交尾をおこなって体内で受精させるという、非常に珍しい習性をもった魚です。

オスは腹部《ふくぶ》に生殖突起という特殊な生殖器官をもっています。この突起をメスのからだに差し込むことで交尾をするのです。

この立派な生殖突起のようすから、地方によっては「チンポダシ（和歌山）」、「ジンジャノマラ（長崎）」、「チンボハゼ（広島）」などのユニークな地方名でよばれています。

アナハゼは、その姿からハゼという名前がついていますが、ハゼ亜目に属するハゼとは異なる種類で、ハゼに特有の吸盤状の腹びれがないうえ、骨格のかたちなども異なっています。

分類	カサゴ目カジカ科
全長	20cm
分布	青森県から長崎県・宮崎県、朝鮮半島
生息環境	沿岸の岩礁域

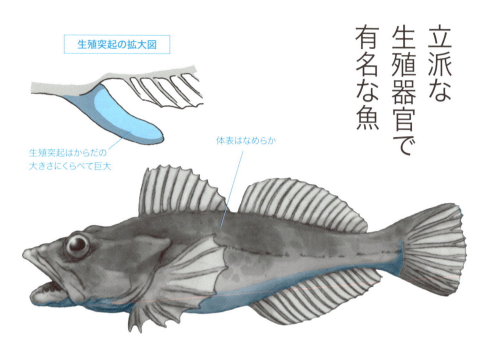

掃除屋に化けて餌をいただく魚

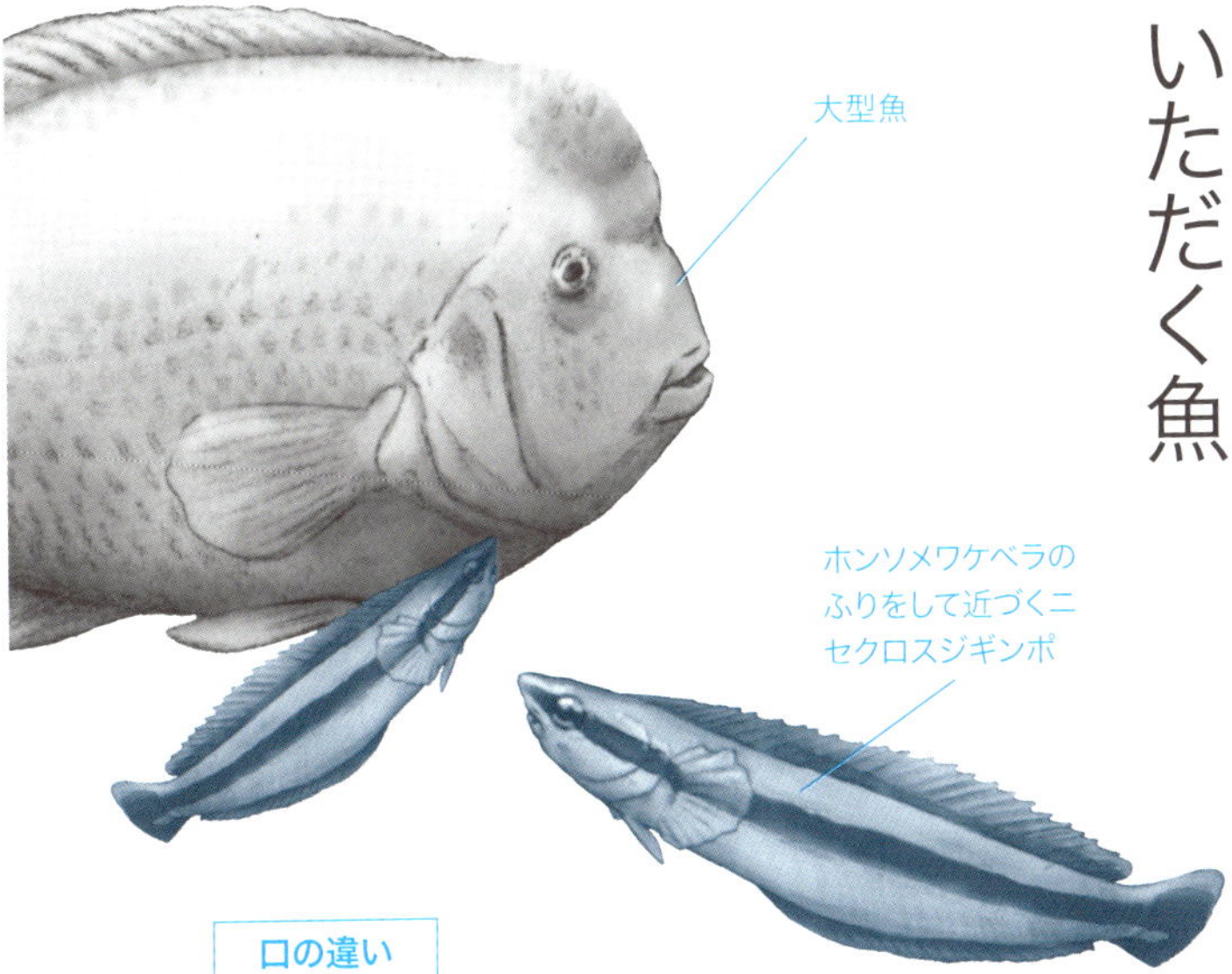

口の違い

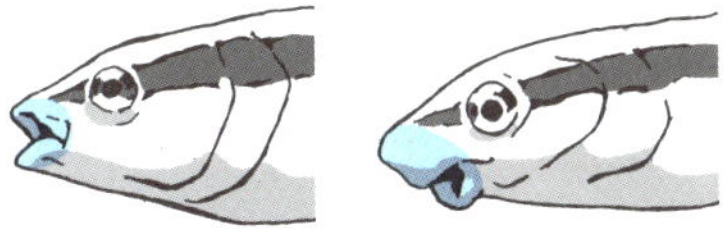

顔先に口があるのがホンソメワケベラ（左）。顔先より下に口があるのがニセクロスジギンポ（右）。

ニセクロスジギンポ

ホンソメワケベラという魚は、ほかの魚のまわりを泳ぎまわりながら、その魚の皮ふについた寄生虫などを食べる掃除屋です。そのため、小さな魚を食べる大型魚も、近寄ってくるホンソメワケベラを食べることはありません。ところが、ホンソメワケベラのふりをして、これらの大型魚をだましている魚がいます。その名をニセクロスジギンポといいます。

ニセクロスジギンポはからだが細長く、からだの側面に黒の一本線が走り、背と腹部《ふくぶ》が白いというホンソメワケベラとそっくりの姿をしています。この姿で大型魚を安心させて近づき、その皮ふをかじって食べてしまうのです。

ほかのものに姿を似せることを擬態といい、なかでも身を守るために姿を隠す擬態を「隠蔽《いんぺい》的《てき》擬《ぎ》態《たい》」といいます。これに対して、ニセクロスジギンポのように相手になにかをしかけるための擬態を「攻撃的擬態」といいます。

分類 スズキ目イソギンポ科
全長 12cm
分布 相模湾以南、太平洋西部からインド洋東部の熱帯域
生息環境 浅海の岩礁やサンゴ礁

からだが裂けてふえるクラゲ

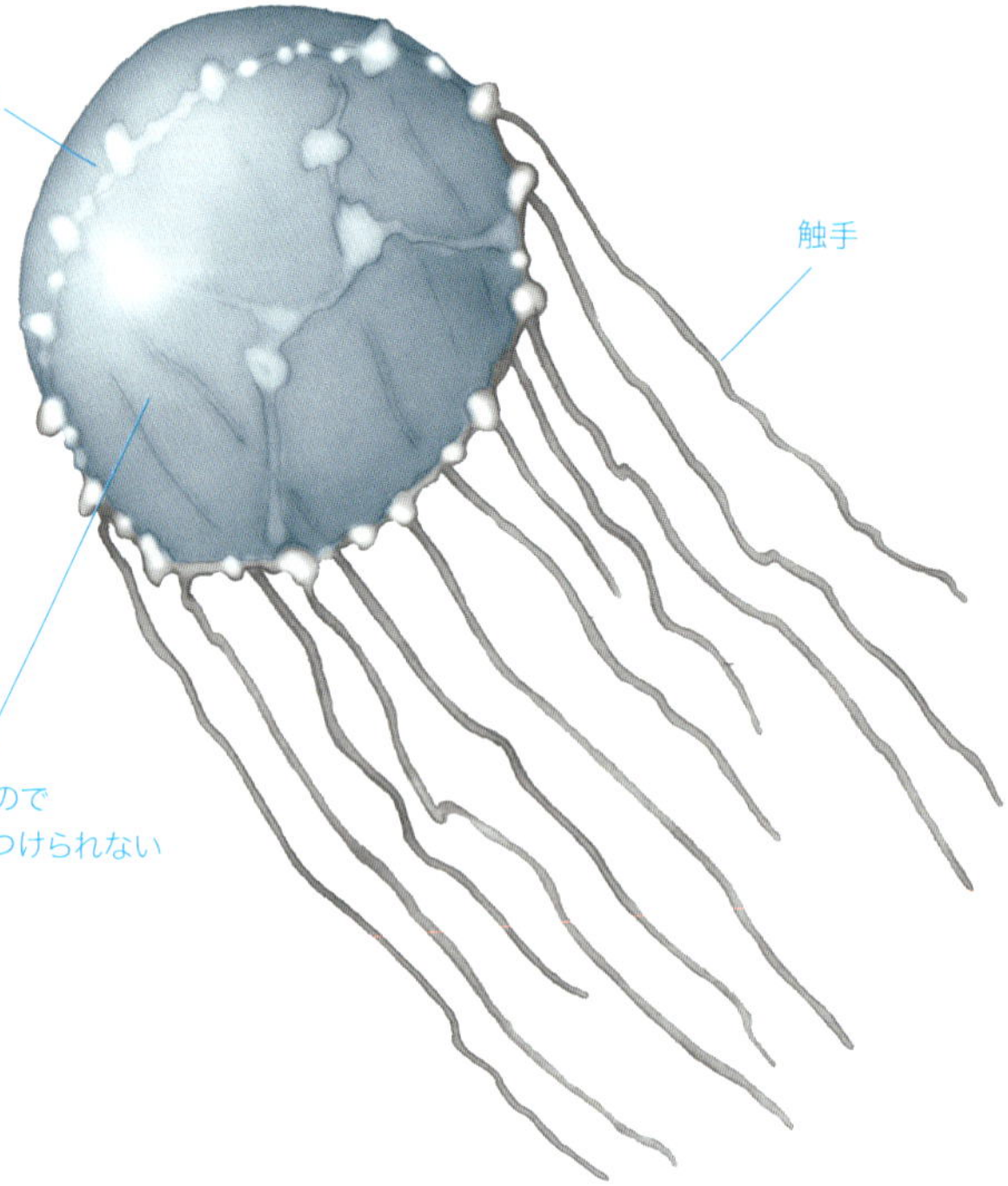
かさ
触手
からだが透明なので
注意しないと見つけられない

ヤクチクラゲ

ヤクチクラゲというクラゲの仲間は、からだを分裂させてふえ続けることができます。分裂といっても小さな子どもをつくるわけではなく、からだが二つや三つに裂け、それぞれが再生することで個体数をふやすのです。このとき、口のない個体ができると、その個体は餌をとれず生きていくことができません。そのため、このクラゲはかさの中心から放射状に伸びている放射管とよばれる管にたくさんの口をつくります。ヤクチクラゲとよばれるのは口がたくさんあるためです。ヤクチクラゲは、このふえ方で3年以上ふえ続けることができるといわれています。

これに対して、ミズクラゲなどの一般的なクラゲはオスとメスの区別があり、精子と卵が受精することで子孫をつくります。幼生はイソギンチャクのようになった後に分裂し、それぞれが成長して成体になります。

分類 軟水母目ヤクチクラゲ科
全長 1cm
分布 太平洋沿岸
生息環境 沿岸の岩礁

分裂してふえる

オスとメスでおこなう有性生殖でなくても、
自分でからだを二つや三つに分裂させることでふえる。3年間は
分裂によってふえ続けることができるといわれている。

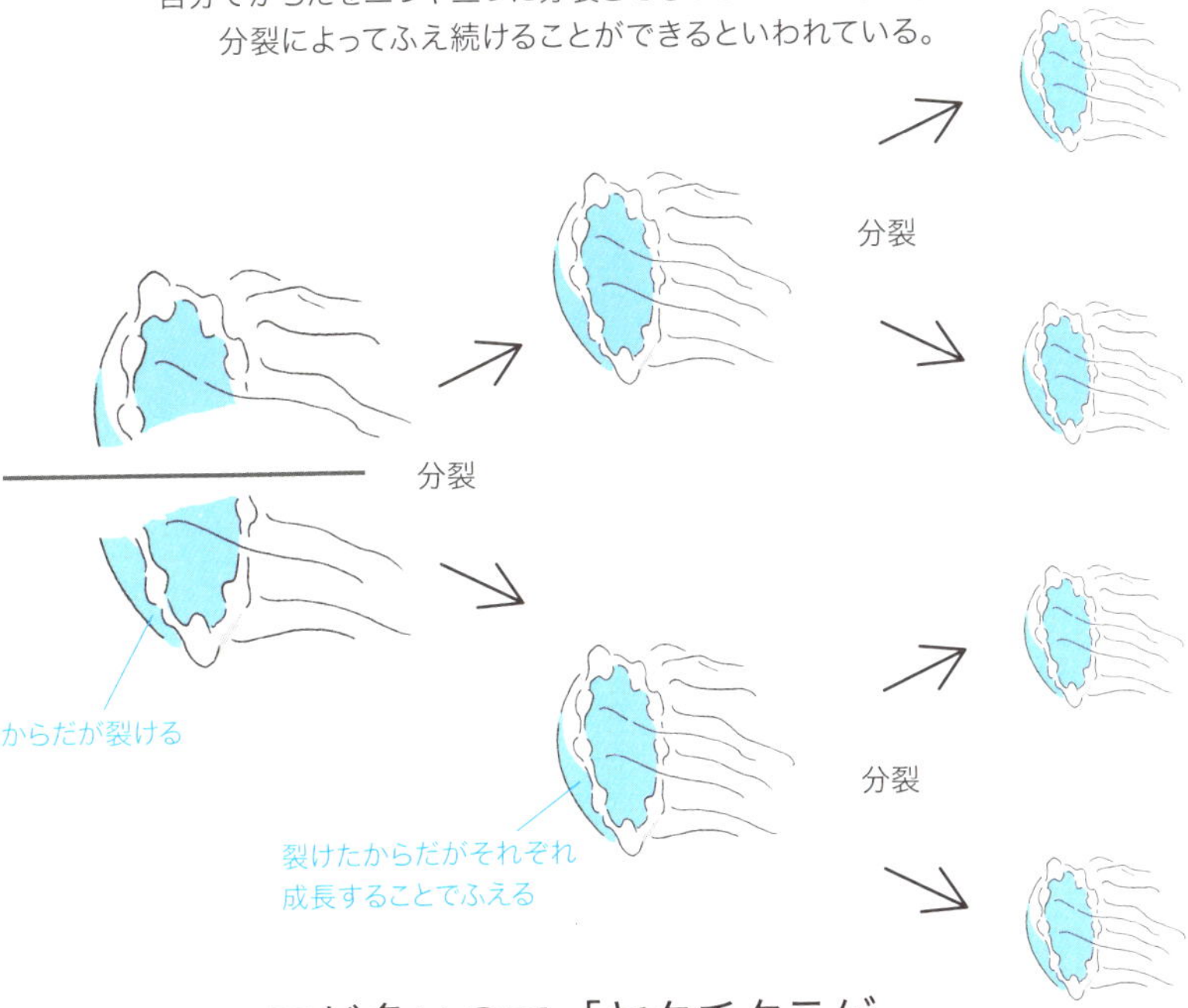
分裂
分裂
分裂
からだが裂ける
裂けたからだがそれぞれ
成長することでふえる

口が多いので「ヤクチクラゲ」

ヤクチクラゲは分裂した後に口がなくなると、ものを食べられなくなり死んでしまう。
そのため、かさの中心から放射状に伸びた放射管という管にたくさんの
口をつくり、分裂したときにかならず口が残るようにしている。

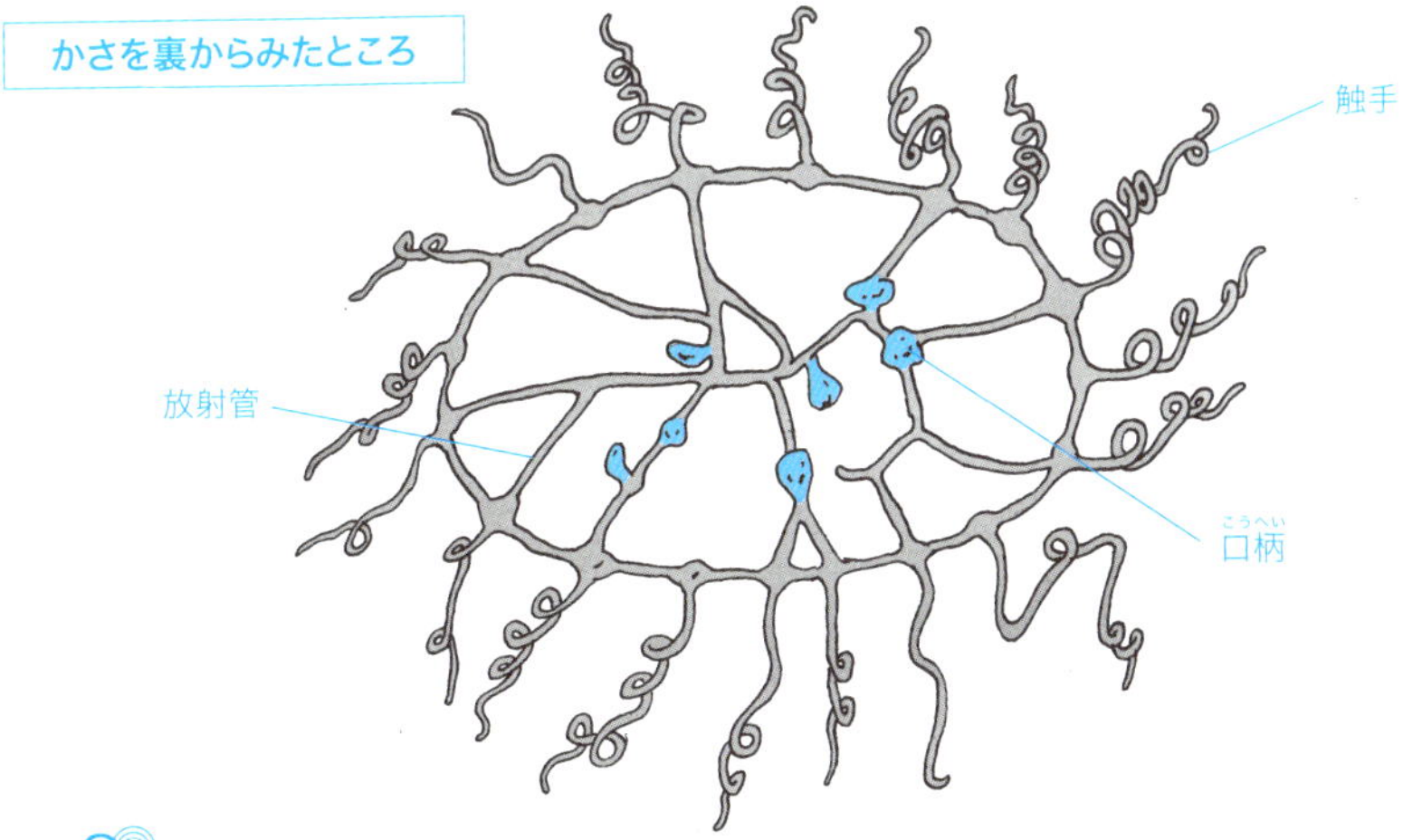
かさを裏からみたところ
触手
放射管
口柄《こうへい》

どうやって若返る!? 不老不死のクラゲ

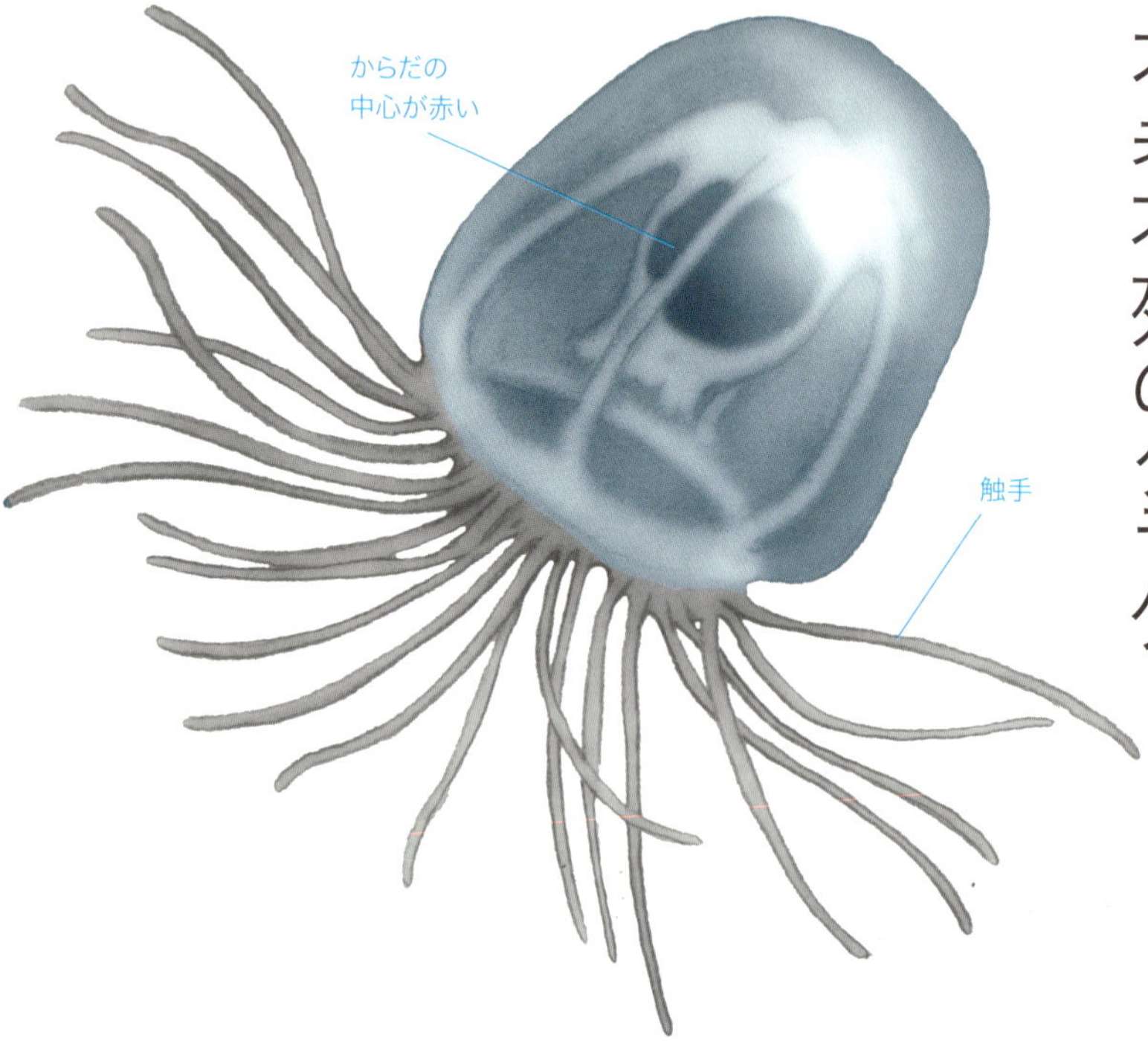

ベニクラゲ

基本的に、生きものには寿命があります。ところが、ベニクラゲというクラゲは、寿命で死ぬことのない不老不死の生きものとして知られています。

一般的にクラゲは、卵がふ化してプラヌラ幼生となり、次にポリプというものになって岩につきます。そして、分裂して浮遊生活をはじめ、エフィラという状態を経てクラゲとなります。成熟した後の個体は死んでしまい、ふつうこの過程をさかのぼることはできません。

しかしベニクラゲは成体となって成熟すると、なにかのきっかけでからだが若返って退化し、ポリプに戻ります。そして1回目と同じ成長段階を経て、再び成体になります。ベニクラゲはこの成長過程を繰り返すことで、寿命で死ぬことなく生き続けることができるのです。ベニクラゲはこのような生態から、不老不死や若返りの研究にも利用されています。

分類	ハナクラゲ目ベニクラゲモドキ科
全長	4〜10㎜
分布	北海道から南西諸島、世界中の温帯・熱帯域
生息環境	表層近く

ふつうのクラゲの生活史

ふつうのクラゲの場合、卵と精子でふえる。受精後プラヌラ幼生という姿になり、
岩などについてイソギンチャクのような姿（ポリプ）になる。その後、皿を重ねたようなストロピラ
という姿になり、その皿一枚一枚が分かれて一匹のクラゲに成長する。

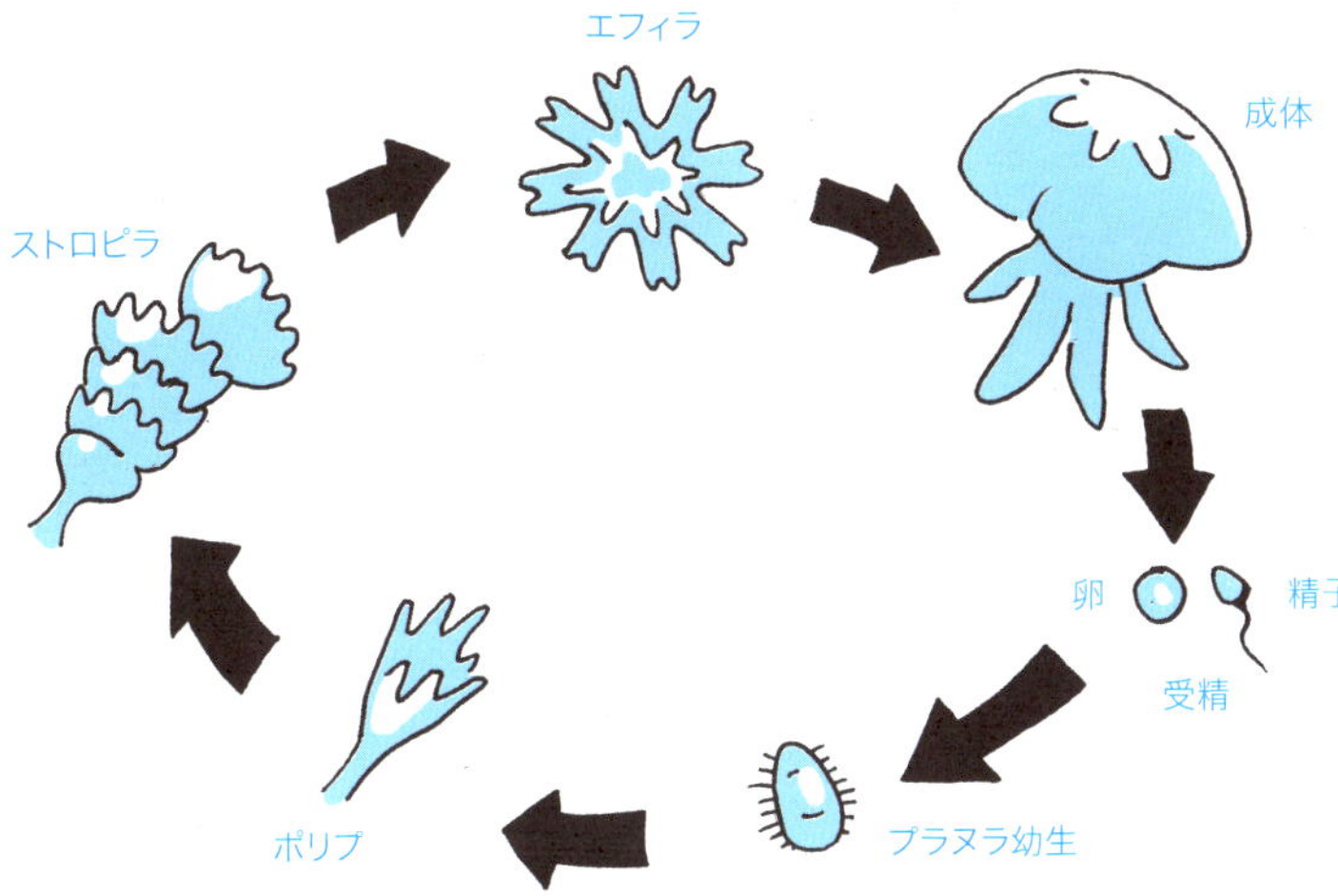

ベニクラゲは若返ることができる

ふつうのクラゲと同じようにふえる過程のほかに、成体からポリプに若返ることができる。

実験では繰り返し10回の若返りに成功したといわれている。

同様の若返りの能力をもつ仲間に、ヤワラクラゲがいる。

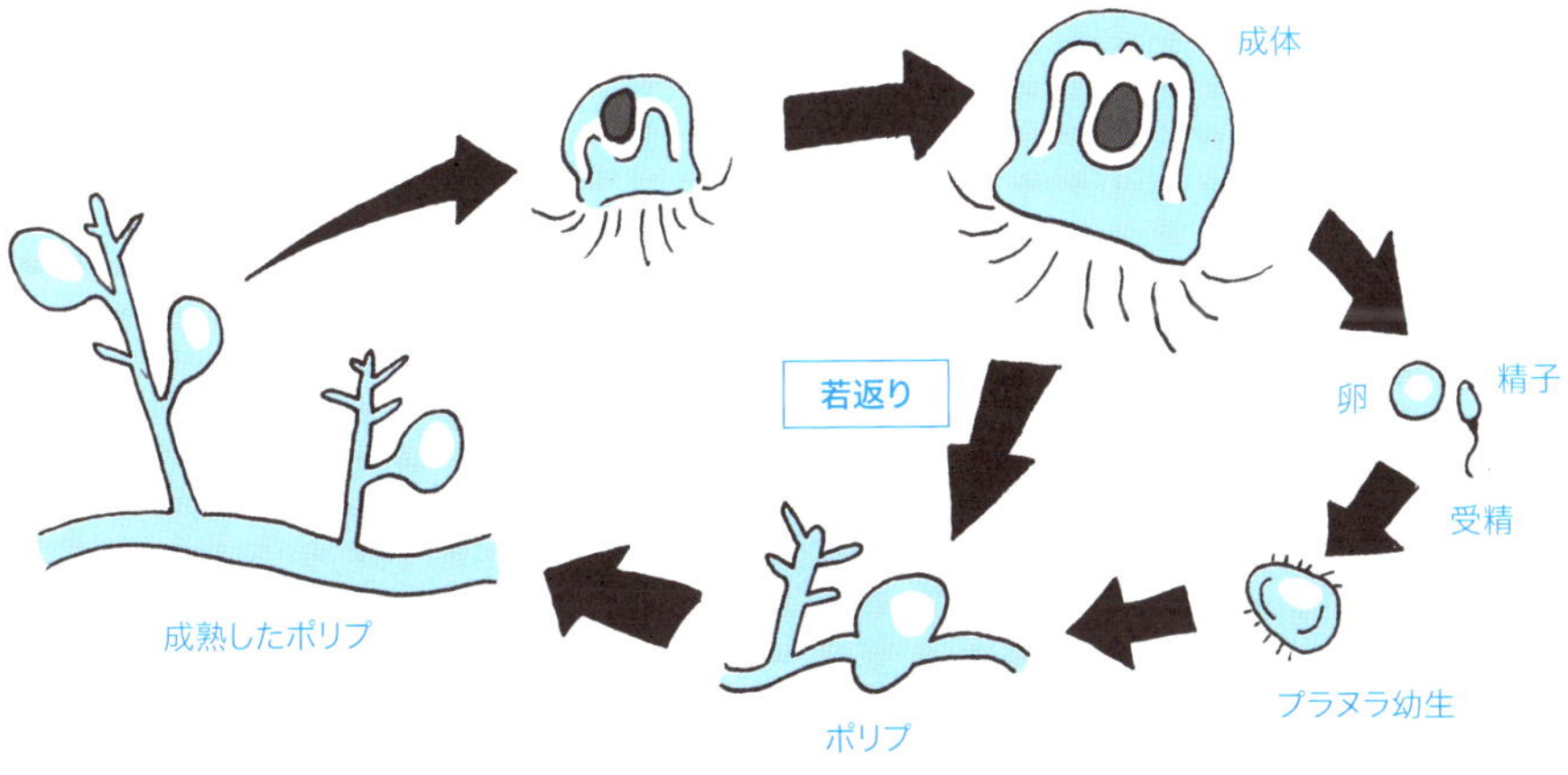

魚は基本浮気性なのに寄り添う仲よし夫婦

カクレクマノミは生まれたときはすべてオス。集団のなかで一番大きな個体がメスに変化して、小さなからだのオスとつがいになる。

カクレクマノミ

魚の多くは特定の相手とつがいをつくることはありません。なかにはつがいになる種類もいますが、一生つがいでいることはありません。ところが、イソギンチャクにすむことで知られるカクレクマノミは、つがいでとても仲がよく、どちらかが死ぬまでつがいを解消することはありません。

また、驚くべきことに、生まれたばかりのカクレクマノミはすべてオスですが、成長したからだの大きいものがメスに変化するという変わった性質をもっています。これを「雄《ゆう》性先熟《せいせんじゅく》」といいます。

成長したカクレクマノミは、イソギンチャクにすみついて移動することがなくなるため、つがいの相手を見つける機会が減ります。ところが、性転換する能力のおかげで、オスどうしでつがいとなったときにも、子孫を残すことができるようになっているのです。

分類　スズキ目スズメダイ科
全長　8～11cm
分布　インド洋・太平洋の熱帯域
生息環境　サンゴ礁

サンゴ礁

にすむ生きもの

サンゴの色は小さな褐虫藻の色

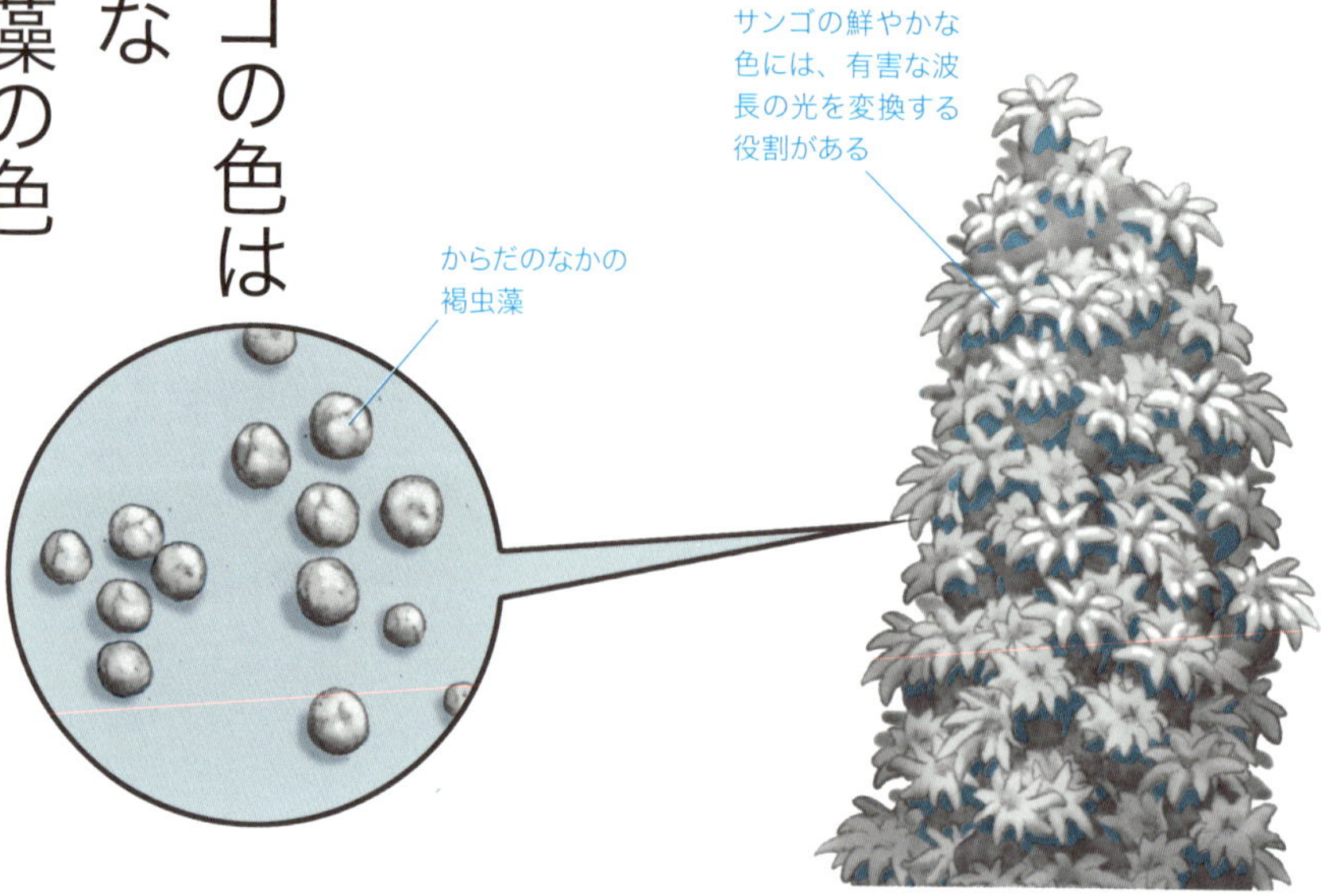
サンゴの鮮やかな色には、有害な波長の光を変換する役割がある
からだのなかの褐虫藻

造礁性サンゴ

サンゴ礁をつくるサンゴの本体（サンゴ虫）にはかならず褐虫藻《かっちゅうそう》がすみつき、共生関係を築いています。褐虫藻はサンゴやクラゲ（P.78、P.94〜95）のほかにも、イソギンチャクやシャコガイなどさまざまな海にすむ動物と持ちつ持たれつの共生関係を保っているのです。

　サンゴ礁の色鮮やかな青色や赤色は、実はサンゴ本体がもともっている色と、共生している褐虫藻の色が混ざったものです。ところが、サンゴは高温に弱いため、サンゴ礁の海の水温が上がりすぎると、ストレスを感じて褐虫藻を放出してしまいます。すると、色が白っぽくなる「白化《はっか》」という現象が起こります。白化が起こったサンゴは、褐虫藻からの栄養分がもらえなくなるためにやがて死んでしまいます。世界中に広がる巨大なサンゴ礁がその姿を保っていられるのは、小さな褐虫藻のおかげなのです。

分類　刺胞動物門花虫綱
全長　5〜10㎜（サンゴ虫）
分布　本州以南、世界中の亜熱帯・熱帯域
生息環境　水深0〜100m

家をもち運べないヤドカリ

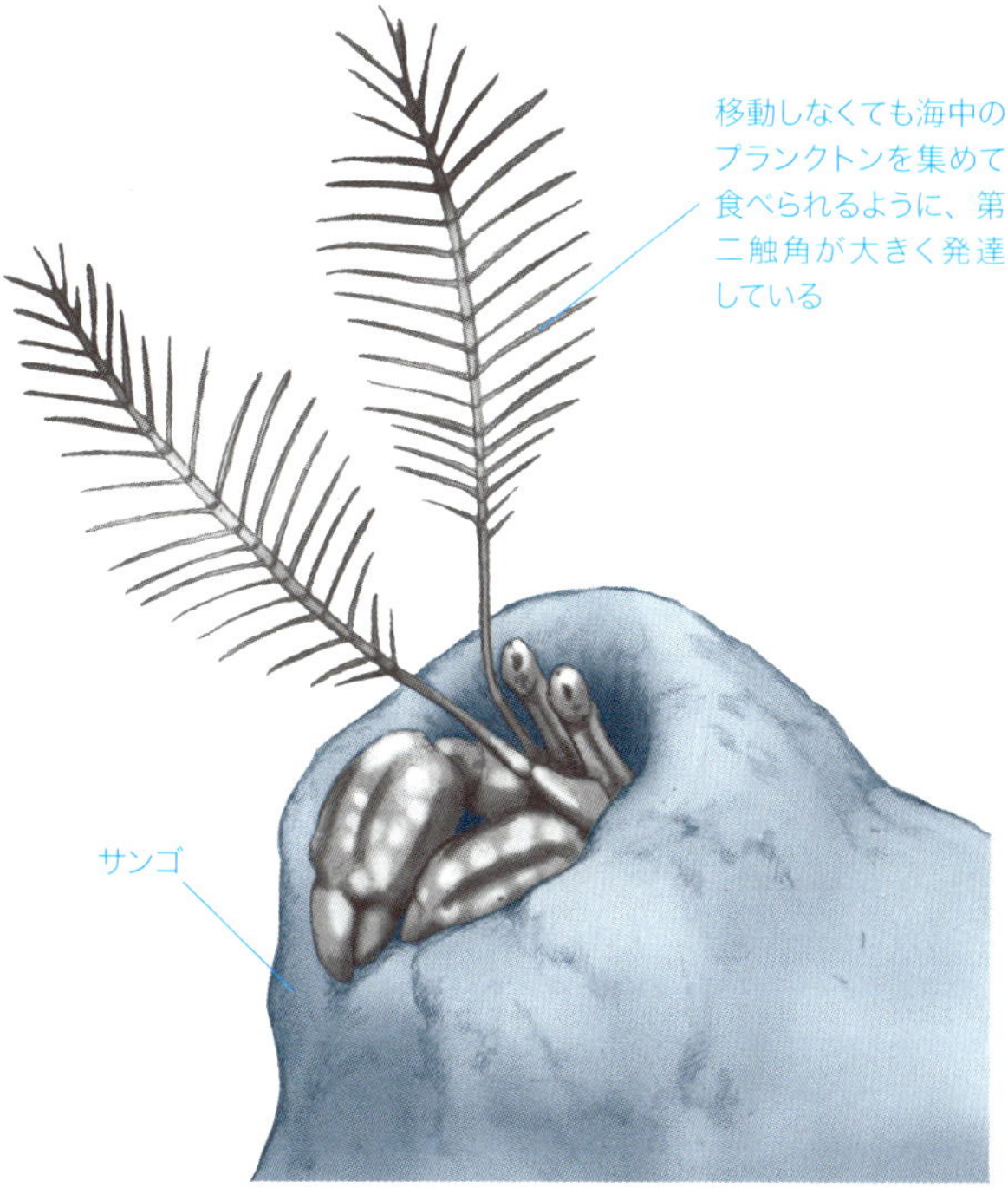
移動しなくても海中のプランクトンを集めて食べられるように、第二触角が大きく発達している
サンゴ
発達した触角をゆらしたり回したりしながらプランクトンをからめとり、とったプランクトンを触角からこそぎ落としながら食べる。

ニシキカンザシヤドカリ

ふつうのヤドカリは、巻貝の殻《から》のなかにすっぽりと収まってくらすために、腹部《ふくぶ》がねじれたように曲がっています。ところがニシキカンザシヤドカリをはじめとするカンザシヤドカリの仲間は、腹部が曲がっていません。そのため巻貝の殻にうまく入ることができず、おもにカンザシゴカイという生きものがつくった長い管状の巣に腹部を差し込み、すみついています。

カンザシゴカイの巣はサンゴにつくられているため、そこにすんでいるカンザシヤドカリは、ほかのヤドカリのように移動できません。

そのため、移動しなくても水中のプランクトンなどを効率よく捕まえるために、第二触角が大きく発達し、羽毛のような長い毛が生えています。この触角を振りまわすことで、プランクトンを集めて食べているのです。

分類 十脚目ホンヤドカリ科
全長 1cm
分布 西太平洋
生息環境 サンゴ礁

魚に栽培されないと生き残れない海藻

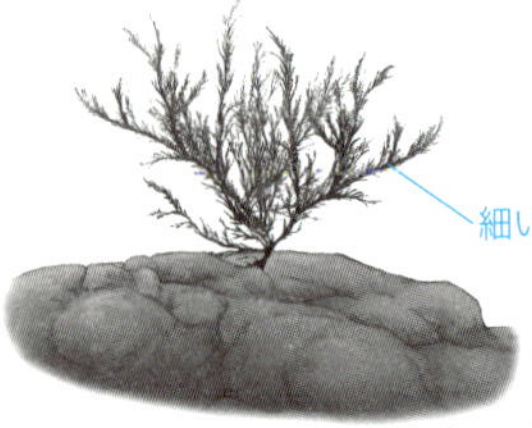
表面の拡大
細い糸状

岩やサンゴに
びっしりついている

イトグサの仲間

イトグサは、赤い色素で光合成をおこなう紅藻《こうそう》類とよばれる海藻の仲間です。このイトグサの仲間には、スズメダイの仲間に栽培されなければ生きられない種類がいます。

クロソラスズメダイとよばれるスズメダイは、自分のなわばりのなかで、岩などについている消化しやすいイトグサだけを残し、ほかの藻類やウニなどをとり除いてしまいます。この作業を繰り返すことで、このイトグサだけを育てて食用にしているのです。

クロソラスズメダイのなわばりの外では、このイトグサはほかの藻類に追いやられて、育つことができません。そのため、このイトグサはスズメダイのなわばりにつくられた畑のなかだけでしか育つことができないのです。

このように、「栽培する↓栽培される」という関係で成り立っている共生関係を「栽培共生」といいます。

分類　イギス目フジマツモ科
全長　1cm
分布　琉球列島、インド洋・太平洋
生息環境　浅いサンゴ礁

海藻と魚の珍しい共生関係

ヒトが作物を栽培するように生きものどうしが共生する「栽培共生」は
非常に珍しく、ほかにキノコを育てるアリなどが知られている。
イトグサとスズメダイのように魚がおこなう例はほかに知られていない。

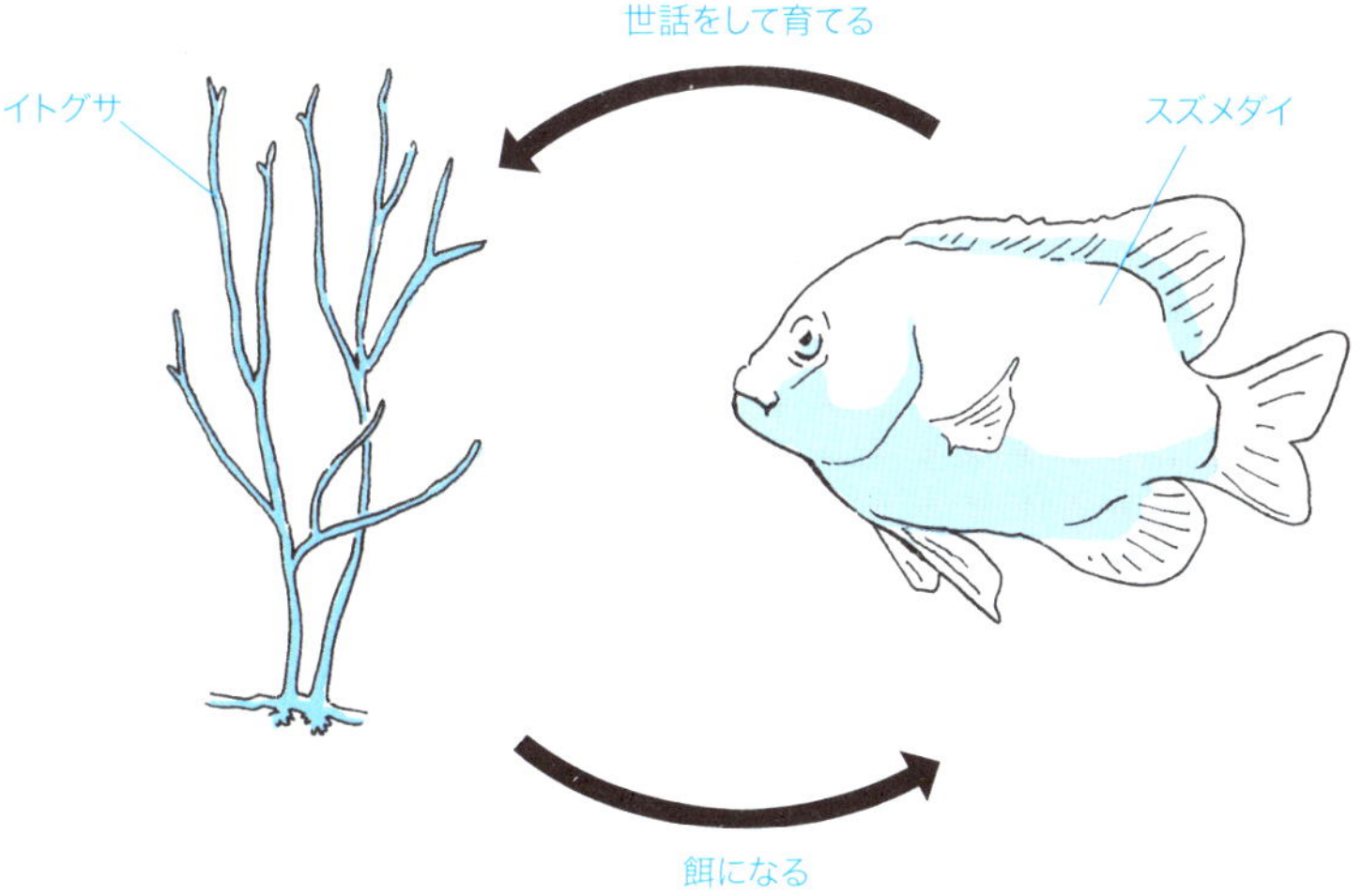

せっせと世話をするスズメダイ

スズメダイはきちんとイトグサの世話をする。
イトグサ以外の海藻は抜きとってしまい、外敵は遠くまで追い出す。
ダイバーが近くに寄ったときも口でつついて
攻撃してくるほど、なわばり意識が強い。

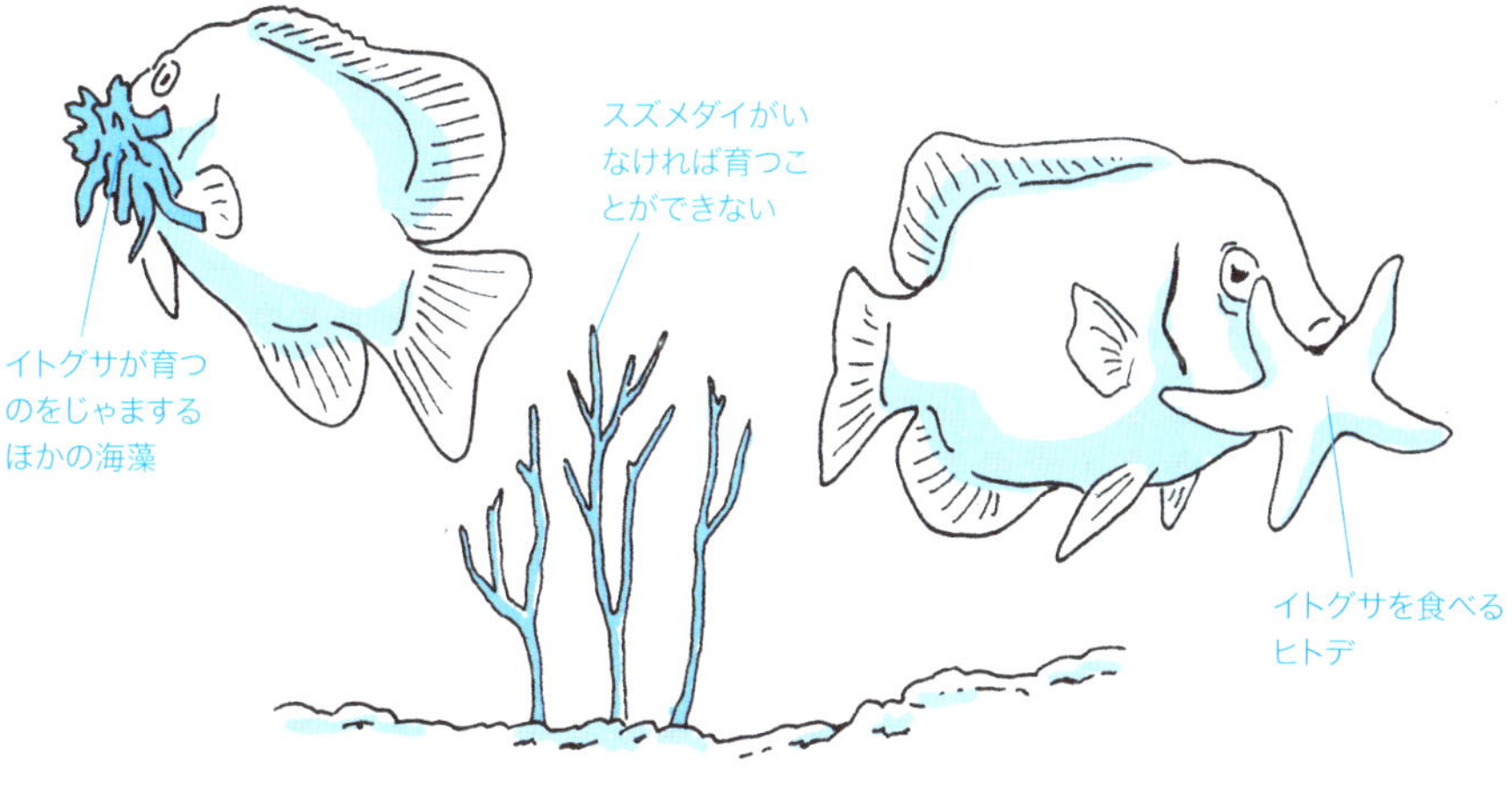

粘液のカプセルのなかで眠る魚

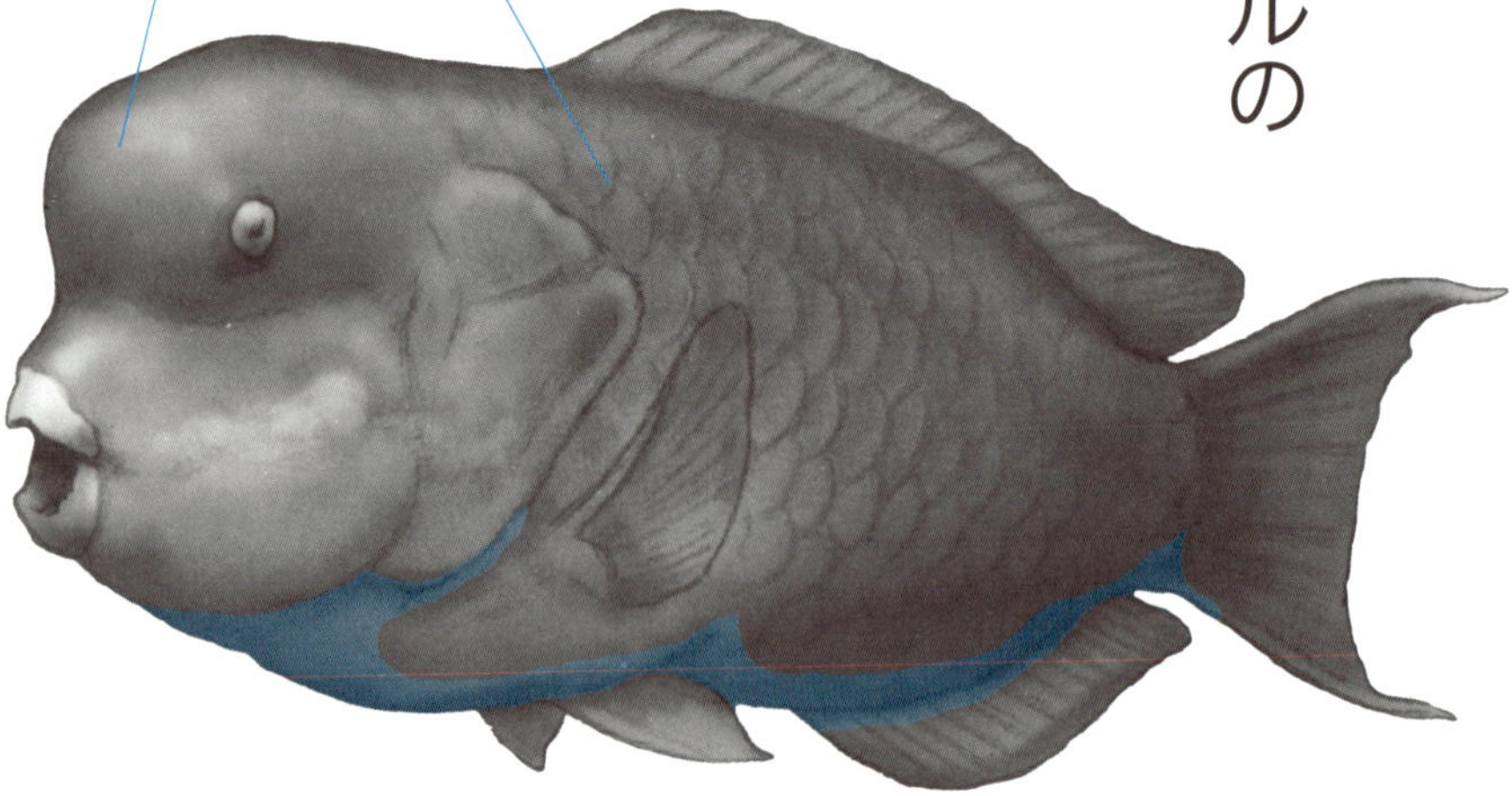

ナンヨウブダイ

ナンヨウブダイは、こぶのようにふくらんだ頭部と全身の鮮やかな青色が特徴のブダイの仲間です。

沖縄など暖かい海のサンゴ礁にすみ、やすりのような歯でサンゴを削りとり、そこについている藻類などを食べます。残ったサンゴは吐き出され、サンゴ礁の海特有の白い砂の一部となります。

このナンヨウブダイをはじめとするブダイの仲間は、夜になると毎晩自分でカプセルをつくり、そのなかで眠ることで知られています。

えらから粘液を出し、その粘液で自分のからだを覆い、岩の隙間などに身を隠すのです。

このカプセルに入れば自分のにおいが外に漏れないので、天敵のサメやウツボなどに襲われるのを防いだり、寄生虫がつくのを防いだりするのに役立っているといわれています。

分類　スズキ目ブダイ科
全長　最大80cm
分布　高知県・小笠原諸島・琉球列島近海、インド・中部太平洋
生息環境　サンゴ礁

自分で睡眠カプセルをつくる

夜になると口やえらから粘液を出してゼリー状の
カプセルをつくり、そのなかで眠る。

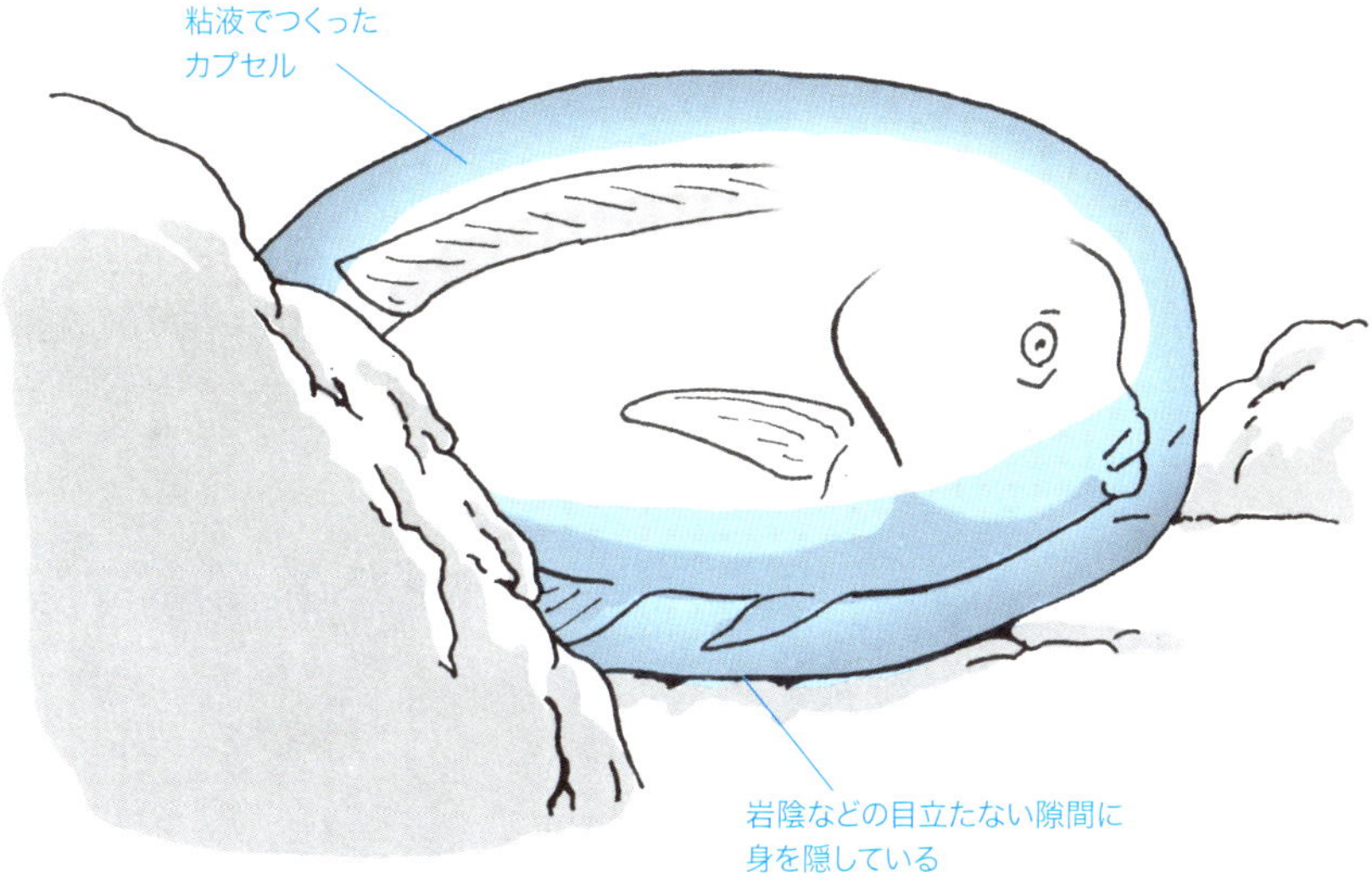
粘液でつくった
カプセル
岩陰などの目立たない隙間に
身を隠している

食事は大胆

サンゴをじょうぶな歯で削りとり、表面についた藻類などを食べる。
削りとられたサンゴは、白い砂浜の一部となる。
南国の白い砂浜は、ナンヨウブダイのふんでできている。

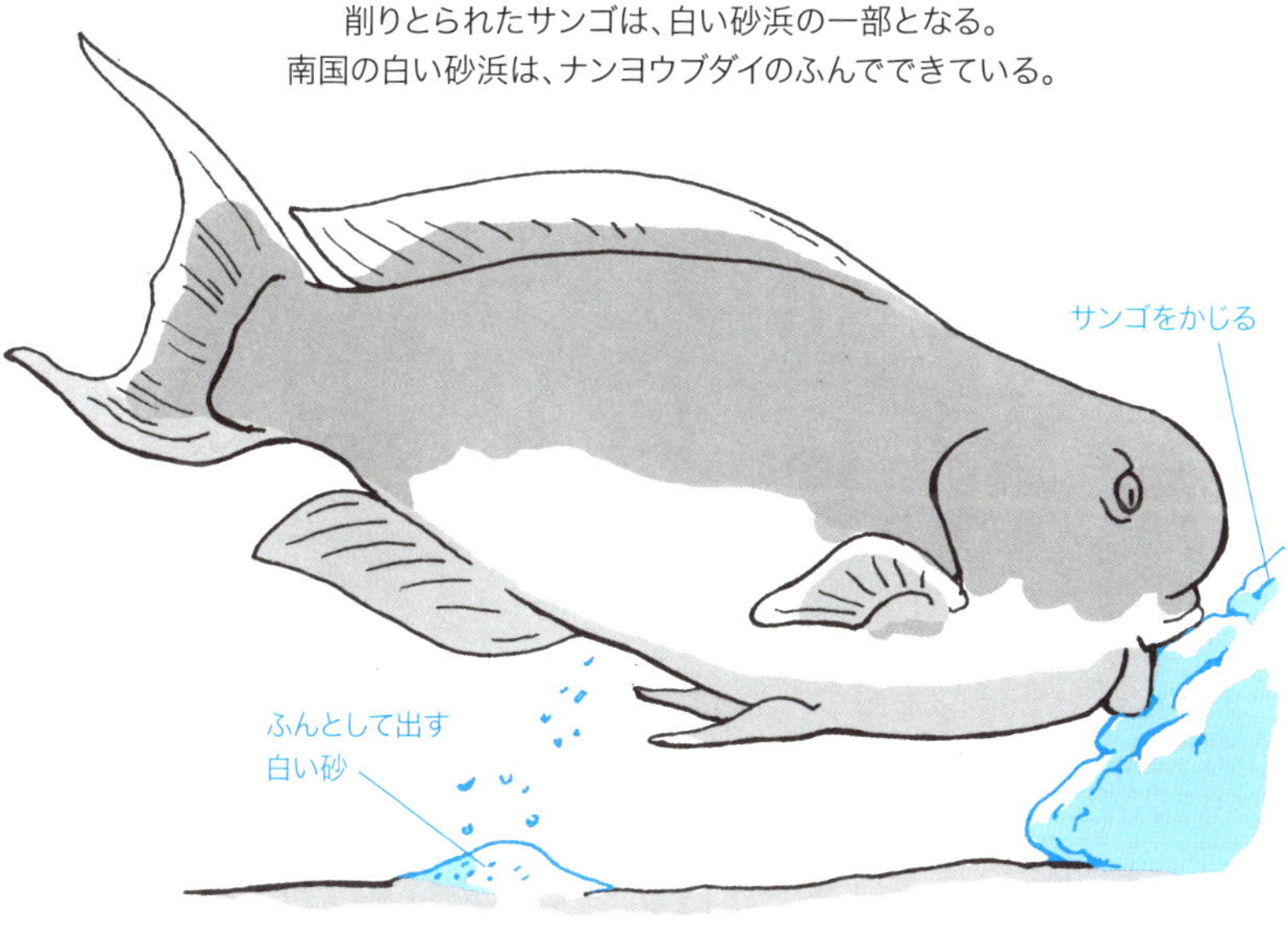
サンゴをかじる
ふんとして出す
白い砂

お手製の
夫婦のすみか！
編み物上手の
エビ

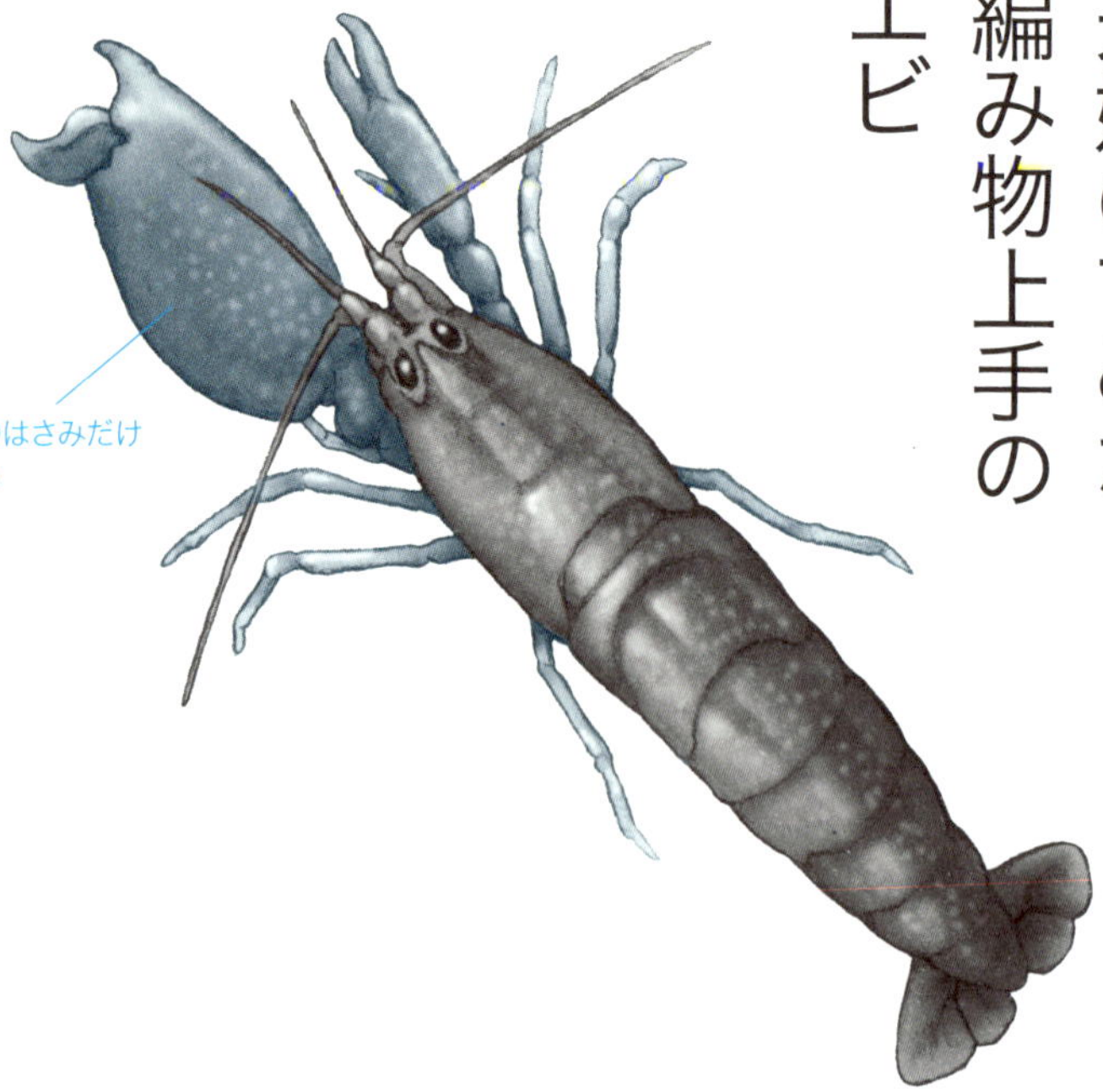

ツノナシテッポウエビ

テッポウエビ（P.132〜134）の仲間のツノナシテッポウエビは、海のなかを漂ったり、岩についたりしている藻類のような糸状の細菌を使って巣をつくります。

つくり方も独特で、糸状の細菌を集めて器用に編み上げ、サンゴの隙間や石の下などに筒状の巣をつくってつがいでくらします。巣は波に合わせてゆらゆらとゆれるほど柔らかく、ときには破れてしまうこともあります。そんなとき、ツノナシテッポウエビは、再び巣を編み上げ、手早く修理します。巣をつくるようすがまるで編み物をしているように見えるため、英語では「ニッティングシュリンプ（編み物エビ）」とよばれることもあります。

このエビにすみつかれたサンゴは、編み上げられた巣で包帯のようにぐるぐる巻きにされてしまうため急速に弱り、死んでしまうこともあるそうです。

分類	エビ目テッポウエビ科
全長	3cm
分布	西太平洋・インド洋
生息環境	サンゴ礁

岩陰に巣を編んでつくる

器用に編んでつくられた巣は、光に透けるほど薄く、柔らかい素材でつくられているので、すぐに破れてしまうこともある。

巣の表面の拡大

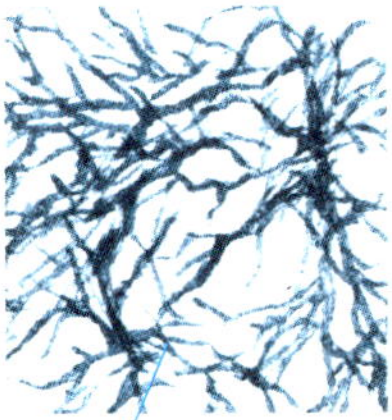
糸状の細菌など
繊維状のものを
編んでつくる

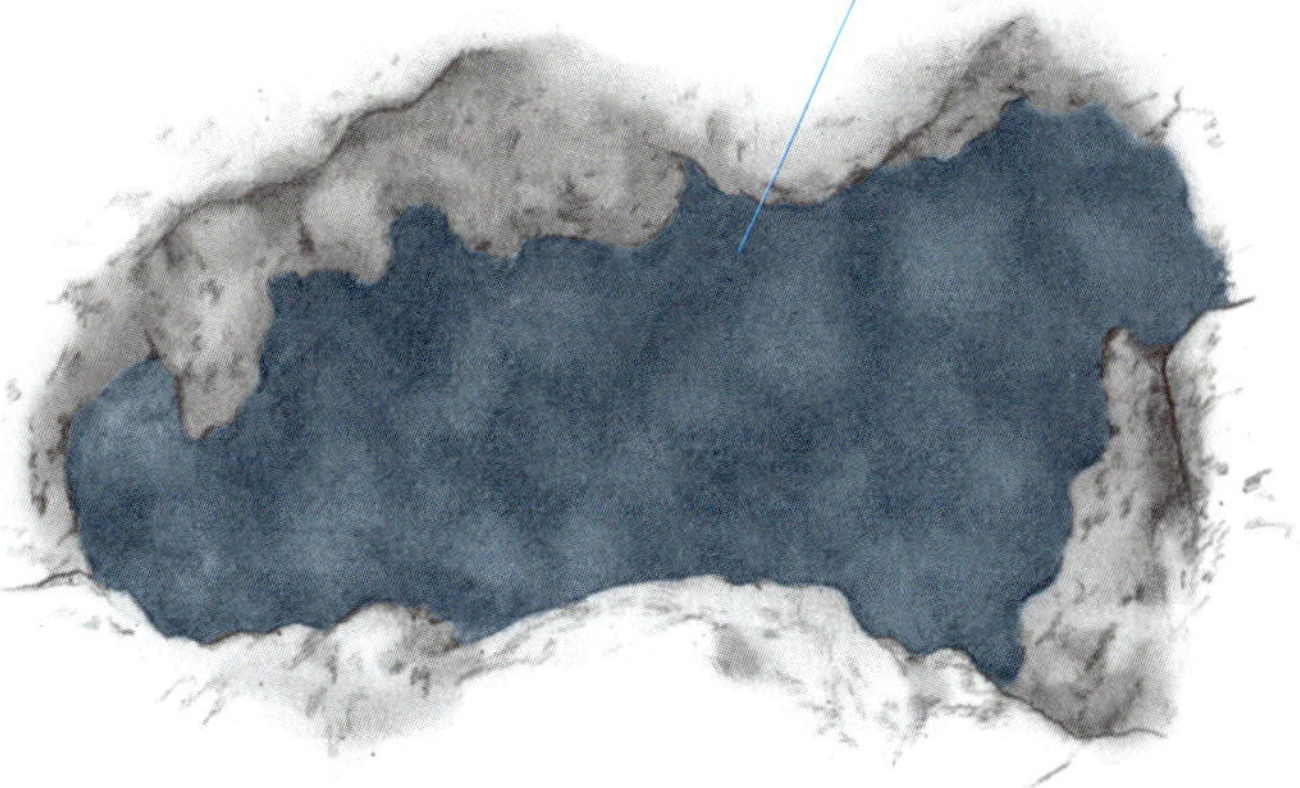
岩の間につくられた
ツノナシテッポウエビの巣

つがいで仲よくくらしている

巣のなかではつがいでくらしている。外敵などが巣に近づくと、大きなはさみでパチンと音が鳴るほどの攻撃をする。

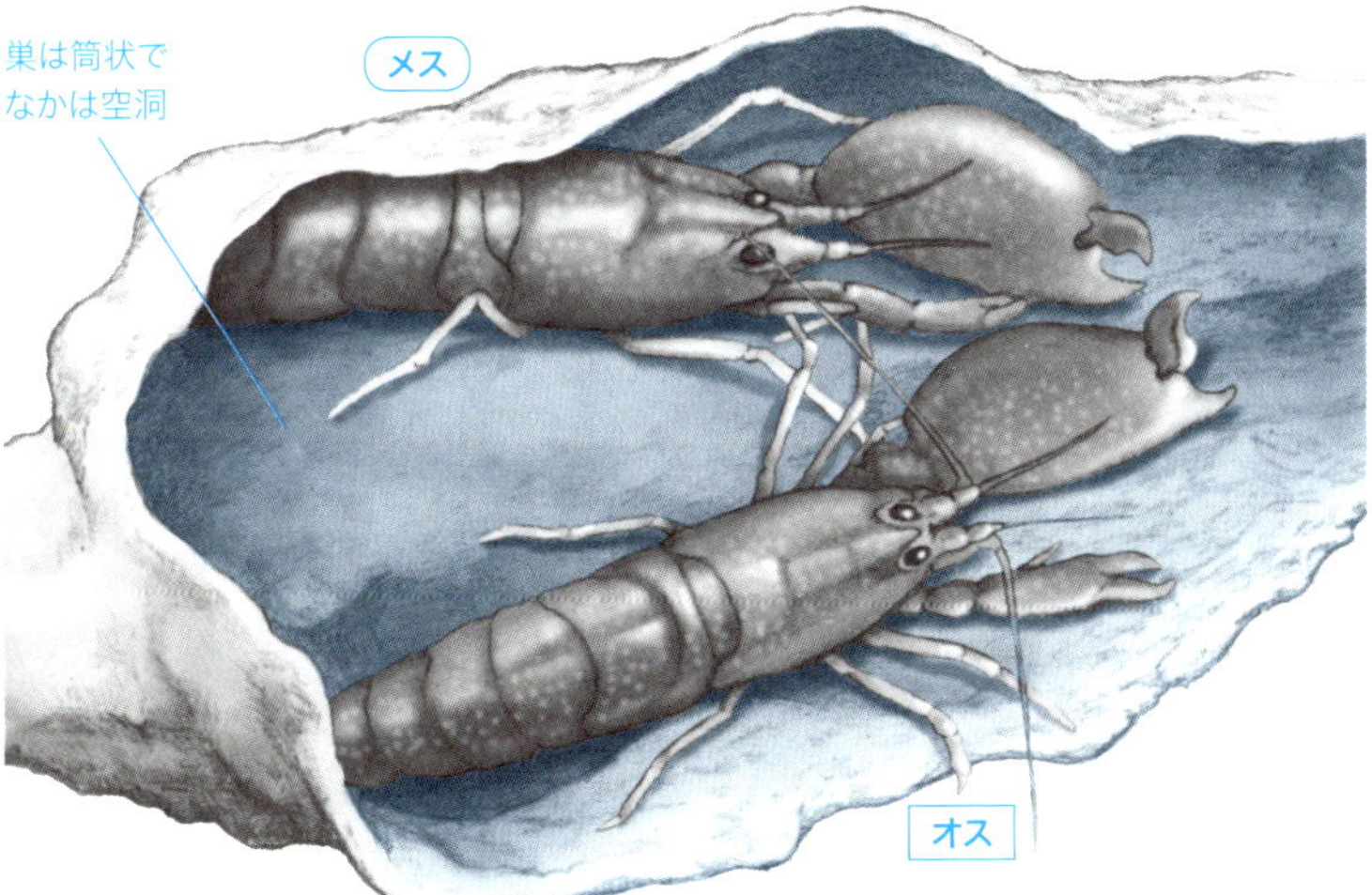
巣は筒状で
なかは空洞
メス
オス

毒虫をまねて身を守る魚

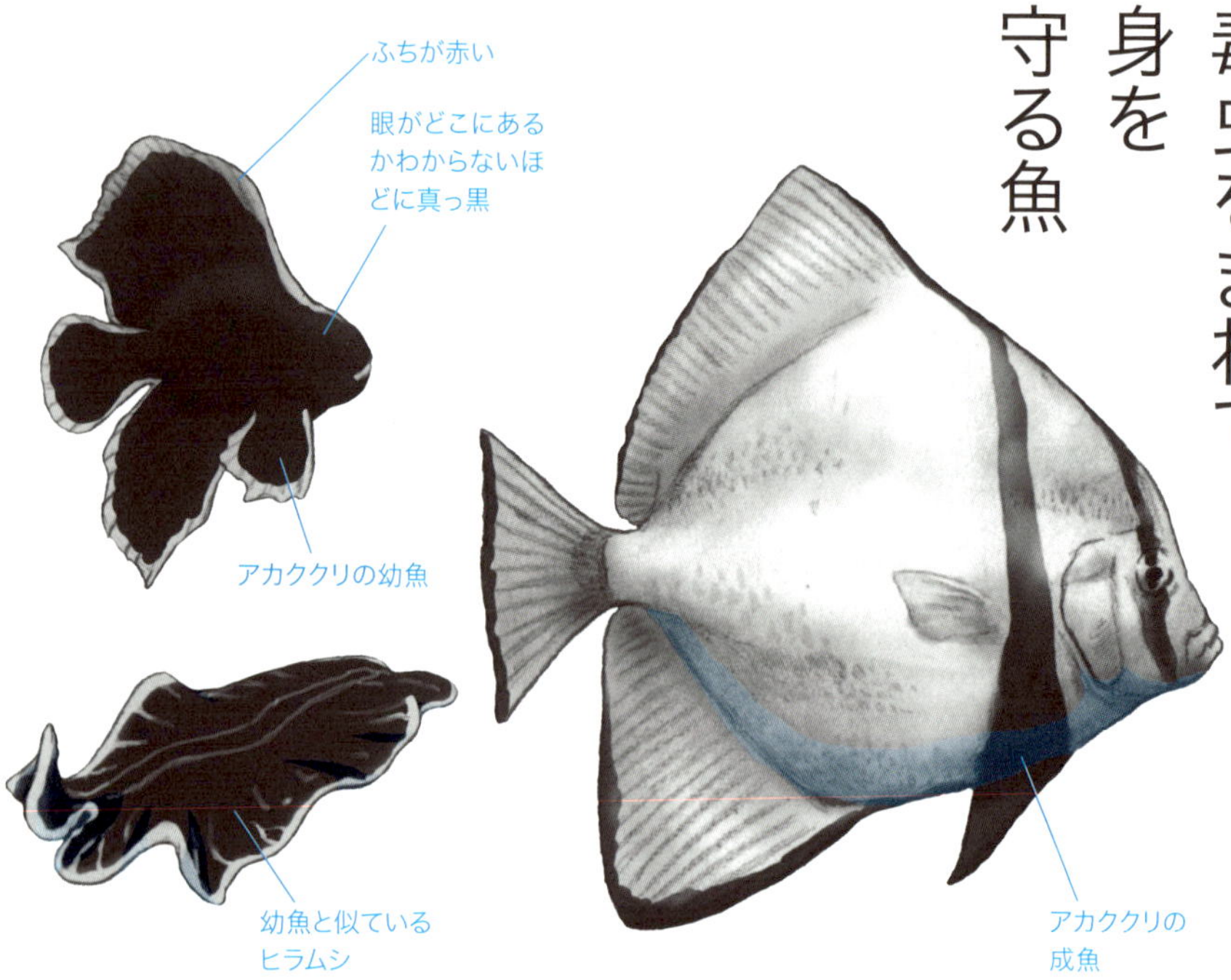
ふちが赤い
眼がどこにあるかわからないほどに真っ黒
アカククリの幼魚
幼魚と似ているヒラムシ
アカククリの成魚

アカククリ

アカククリという名は「赤括り」と書きます。これは、赤い縁取りや赤い輪などを意味しています。しかし、アカククリのからだには、赤い縁取りなどありません。実は、この名は幼魚のからだのようすに由来しているのです。

アカククリの幼魚は、真っ黒なからだに赤い縁取りが目立ち、ヒラヒラと漂うように泳ぎます。その姿は、一見すると魚のようには見えません。これは、毒をもつウミウシに似たヒラムシという平たい動物に擬態しているためだといわれています。このヒラムシに姿を似せることで、敵から身を守っているのです。

ヒラムシにそっくりなアカククリの幼魚ですが、成長すると姿が変わり、ヒラムシとはまったく異なる魚らしい姿になります。観賞魚として人気があるほか、成魚は熱帯地方で食用にされています。

分類　スズキ目マンジュウダイ科
全長　35cm
分布　琉球列島以南、西太平洋
生息環境　サンゴ礁

生きものを家にするヤドカリ

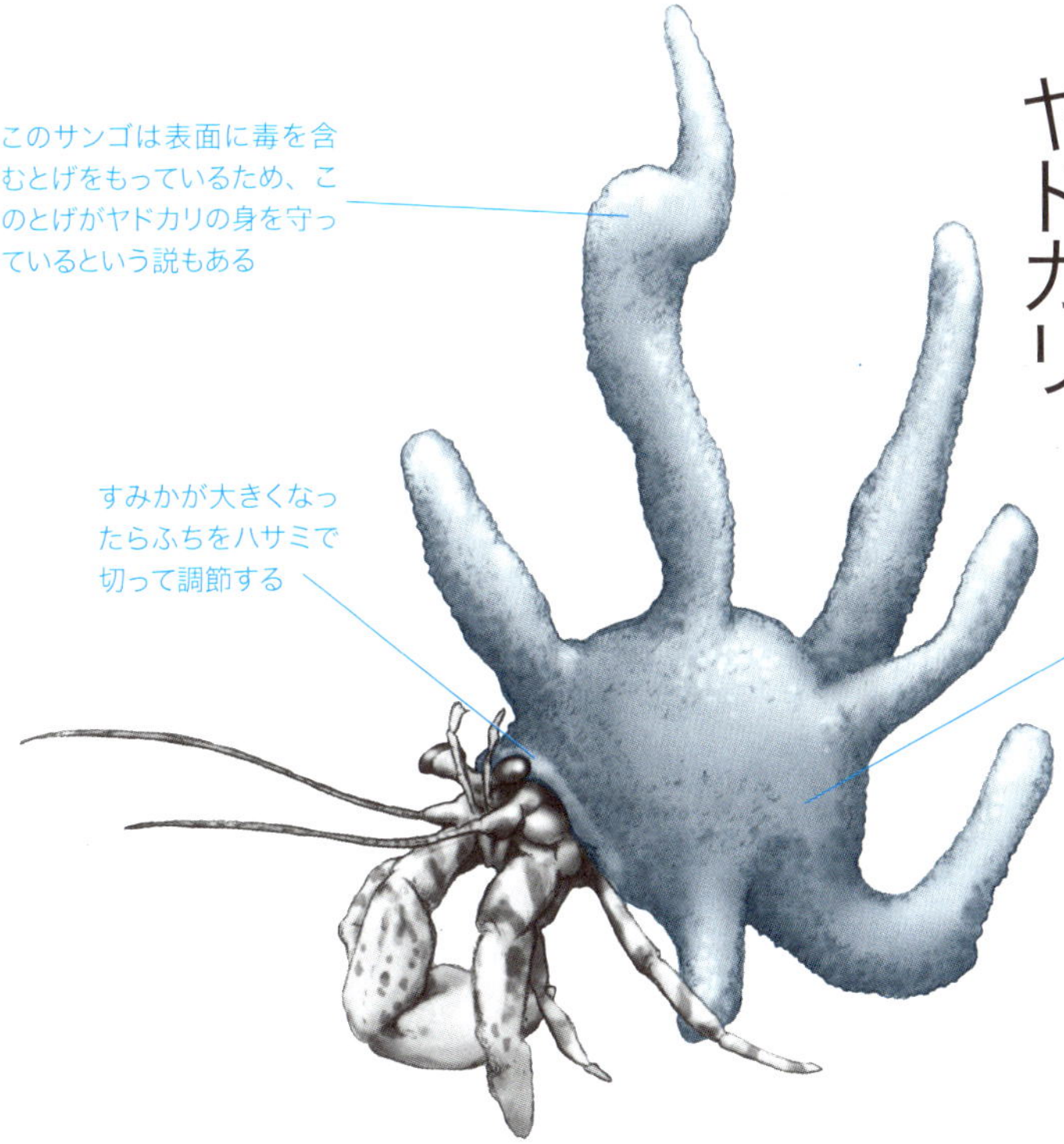
このサンゴは表面に毒を含むとげをもっているため、このとげがヤドカリの身を守っているという説もある
すみかが大きくなったらふちをハサミで切って調節する
スタッグホーンハイドロコーラル

スタッグホーンハーミットクラブ

一般的なヤドカリは、巻き貝の殻《から》など、生きものの残がいをすみかにしています。ところが、なかには生きものを生きたまますみかにしているヤドカリもいます。それが、スタッグホーンハーミットクラブです。

このヤドカリは、スタッグホーンハイドロコーラルという、まるでシカの角のようなかたちをした、柔らかいサンゴの仲間をすみかにします。スタッグホーンとは、「オスジカの角」を意味する言葉です。

ふつうのヤドカリはからだが成長するにつれ、狭くなったすみかから引っ越さなければなりません。からだを外に出す引っ越しは、敵に襲われる可能性が高い危険な行為です。ところが、このヤドカリのすみかは生きているため、なかにすんでいるヤドカリとともに成長して大きくなります。そのため、このヤドカリは引っ越しをする必要がないのです。

分類　十脚目ヤドカリ上科
全長　5cm
分布　インド洋・太平洋
生息環境　水深200mまでの海底

鳥の巣のような巣をつくる魚

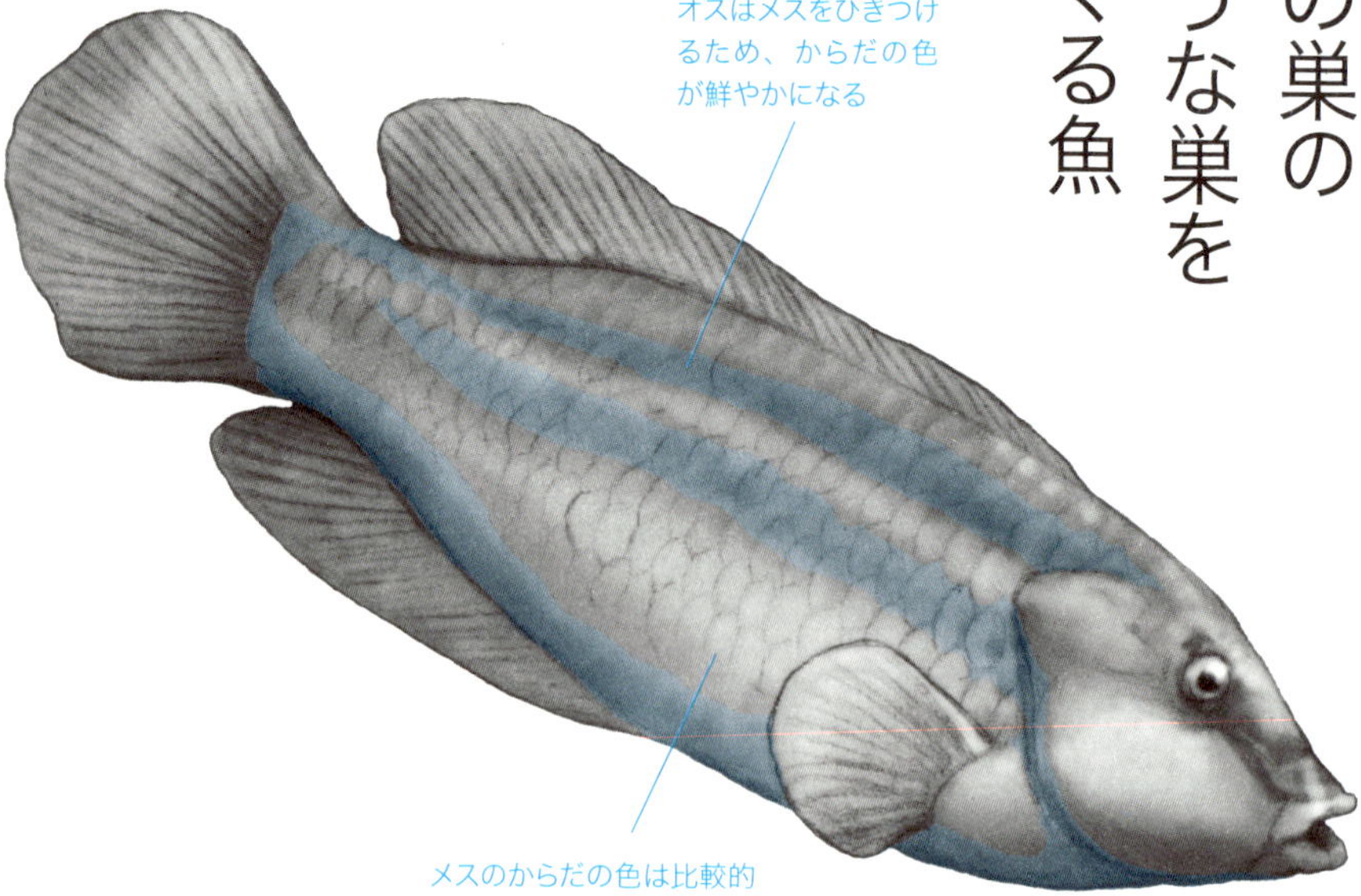
オスはメスをひきつけるため、からだの色が鮮やかになる
メスのからだの色は比較的地味な色合い

シンフォドゥス・オケラトゥス

一般的に、ベラという魚の仲間は卵を産みっぱなしで放置します。しかし、一部の仲間には、卵を大切に守る種類がいます。その一つが、地中海などにすむシンフォドゥス・オケラトゥスです。

晩春から初夏にかけての繁殖期になると、このベラのオスは海藻や砂を使い、穴や石の裂け目などに鳥の巣によく似た巣を1週間に1個のペースでつくります。新しい巣の多くは、以前の巣から10mも離れていない場所につくられます。巣ができ上がると、オスはメスを次々と誘い込んで産卵させます。

卵はネバネバした粘膜に包まれていて、巣にからみついて固定されます。

産卵後、オスは巣に残り、ひれなどを使って卵に新鮮な水を送ったり、天敵を追い払ったりしながら、卵の世話をおこなうのです。

分類　スズキ目ベラ科
全長　12cm
分布　東太平洋・地中海・黒海・アゾフ海
生息環境　水深30mまでの浅い海

せっせと多くの巣をつくる

海藻や砂をせっせと運ぶ繁殖期のオス。次々と多くのメスを誘うために、
早いペースで近い場所に多くの巣をつくる。多くの巣をつくった後は派手なからだの色で
メスひきつけ、なわばり内の複数のメスと繁殖をおこなう。

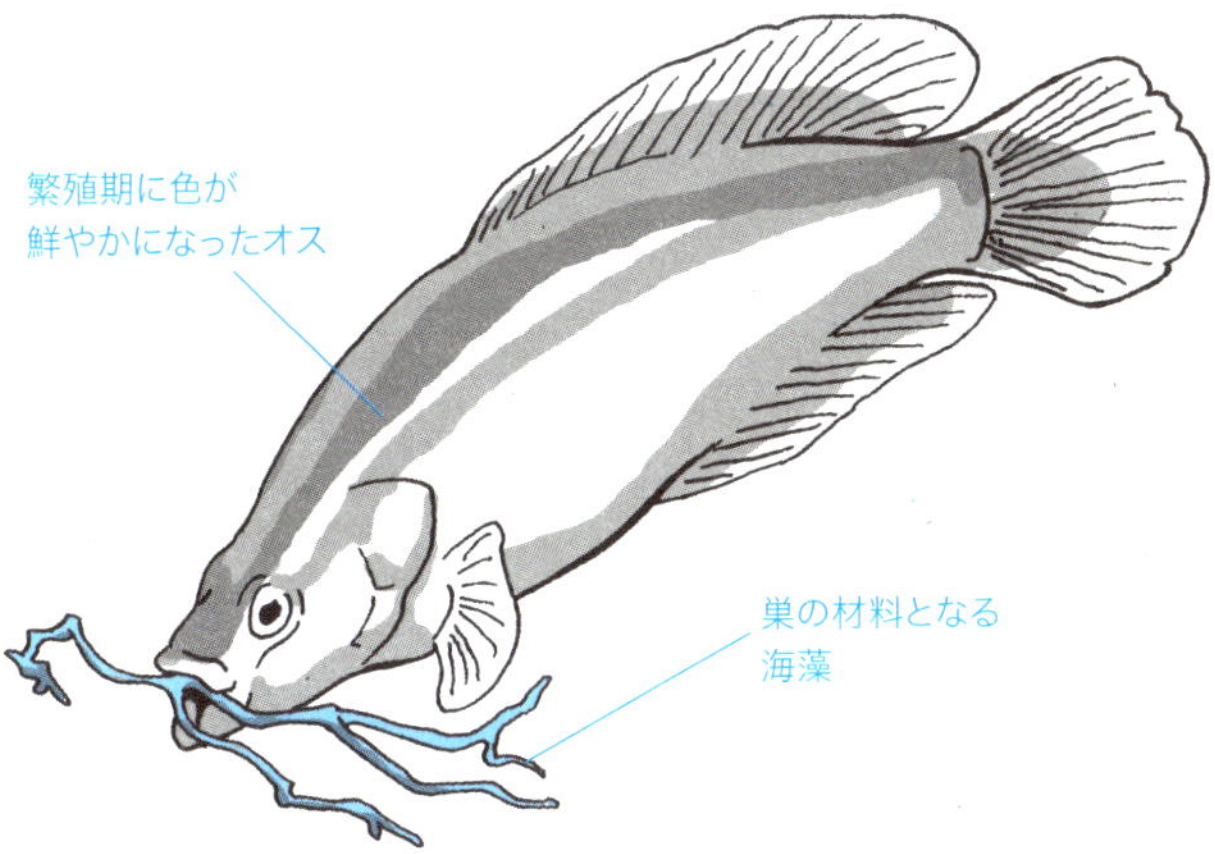
繁殖期に色が
鮮やかになったオス
巣の材料となる
海藻

まるで鳥の巣

巣はまるで鳥の巣のようなかたちに完成する。
ここにメスが卵を産み、オスは巣に残って卵の世話を続ける。
育児はオスの役割なのだ。

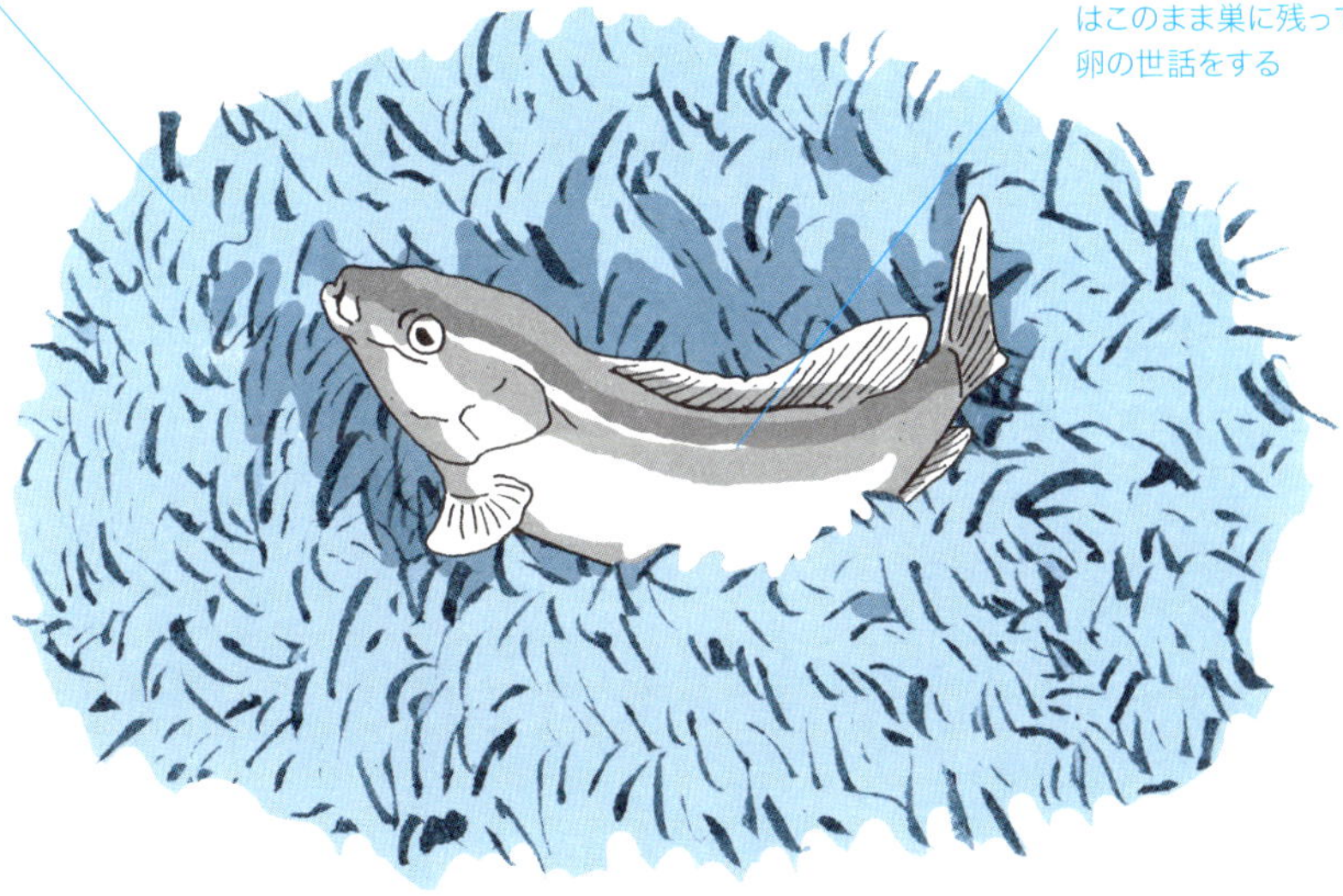
完成した巣
満足げなオス。オス
はこのまま巣に残って
卵の世話をする

イソギンチャクを振りまわすヤドカリ

イソギンチャクにとってもすむ場所を移動できるほか、ふつうは進出できない砂地などにも生息できるという利点がある。
左のはさみが大きく、イソギンチャクをくっつけるために一部が平らになっている
ヤドカリコテイソギンチャク

トゲツノヤドカリ

ヤドカリの仲間には、イソギンチャクとともにくらすものがいます。代表的な例がトゲツノヤドカリです。このヤドカリは、左のはさみにヤドカリコテイソギンチャクというイソギンチャクをつけてくらしています。このイソギンチャクをときには武器として使ったり、貝殻《かいがら》に引っ込むときに入り口をイソギンチャクでふたをしたりして敵から身を守ります。

そのほかにも、ソメンヤドカリやケスジヤドカリなどがイソギンチャクとくらしています。これらのヤドカリは、はさみではなくすみかとなる貝殻の上にイソギンチャクをつけています。成長して大きなすみかに引っ越すときには、イソギンチャクをはがして新しいすみかにつけかえる徹底ぶりです。

トゲツノヤドカリとよく似た種類に、トゲトゲツノヤドカリがいますが、こちらはトゲツノヤドカリと異なり、イソギンチャクをつけることはありません。

分類 エビ目ヤドカリ科
甲長 2cm
分布 西太平洋
生息環境 沿岸の砂《さ》泥底《でいぞこ》

変幻自在に色を変えるエビの仲間

コマチコシオリエビ

コマチコシオリエビは、ウミシダ（P.160）といっしょにくらすヤドカリに近い仲間です。ウミシダは、羽のような枝をもつヒトデに比較的近い動物ですが、その姿はまるで植物のシダのようなので、外からは枝が密集した根元のあたりがなかなか見えません。コマチコシオリエビは、このウミシダの根元付近に隠れすむことで、外敵から身を守っているのです。また、コマチコシオリエビは個体によってからだの色が著しく違います。すみつくウミシダを変えると、そのウミシダに合わせてからだの色を変えられるためです。

コシオリエビは、おもに体長が数mm～1.5cmで、ふだんから腹部《ふくぶ》を下側に巻いている姿が腰を曲げているエビのように見えることから、その名がつきました。

コマチコシオリエビの「コマチ（小町）」とはウミシダの昔のよび名です。

分類 エビ目コシオリエビ科
全長 数mm～1.5cm
分布 伊豆半島以南、インド洋・西太平洋
生息環境 浅海の岩礁

卵を口にほおばって守る魚

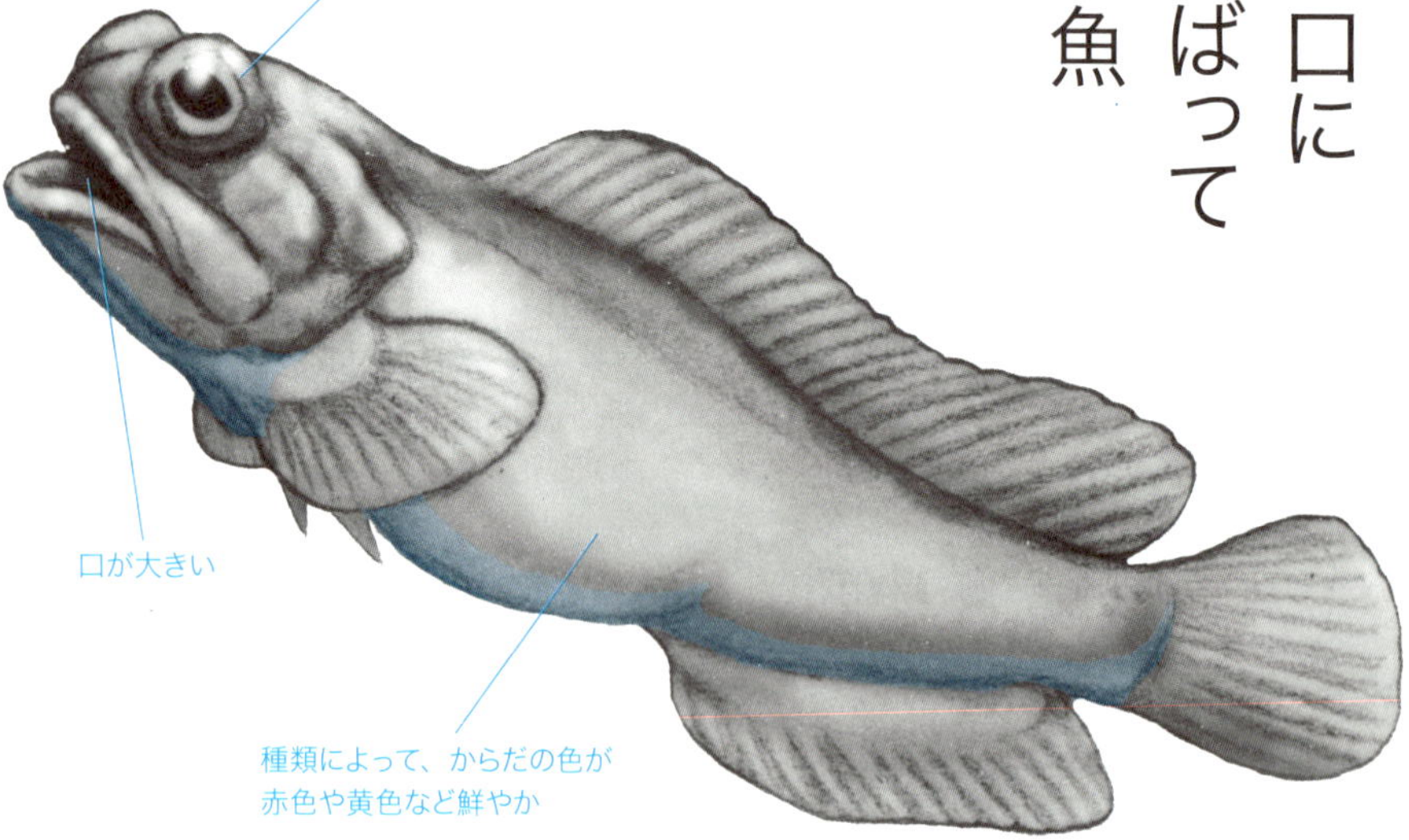
目が飛び出している
口が大きい
種類によって、からだの色が
赤色や黄色など鮮やか

アゴアマダイ

アゴアマダイは、卵を口にくわえて守る魚としてよく知られています。繁殖期になりメスが卵を産むと、オスはすぐにその卵を口にほおばります。こうして卵を口にくわえたまま、ふ化するまで守るのです。

この仲間は、ふだんはサンゴ礁の海底に穴を掘って潜り、顔だけ外に出してくらしています。餌となるプランクトンなどをとるときには穴からからだを伸ばしますが、餌をとるとすぐに穴に戻って隠れてしまいます。基本的に穴から出ることはほとんどありません。

飛び出た目と大きな口が特徴的で、ややカエルに似た顔をしています。口（あご）が大きいことから、英語では「ジョーフィッシュ（あごの魚）」とよばれています。穴から顔を出している姿はたいへん愛嬌《あいきょう》があるため、ダイバーに人気がある魚です。

分類　スズキ目アゴアマダイ科
全長　5cm
分布　南日本、インド洋・太平洋・西部大西洋
生息環境　砂や石の海底

巣穴からなかなか出ない

ふだんは巣穴からなかなか出ることはなく、顔だけを外に出して警戒している。
穴を掘るためにも発達した大きな口と、
外をうかがうための大きな目が愛らしく、人気がある。

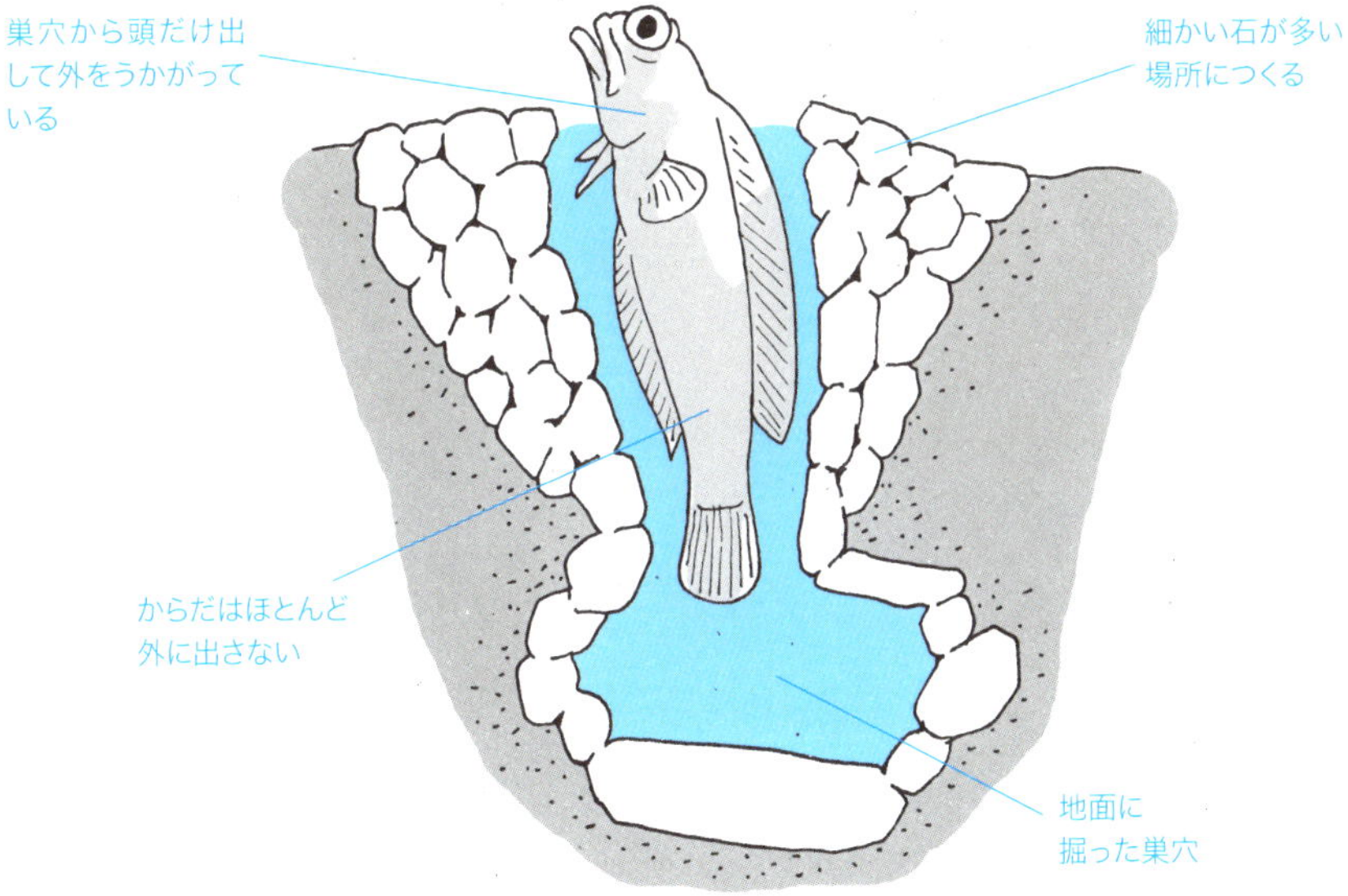

口のなかで子どもを守る

口のなかで守っていた卵がふ化すると、オスは口から稚魚を放出する。
稚魚はしばらくの間、オスのまわりで過ごしながら成長する。

刺されると子どもをつくる海藻

マガタマモ

マガタマモは緑藻《りょくそう》類という緑色の海藻の仲間です。ふつうは時間をかけて胞子をつくってふえるのですが、外部からの刺激を受けるとすみやかに子どもをつくることができます。

マガタマモのからだは、一つの細胞でできた直径数cmの風船のようなかたちをしています。この細胞は単細胞生物としては異常に大きく、通常はこの細胞が集まった塊のような状態で砂地などについています。

透きとおった美しい姿をしていますが、一つひとつがとてももろく、強い刺激を受けるとやぶれて死んでしまいます。そのため、刺激を受けると細胞のなかに遊走子《ゆうそうし》という胞子(子ども)をたくさんつくり、これを外に放出することですみやかに新しい個体として繁殖させるのです。

マガタマモの名前の由来は、古代日本の装飾品の「勾玉《まがたま》」とかたちが似ているためだといわれています。

分類 ------ ミドリゲ目マガタマモ科
全長 ------ 2〜4cm
分布 ------ 西日本の太平洋岸・南西諸島・小笠原諸島、西部太平洋・インド洋
生息環境 ------ 低潮線から潮下帯

刺激を受けてふえるしくみ

マガタマモのからだはとても薄い膜で包まれた構造なので、
もろくてすぐに破れてしまう。そのため、刺激を受けるとすぐに子ども（遊走子）をつくり、
破けたときに海に放出されてふえるしくみを手にいれた。

1 つぶれない程度の刺激を与える。

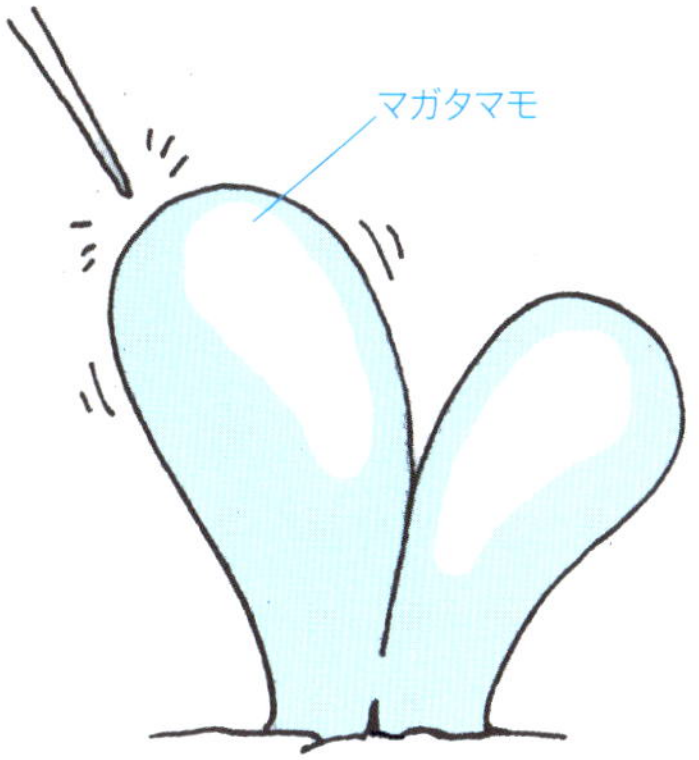
マガタマモ

2 からだのなかにつぶ状の小さな遊走子がたくさんできる。

遊走子

3 からだの表面が破れると、遊走子は外に出て泳ぎだす。

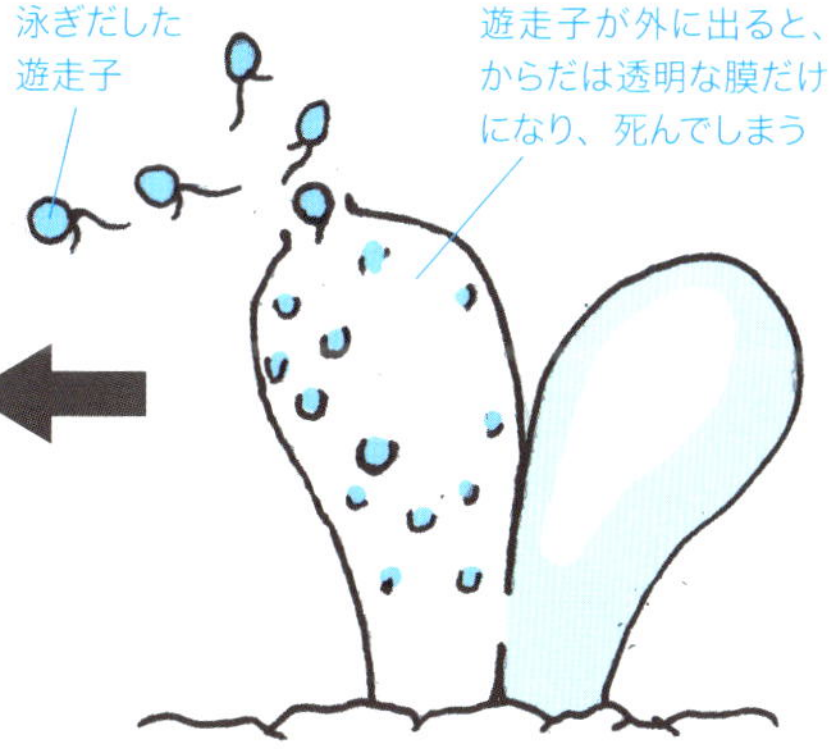
泳ぎだした遊走子
遊走子が外に出ると、からだは透明な膜だけになり、死んでしまう

4 外に出た遊走子はやがて成長し、一つひとつがマガタマモになる。

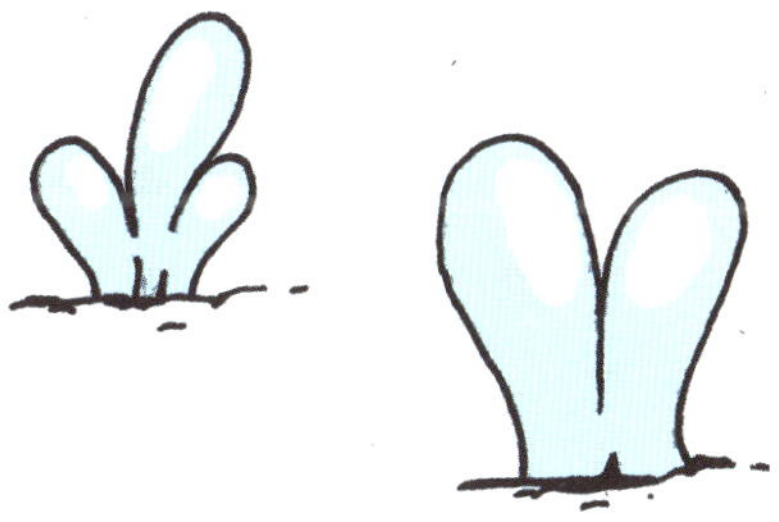

自分で腕を切ってふえるヒトデ

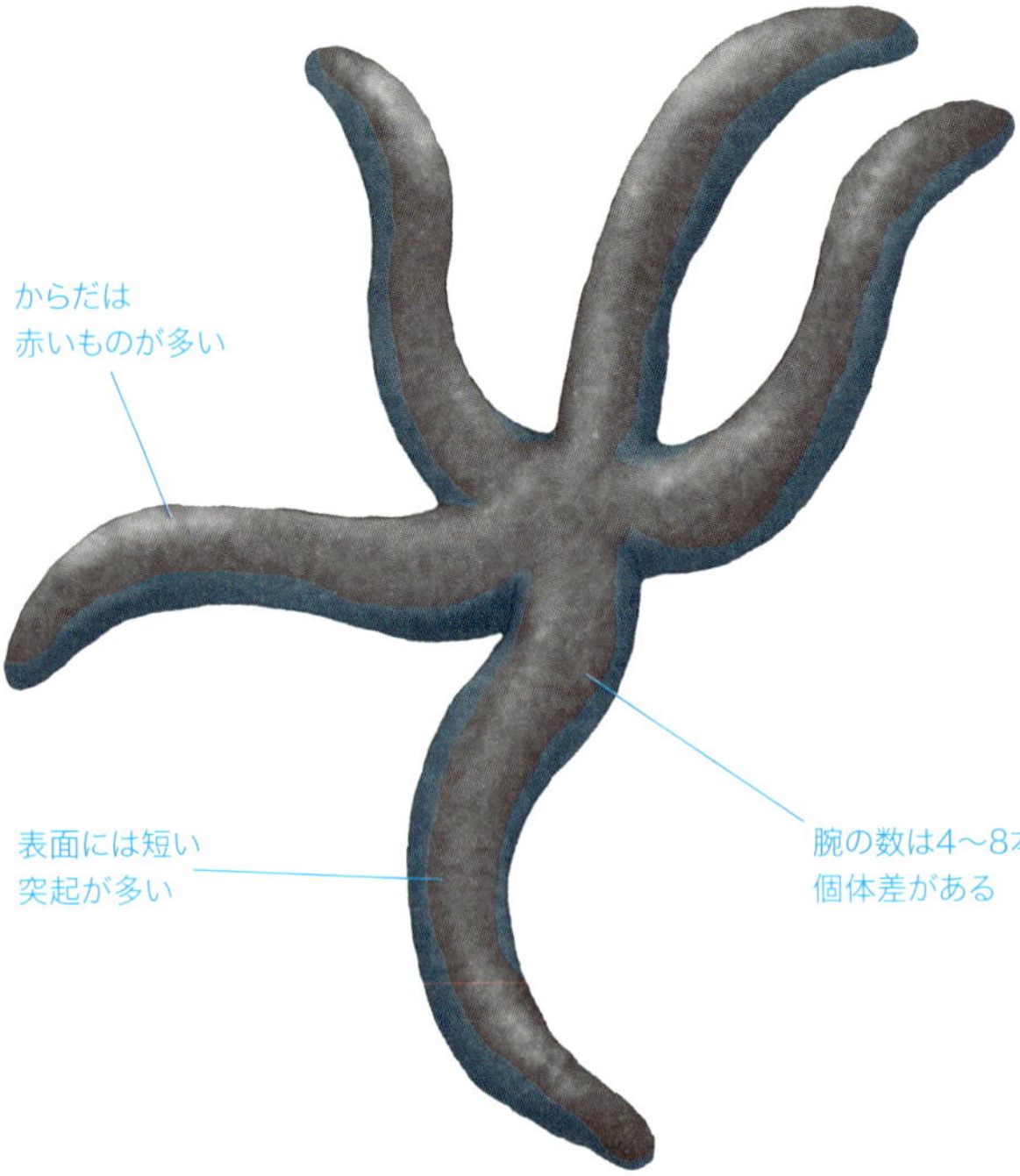
からだは
赤いものが多い
表面には短い
突起が多い
腕の数は4〜8本と
個体差がある

ルソンヒトデ

動物のなかには、からだが切り離されたとき、切れた部分からもとのからだが再生して、二つの個体になるものがいます。淡水域にすむプラナリアなどが有名です。

ところが、ヒトデの仲間には、自分で腕を切り離し、自ら二つの個体に分裂する種類がいます。そのようなヒトデの代表がルソンヒトデです。

腕を切ったルソンヒトデの本体は、切った腕の部分が再生して、元のかたちになります。そして、切り落とされた一本の腕からも残りの小さな腕が伸びはじめ、やがて腕がそろった一匹のヒトデに成長します。

こうして生まれてきた新しい個体は、もとのヒトデとまったく同じ遺伝子をもつクローンなのです。

ルソンヒトデのほか、ゴマフヒトデなども自分で腕を切って繁殖することができます。

分類	ルソンヒトデ目ルソンヒトデ科
全長	15cm
分布	本州中部以南、インド洋・西太平洋
生息環境	サンゴ礁の浅い海

一本の腕からでもからだが再生する

腕が切れたからだとおなじように、切り離された一本の腕からもからだが再生して
一匹のヒトデになる。再生している途中は、腕の大きさがそろっていないので、
ヒトデだとは思えない姿をしている。

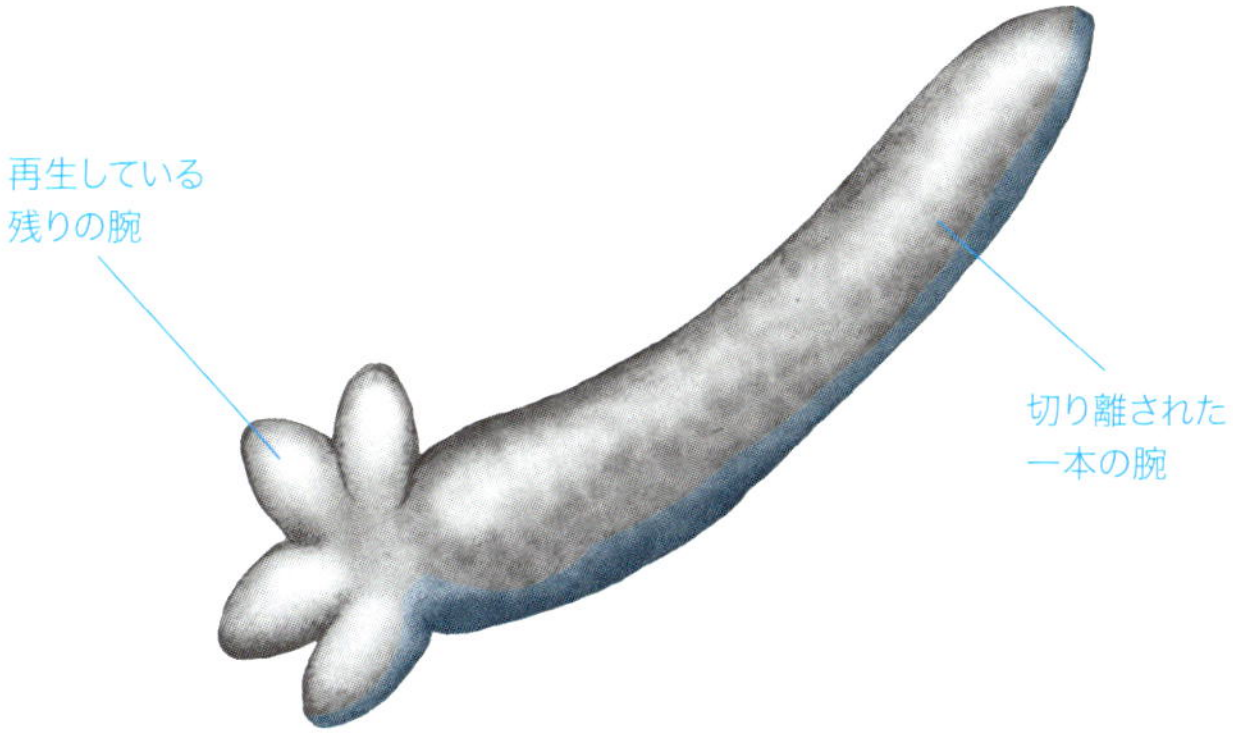

分裂と再生を繰り返す

ふつうのヒトデの仲間も、からだが切り離されたら再生することはあるが、自分で腕を
切り離してしまい、それによって増えていく種類は珍しい。
こうして数をふやした個体は、すべて同じ遺伝子をもつクローンとなる。

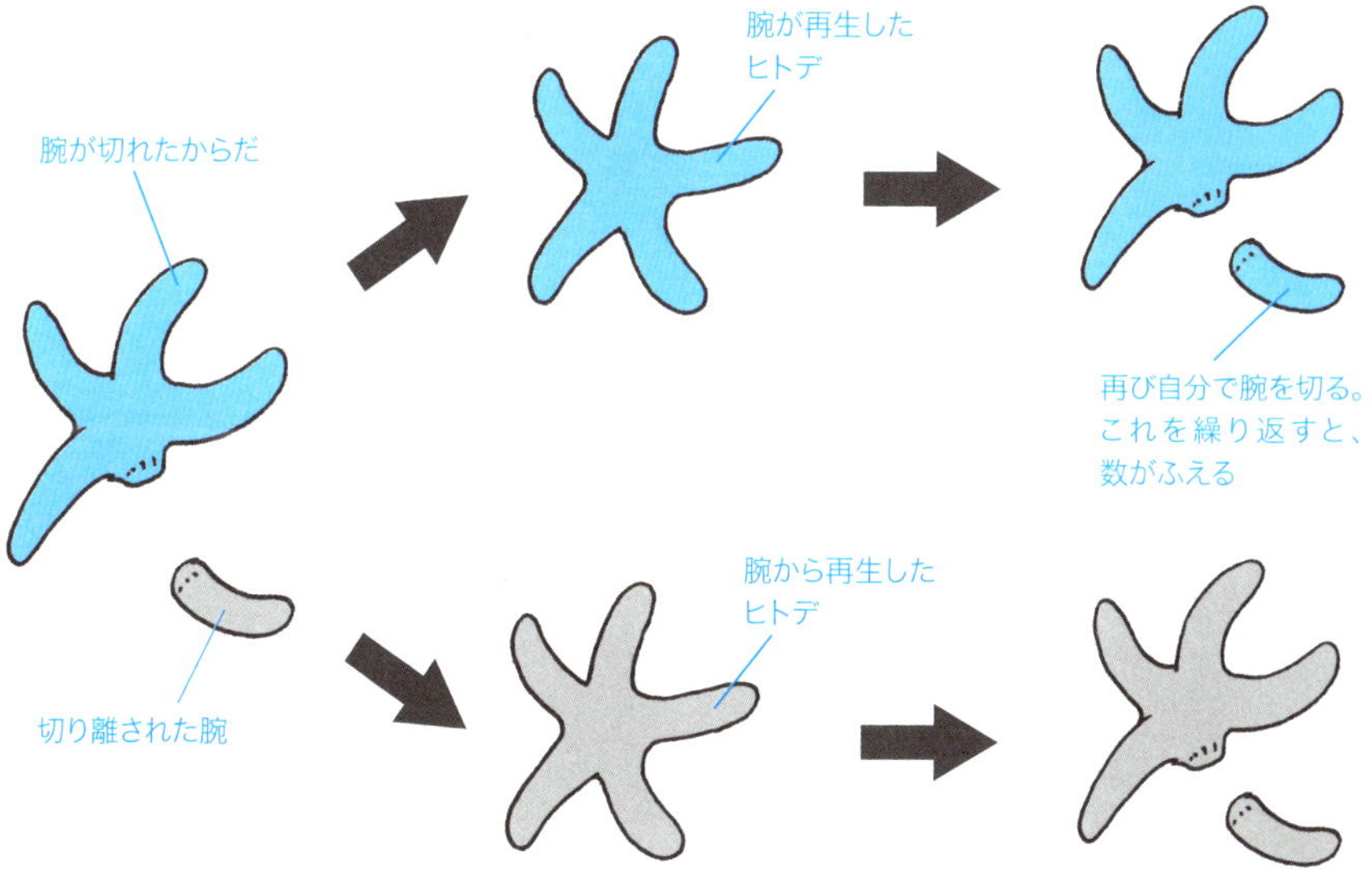

仲よしコンビ！ハゼといっしょにすむエビ

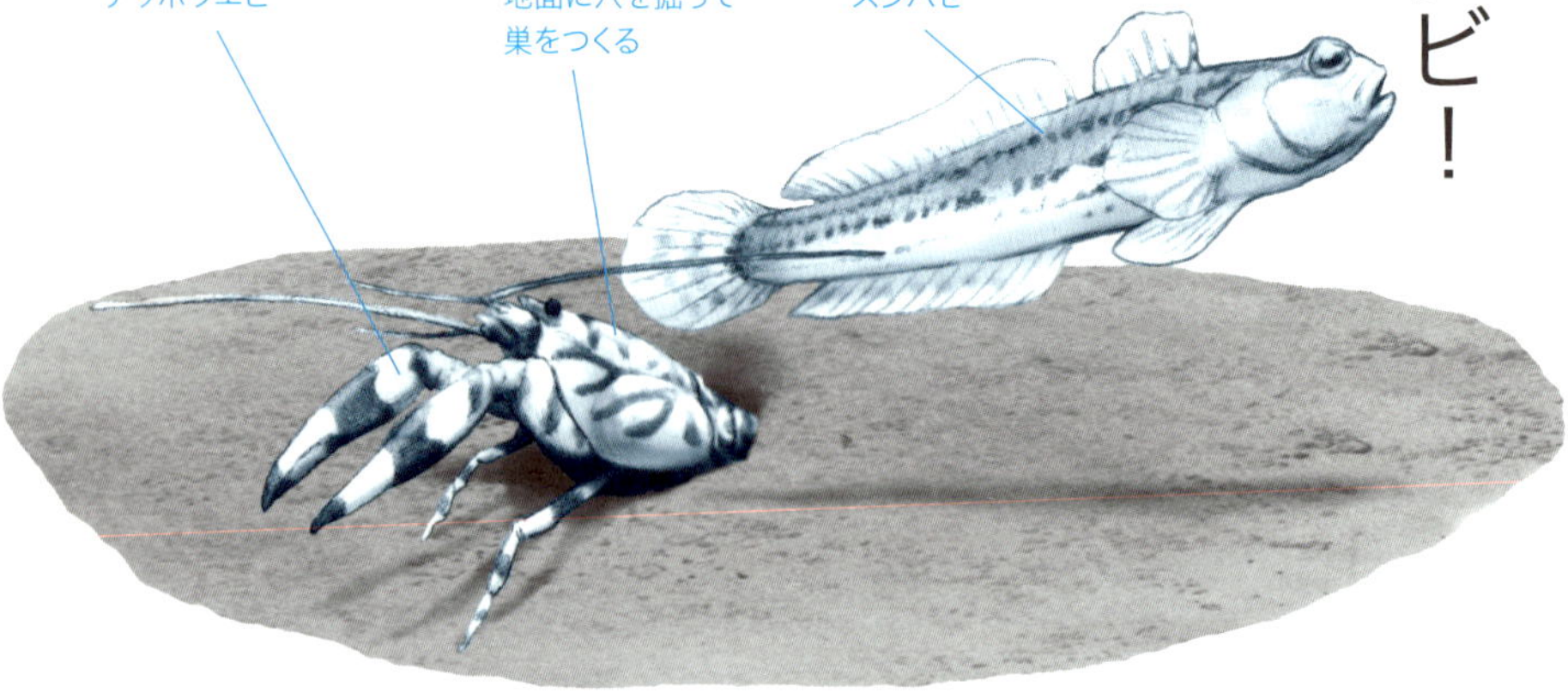

テッポウエビ

テッポウエビは、海底の砂地に深さ数十cmの穴を掘って巣をつくり、つがいでくらしています。多くの場合、この巣にはテッポウエビのほかに、ハゼの仲間が同居しています。ハゼはテッポウエビにすまいを提供してもらうかわりに、テッポウエビが巣のなかから砂を運び出して手入れする間、周囲を見張り、敵が来たら尾びれを振ってテッポウエビに知らせます。おたがいに協力し合いながら、身を守っているのです。

テッポウエビは、緑がかった茶色いからだのエビの仲間で、干潟などでふつうに見られます。大きなものは10cmを超えることもあり、一方のはさみが非常に大きくなっているのが特徴です。

この大きいはさみを打ち鳴らして「ぱちん」という大きな音をだすことができ、この音を使って敵を驚かせるだけでなく、獲物である小魚などを気絶させることもあります。

分類 十脚目テッポウエビ科
全長 5〜10cm
分布 日本全国、東アジア
生息環境 内湾や浅い海

巣の断面図

視力の弱いテッポウエビが巣を掘る間、
同じ巣穴を使うハゼは周囲を警戒するという、持ちつ持たれつの関係。
天敵が近づいたときには仲よく身を寄せ合う。

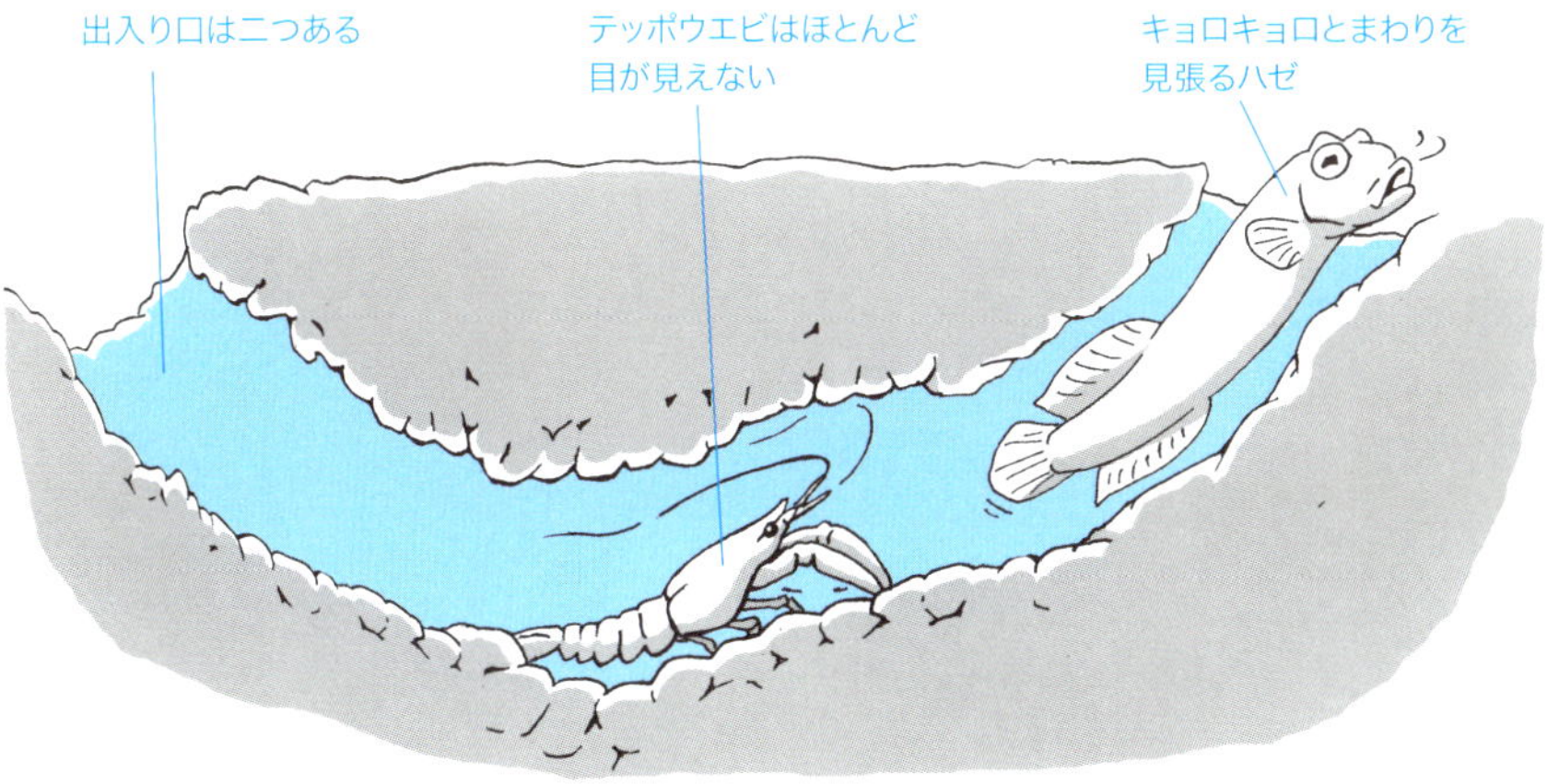
出入り口は二つある
テッポウエビはほとんど目が見えない
キョロキョロとまわりを見張るハゼ

「テッポウエビ」の名前の由来

テッポウエビがはさみを勢いよく打ち鳴らすと、その部分の
温度と圧力が急上昇し、爆発的な衝撃波を出す。この衝撃波が
まるで鉄砲のようなので「テッポウエビ」の名がついた。

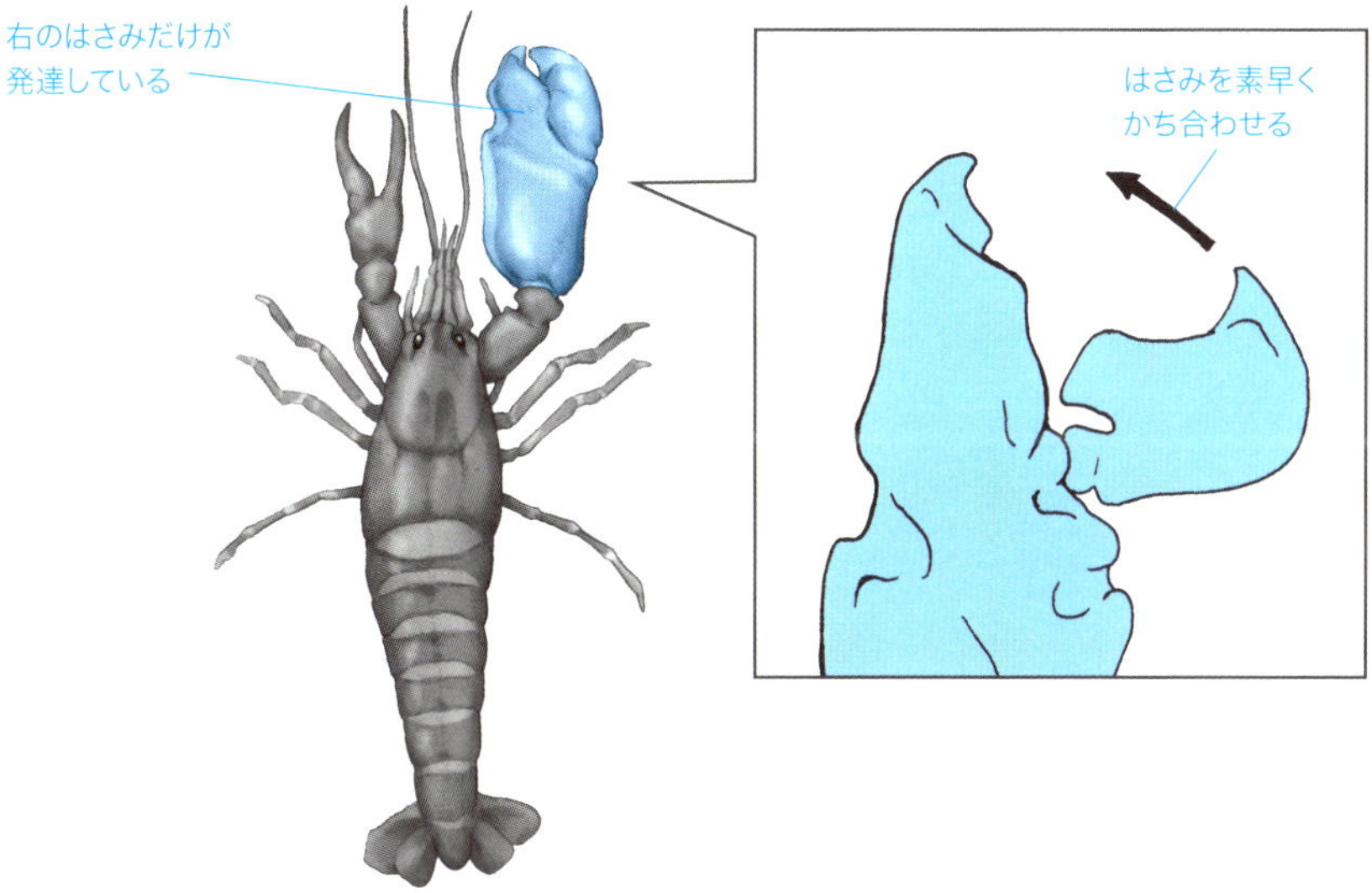
右のはさみだけが発達している
はさみを素早くかち合わせる

電気の力!? 光を出すカラフルな貝

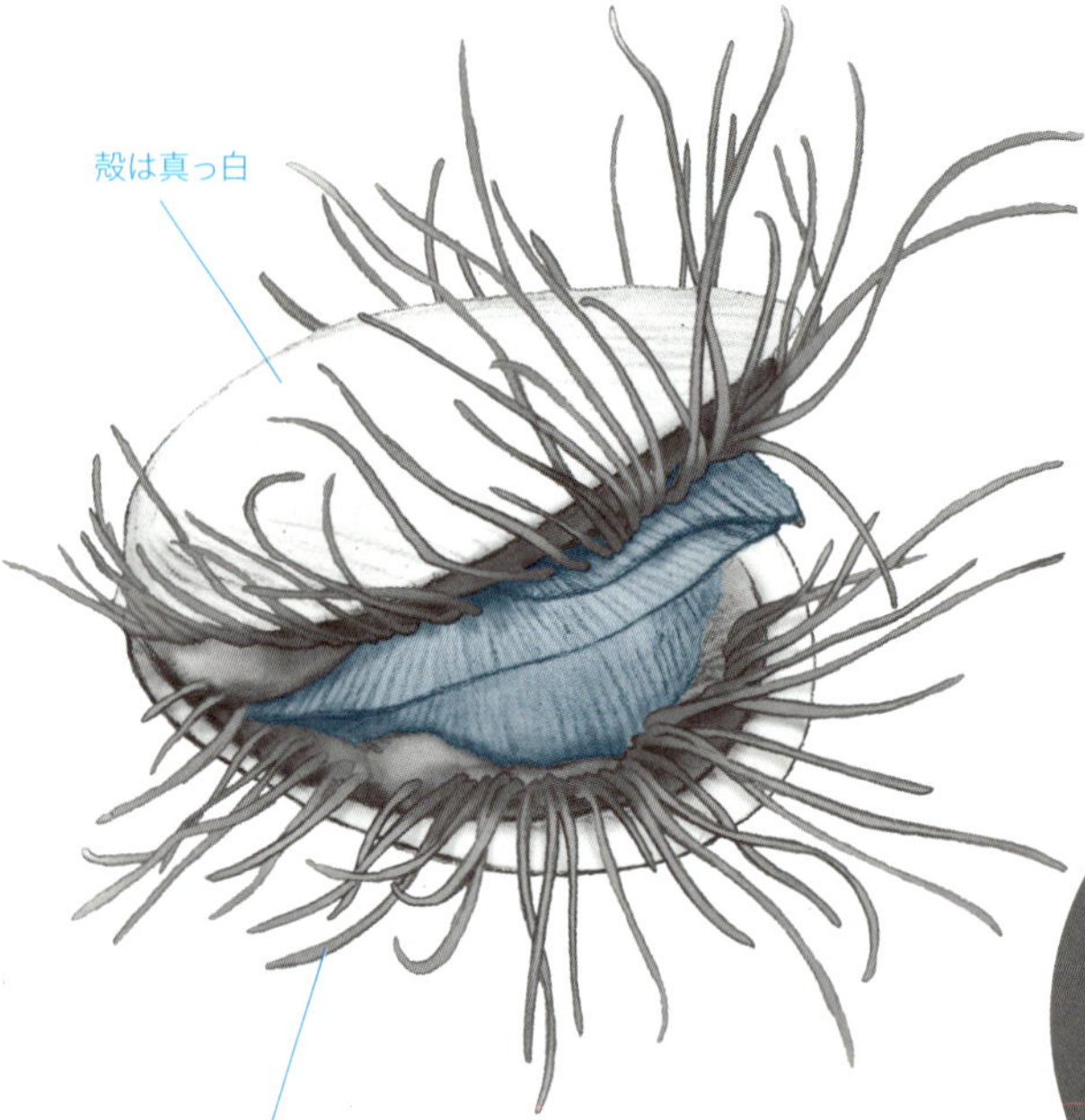
殻は真っ白
外に出ている
長い触手は真っ赤

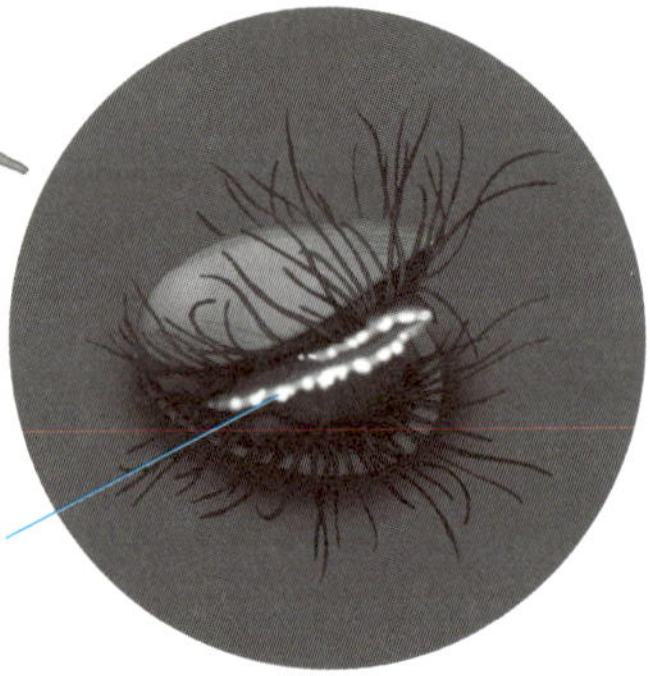
暗い場所で見ると、外とう
膜の縁が青白く光り、電気
が流れているように見える

フレームスキャロップ

フレームスキャロップは、おもに暖かい海のサンゴ礁で、岩の間などにすんでいる二枚貝の仲間です。口を開けた貝殻《かいがら》の隙間からなかをのぞくと、からだの外側の部分（外とう膜）のふちが青白く光っているのが見えます。そのようすはまるで電気が流れているようです。そのため、英語では「エレクトリック・クラム（電気の二枚貝）」とよばれています。

しかし、この光は電気ではありません。この部分には光を反射しやすい組織が集中しているので、外から見ると光っているように見えるのです。この仲間は真っ赤な色の外とう膜と長い触手が特徴で、日本ではこの色をウコンに見立てて「ウコンハネガイ」とよばれています。

またこの貝は、泳ぎが上手なことでも知られています。身の危険を感じると、貝殻を開け閉めしながら水を噴射し、素早くその場を離れます。

分類 ---- ミノガイ目ミノガイ科
全長 ---- 7cm
分布 ---- 沖縄、世界中の熱帯の海
生息環境 ---- サンゴ礁

外洋

にすむ生きもの

世紀の発見！
体温が高い魚

アカマンボウ

ふつう、魚はまわりの環境と体温が変わらない変温動物であり、ほ乳類や鳥類などのように体温を一定に保つためのしくみをもっていません。ところが、アカマンボウは魚のなかでも非常に珍しく、体温を一定に保つしくみをもっています。

心臓とえらの間に特殊な構造をした血管があり、海水によって冷やされた血液が、ここで心臓から送られてきた温かい血液によって温められるのです。

このしくみは、ほ乳類などが体温を保つしくみと非常によく似ています。このしくみのおかげで、アカマンボウは周囲の海水よりも約5度高い体温を保つことができるのです。

アカマンボウはマンボウという名がついていますが、マンボウの仲間ではなく、巨大な深海魚としてよく知られているリュウグウノツカイなどに近い仲間です。沖縄やハワイなどでは貴重なタンパク源として食用にもされています。

分類 アカマンボウ目アカマンボウ科
全長 2m
分布 世界中の熱帯・温帯域
生息環境 水深500mまでの深海

高い体温はよく動くため

ほかにマグロやサメの仲間も海水に比べて体温が高いが、
これらの魚は激しく尾びれを動かすことによって熱を出しているため。
その高い体温も、血液が冷たい海水と触れるえらをとおることによってすぐに消えてしまう。
アカマンボウは尾びれではなく心臓に近い胸びれを使って泳ぐので、
そもそも心臓付近が温められている。

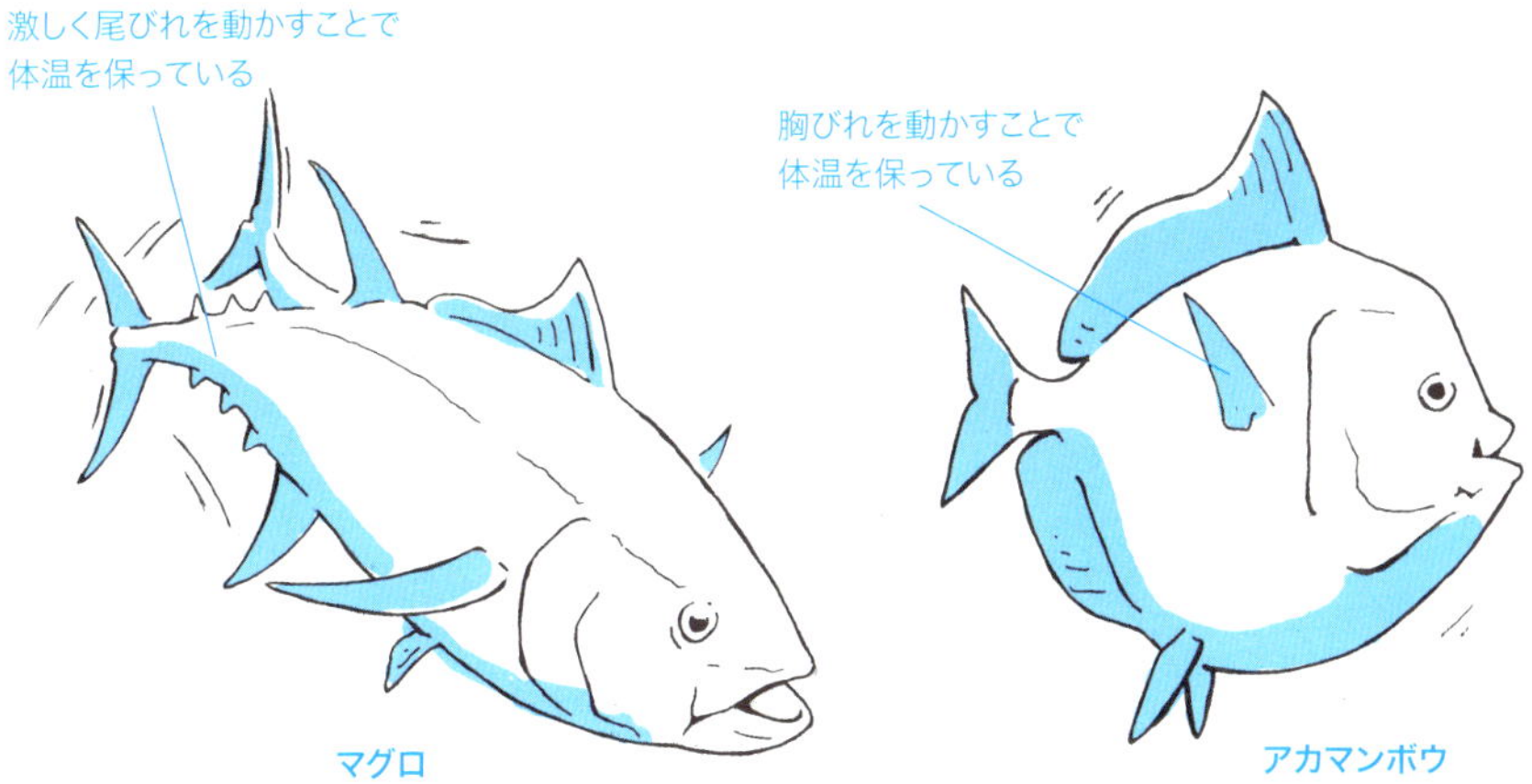

マグロ　アカマンボウ

心臓付近まで温かい

マグロやサメの体温が高いのはよく動く筋肉付近に限られており、
心臓やえら周辺は体温が低い。一方、アカマンボウは
特殊な血管のしくみによって魚類で唯一、心臓付近も温かくなっている。
そのため、海水温の低い深海でも活発に行動できる。

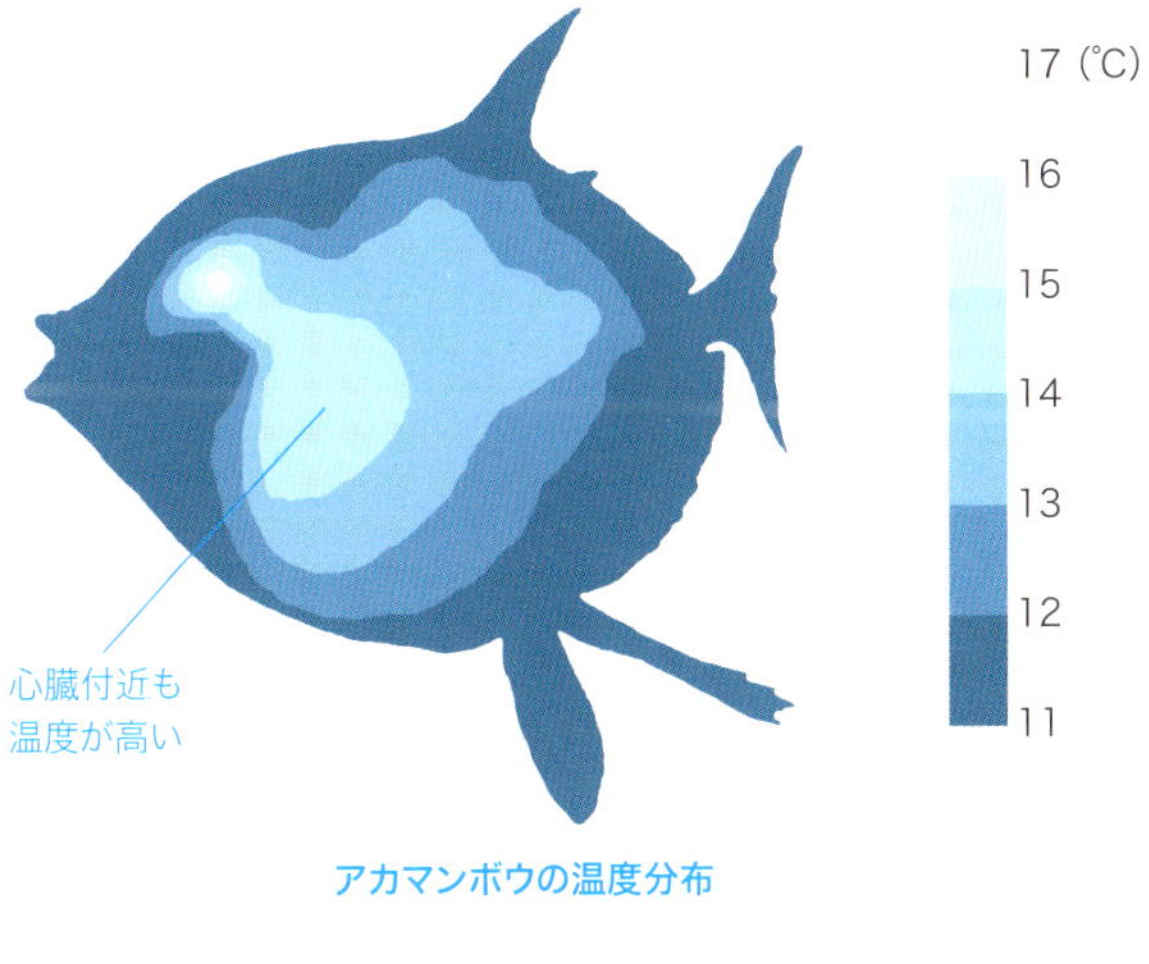

アカマンボウの温度分布

氷漬けでも生き延びる!? 低温につよい魚

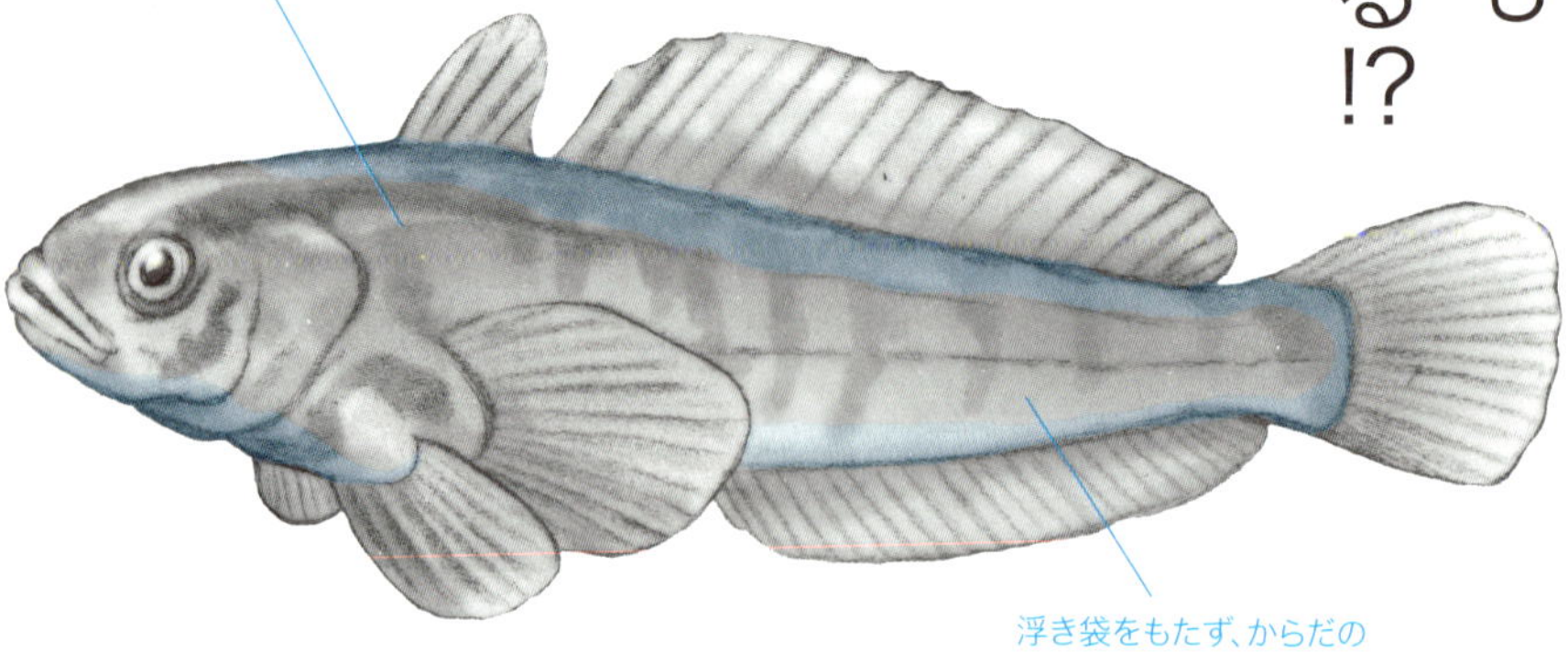
血液が赤くなく、
からだは白っぽい
浮き袋をもたず、からだの
脂肪で浮力を得ている

ボウズハゲギス

水温が低すぎてふつうの魚が生きていけないような冷たい海にも、多くの魚がすんでいます。そのなかでもとくに低温に適応している魚の一つが、南極周辺にすむボウズハゲギスです。

魚を含めたほぼすべての脊椎《せきつい》動物は、血液のなかにヘモグロビンという赤い物質をもっています。血液が赤いのは、このヘモグロビンがあるためです。しかし、この血液は水温が氷点下になると凍ってしまうため、氷点下では生きていくことができません。しかし、ボウズハゲギスは血液のなかにヘモグロビンをもたず、かわりに血液が氷点下でも凍らないようにする特殊なたんぱく質をもっています。このはたらきで、ボウズハゲギスは水温がマイナス6度になっても体液が凍らずに活動することができるのです。一方、水温がプラス5度になると、温度が高すぎて死んでしまうそうです。

分類 スズキ目ナンキョクカジカ科
全長 10～20cm
分布 南極周辺
生息環境 氷の下など

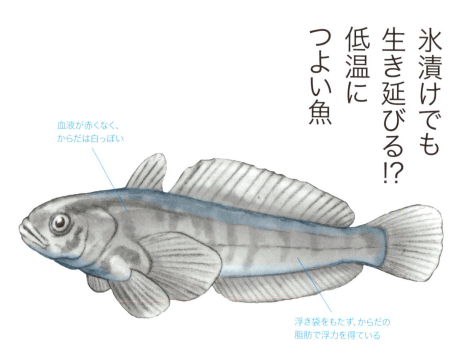

マイナス6度までなら生きられる

脊椎動物のなかでも非常に珍しく、血液中にヘモグロビンをもたないため、
水温がマイナス6 度になっても生きていられる。
シャーベット状の氷のなかに閉じ込められてもまったく平気。

南極海の魚たち

南極の海には、ボウズハゲギスのほかにツノガレイの仲間やライギョダマシ（メロ）など、
氷点下でも凍らないたんぱく質をもった魚が多くすんでいる。
ヘモグロビンをもたないかれらのなかには、十分に酸素をとり込むために
多量の血液をもっていたり、皮ふ呼吸をおこなうものもいる。

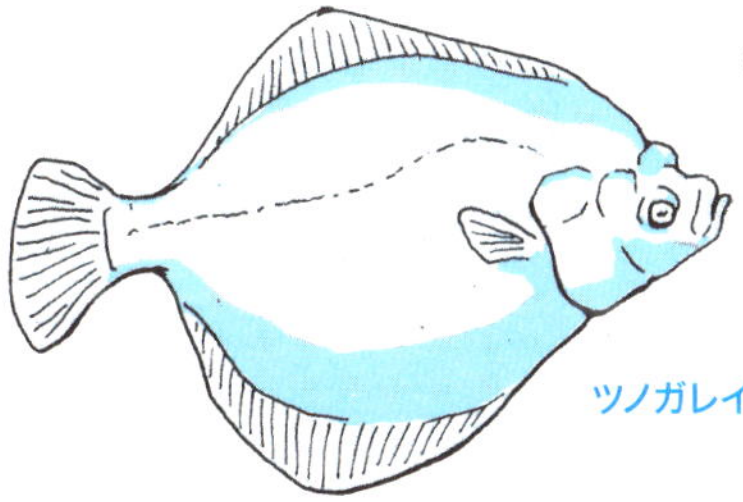

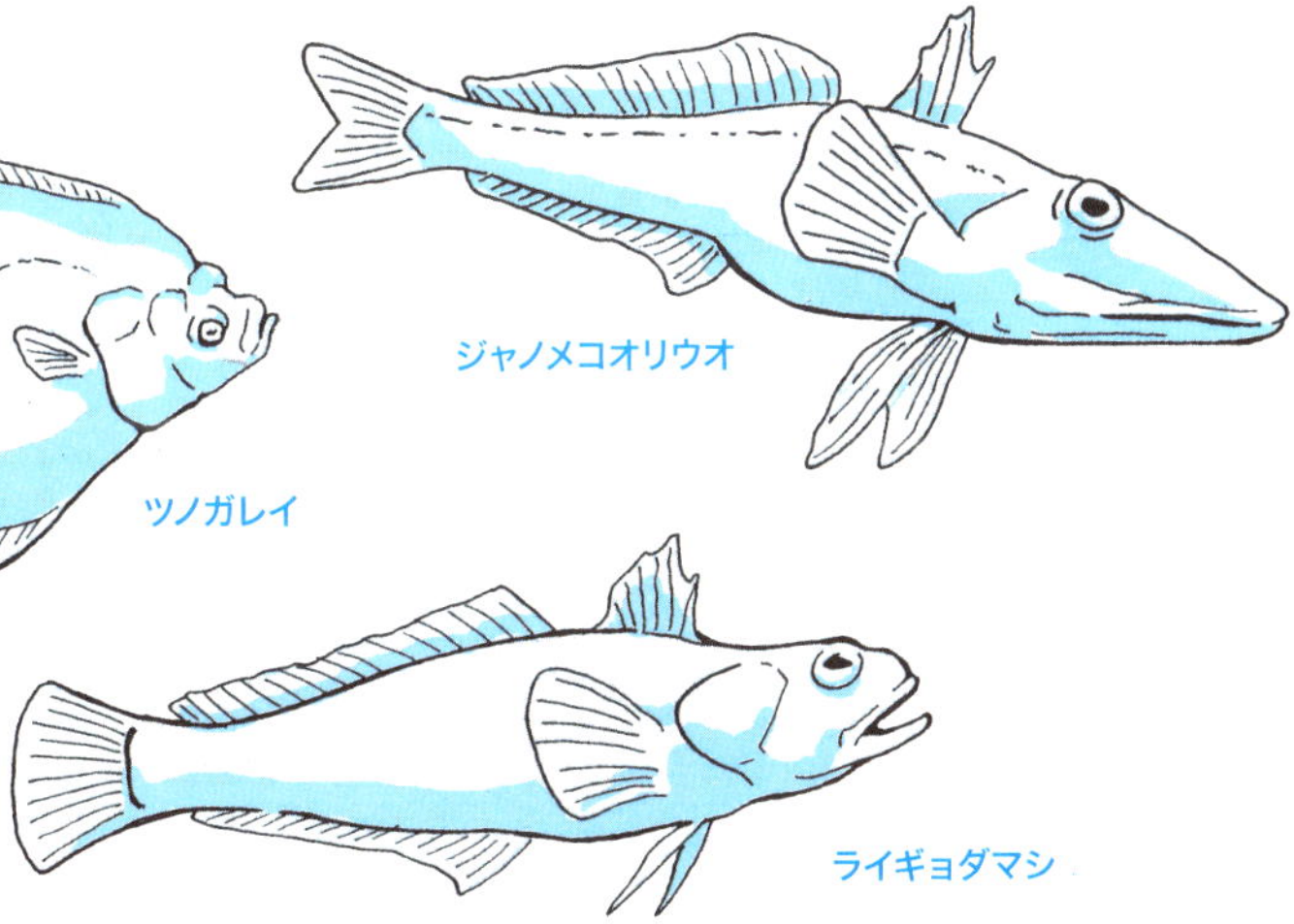

食べものを一切食べない動物

白っぽい管から赤いからだが出ている
すんでいるのは深海底

チューブワーム

チューブワームは、口や消化管などをもたず、食べものを一切食べません。そのかわり、多くの生きものにとって有毒である硫化水素という物質を、からだの表面からとり入れています。

からだのなかには硫化水素から栄養をつくり出す細菌がすみついているため、チューブワームはこの細菌がつくり出す栄養をもらって生きていると考えられています。

深い海の底には、地中深くで温められた熱水が噴き出ている熱水噴出孔や、冷たい水が湧き出している冷水湧出帯などがあります。そこには湧き出る水に含まれるさまざまな物質を求めて、多くの生きものがすみついています。硫化水素を求めてすみつくチューブワームもその一つです。細長い管の先端近くに羽織のようなかたちの器官をもっていることから「ハオリムシ」ともよばれています。

分類 ケヤリムシ目シボグリヌム科
全長 数十cm～200cm
分布 世界中
生息環境 熱水噴出孔や冷水湧出帯

からだの中身は単純な構造

からだの大部分はチューブ状の棲管《せいかん》のなかに入っていて、
えらだけを外に出してくらしている。口・消化官・肛門などをもたないので、
からだは単純なつくりでできている。

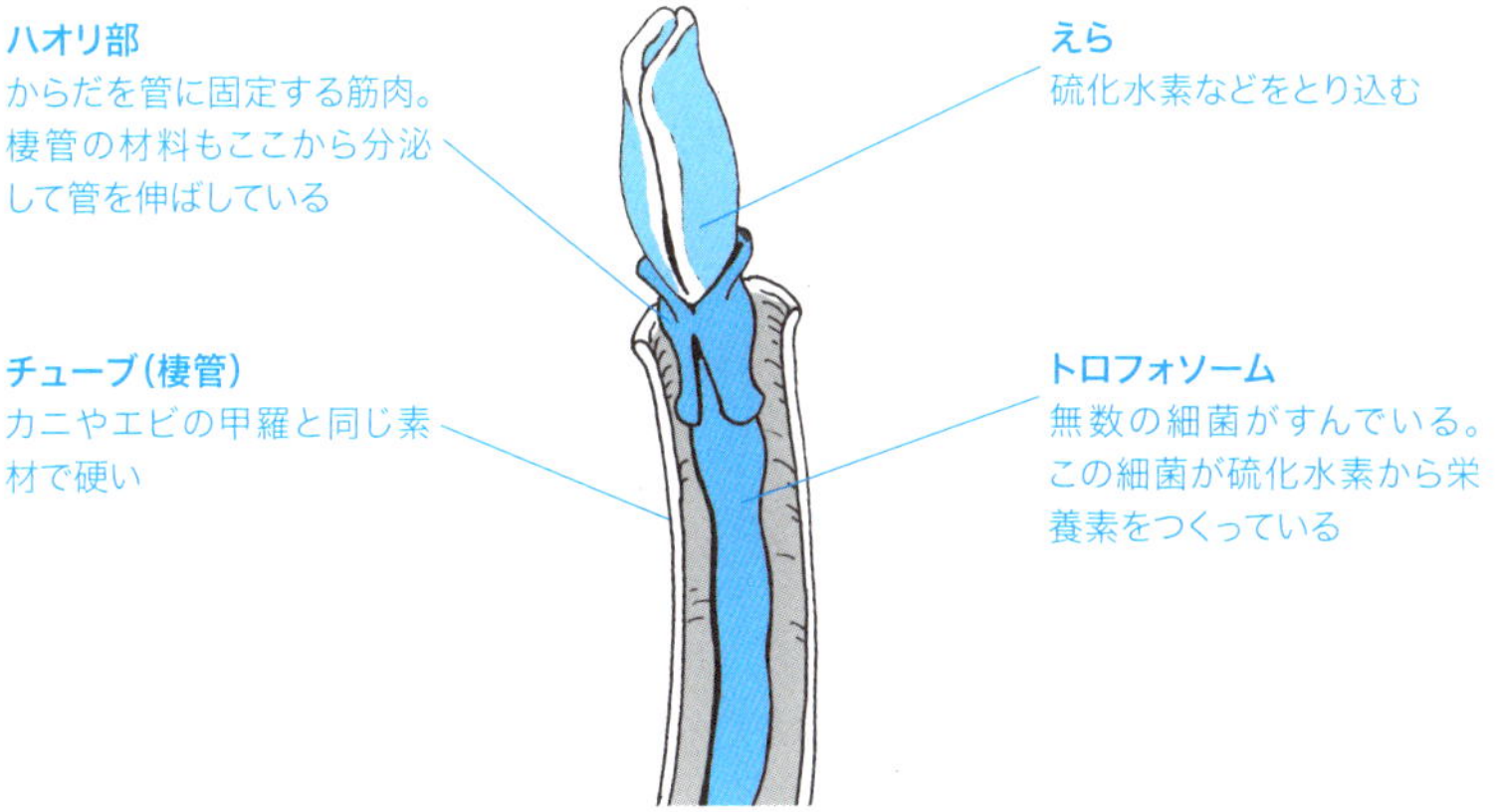

ハオリ部
からだを管に固定する筋肉。棲管の材料もここから分泌して管を伸ばしている
えら
硫化水素などをとり込む
チューブ（棲管）
カニやエビの甲羅と同じ素材で硬い
トロフォソーム
無数の細菌がすんでいる。この細菌が硫化水素から栄養素をつくっている

チューブワームがすむ世界の食物連鎖

地球上の多くの動物は、植物が太陽の光を用いてつくり出した栄養を利用して生きている。
一方、チューブワームは、太陽の光に関係せず、硫化水素から細菌が
つくり出した栄養を利用するという、ふつうの生きものとはまったく
かけ離れたシステムのなかで生きている。

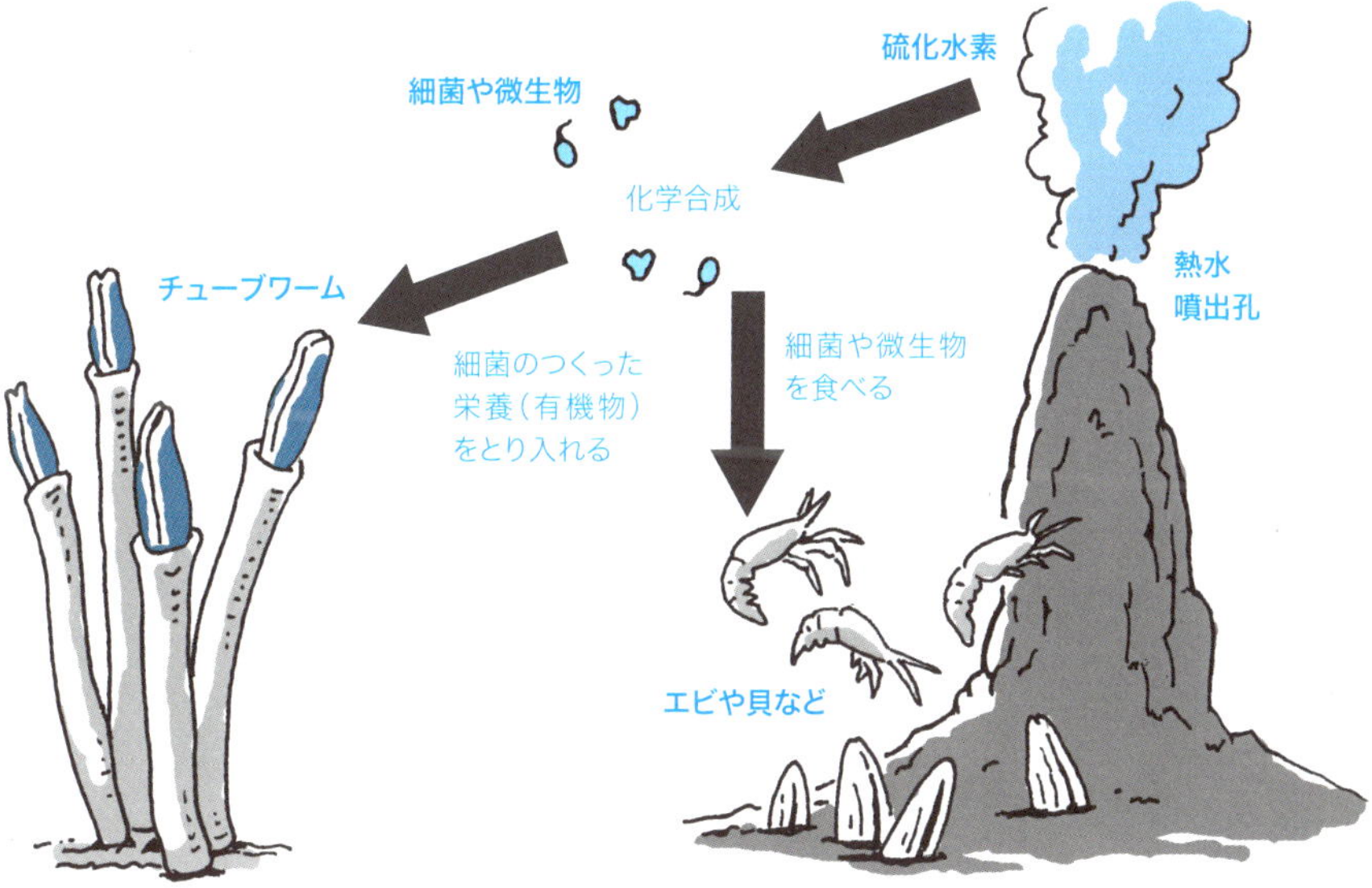

硫化水素
細菌や微生物
化学合成
熱水
噴出孔
チューブワーム
細菌のつくった栄養（有機物）をとり入れる
細菌や微生物を食べる
エビや貝など

二度と離れない！オスがメスに吸収される魚

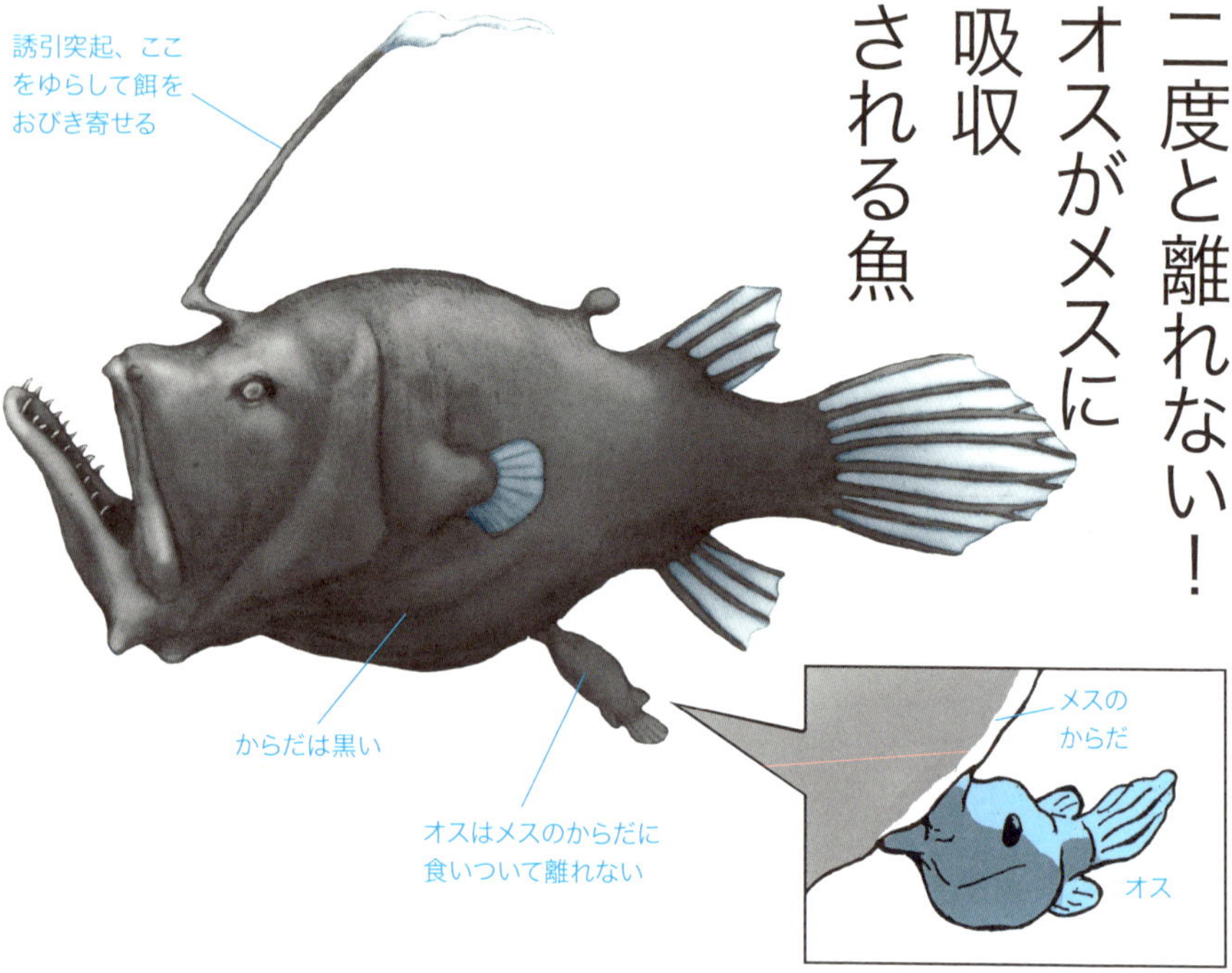
誘引突起、ここをゆらして餌をおびき寄せる
からだは黒い
オスはメスのからだに食いついて離れない
メスのからだ
オス

ミツクリエナガチョウチンアンコウ

魚の仲間には、オスとメスが著しく異なるかたちや色をしているものがいます。なかでも、深海にすむミツクリエナガチョウチンアンコウは、オスとメスが似ても似つかない格好をしており、さらにオスがメスと同化するという奇妙な夫婦生活を送ることで知られています。

この仲間のオスは、メスに比べて非常に小さく、体長はメスの5～10分の1ほどしかありません。オスはこの小さなからだでメスのからだに食いつき、メスに寄生しながらくらすのです。寄生したオスは体内の血管がメスの血管と完全につながり、目や口、消化器官などが退化します。そして、つながった血管から栄養分をもらって、精巣だけを発達させます。やがて受精して子孫を残し終えると、オスはメスのからだに吸収され、完全に同化してしまいます。ときには、1匹のメスに多くのオスがつくこともあるそうです。

分類 アンコウ目ミツクリエナガチョウチンアンコウ科
全長 最大44cm（メス）、7.5cm（オス）
分布 熱帯・亜熱帯域
生息環境 水深500～1250m

漂いながら光るホヤの群れ

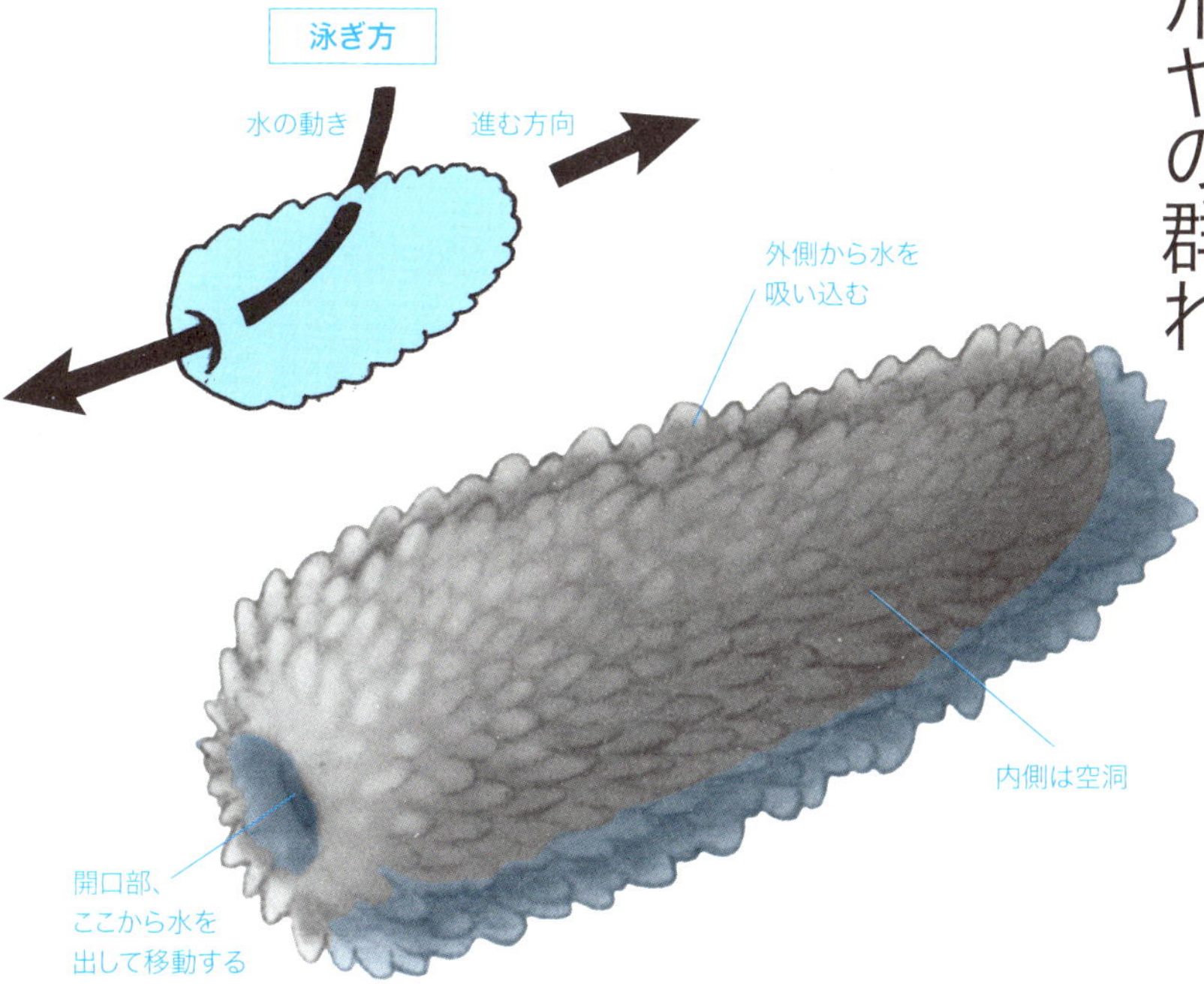
泳ぎ方
水の動き
進む方向
外側から水を吸い込む
内側は空洞
開口部、ここから水を出して移動する

ヒカリボヤ

ヒカリボヤは、海のなかを漂いながら生活している長さ十数cmほどの細長い筒状のプランクトンです。

このヒカリボヤは名前のとおり、からだのなかにもっている発光バクテリアの力で青緑色に光ることができます。おもに刺激を受けたときに光ることが多く、敵をおどかして身を守っているのではないかと考えられていますが、理由はよくわかっていません。

実はこのヒカリボヤのからだは、1匹の生きものではありません。わずか数mmの個体（個虫）が数十個、規則正しく連なることでつくられた群体です。それぞれの個虫は外側にある入水口という穴から水を吸い込み、筒の内側の共同排出腔という大きな空洞に出します。ヒカリボヤの群体は、共同排出腔に出された水を後ろ側にある小さな穴から海中に排出し、その力で海のなかをゆっくりと移動するのです。

分類 ヒカリボヤ目ヒカリボヤ科
全長 10〜20cm
分布 世界各地（北極と南極を除く）
生息環境 外洋

鉄製のうろこをもつ唯一の生きもの

ウロコフネタマガイ

からだを守るためにもつ硬い殻《から》やうろこの多くは、キチンという有機物やカルシウムなどからつくられています。しかし、金属でできたうろこをもつ唯一の生きものが2001年にはじめて発見されました。それがウロコフネタマガイです。

この仲間は、硫化鉄という鉄の化合物でできたよろいのようなうろこをもっています。この貝はうまく殻のなかに身を潜めることができないため、外敵などに襲われたときは、うろこをふたのようにして身を守っていると考えられています。ウロコフネタマガイの体内には、硫化水素を栄養に変える細菌がすんでいるため、栄養がほとんどない深海でも熱水噴出孔から出る硫化水素を栄養にして生きることができます。また、ふだんは酸素が少ない場所で生きていますが、酸素が混じっているふつうの海水で飼うと、鉄製のうろこがさびて死んでしまいます。

分類 ネオンファルス目ペルトスピラ科
全長 4・5cm
分布 インド洋
生息環境 深海の熱水噴出孔付近

白いウロコフネタマガイもいる

ウロコフネタマガイは熱水噴出孔に群れでくらしている。

高温高圧という過酷《かこく》な環境で、ふつうの生物にとっては毒になる硫化水素を栄養にして生きている。殻に硫化鉄を含まないために色が白くなってるものも近年発見されたが、遺伝的な種類としては黒いものと同じ種類。

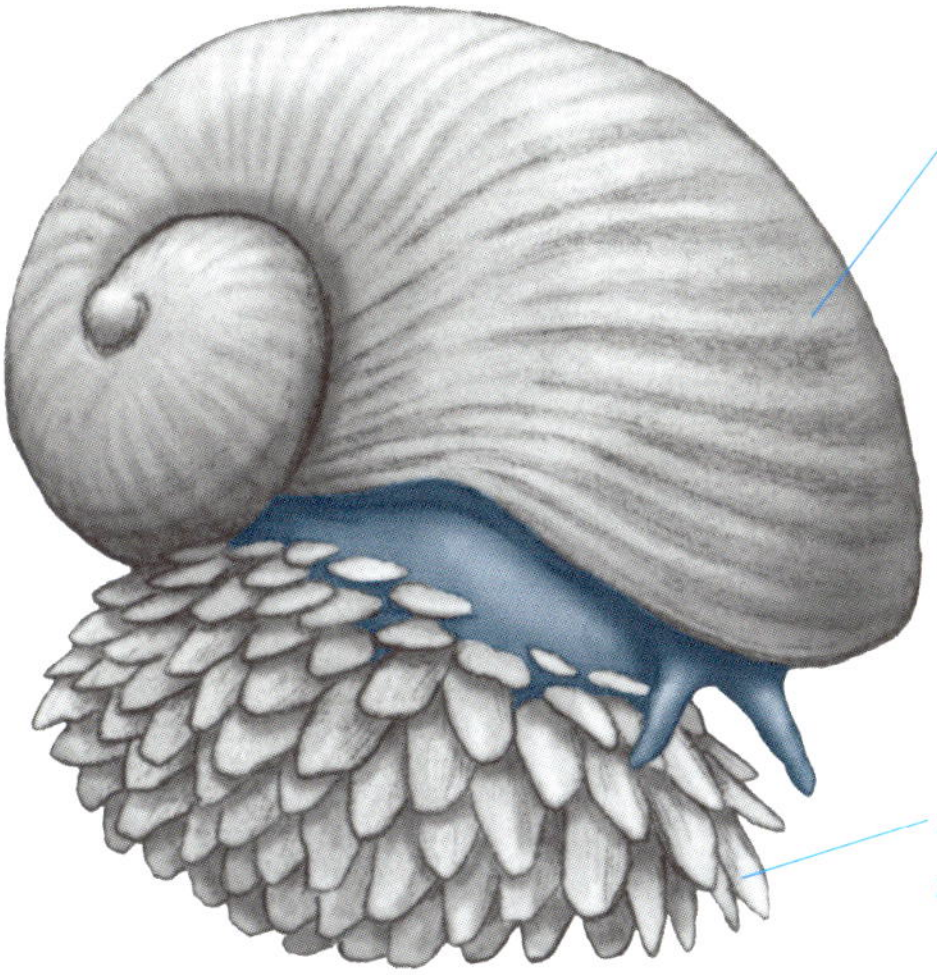
殻も白い
うろこが白い。この白いうろこは、鉄を含んでいる黒いものよりも硬いといわれている

身を守る方法

ウロコフネタマガイはほかの巻貝のようにからだを貝殻のなかに入れることができない。一般的に巻貝がもっているふたも小さいため、うろこをふたのようにしてからだを覆い、身を守っている。

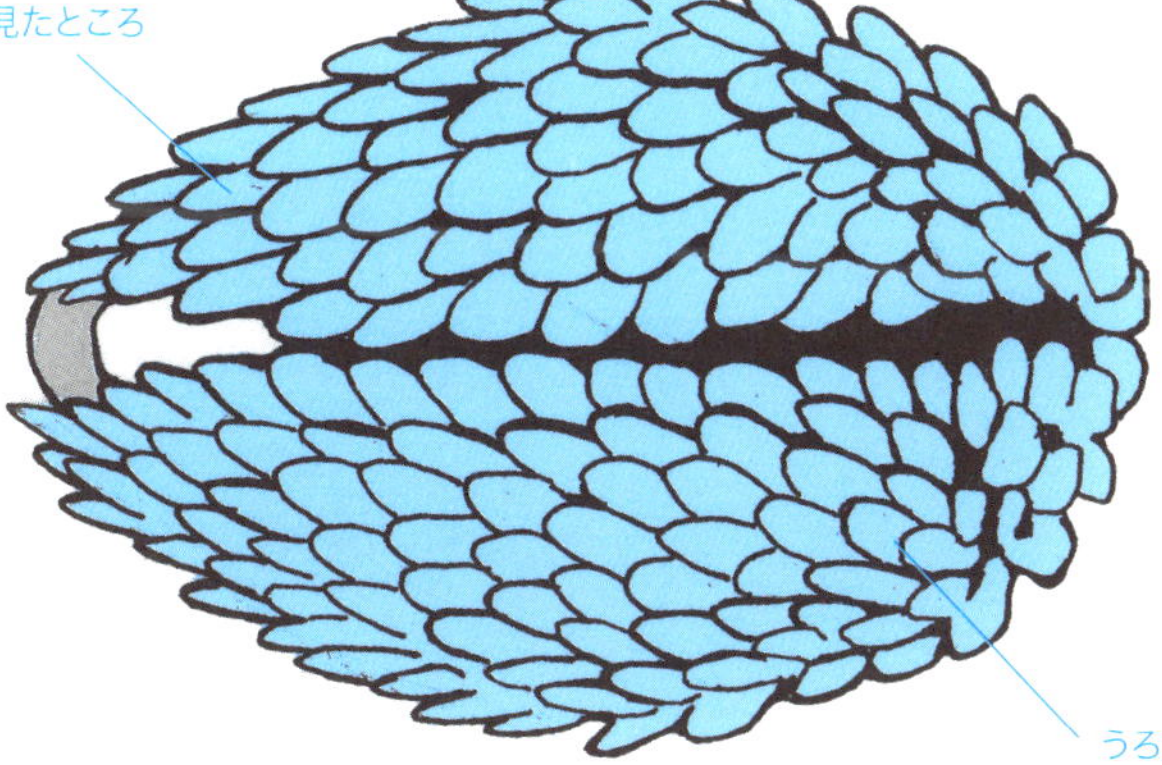
からだを下から見たところ
うろこでからだを覆う

もっとも視力がいい魚

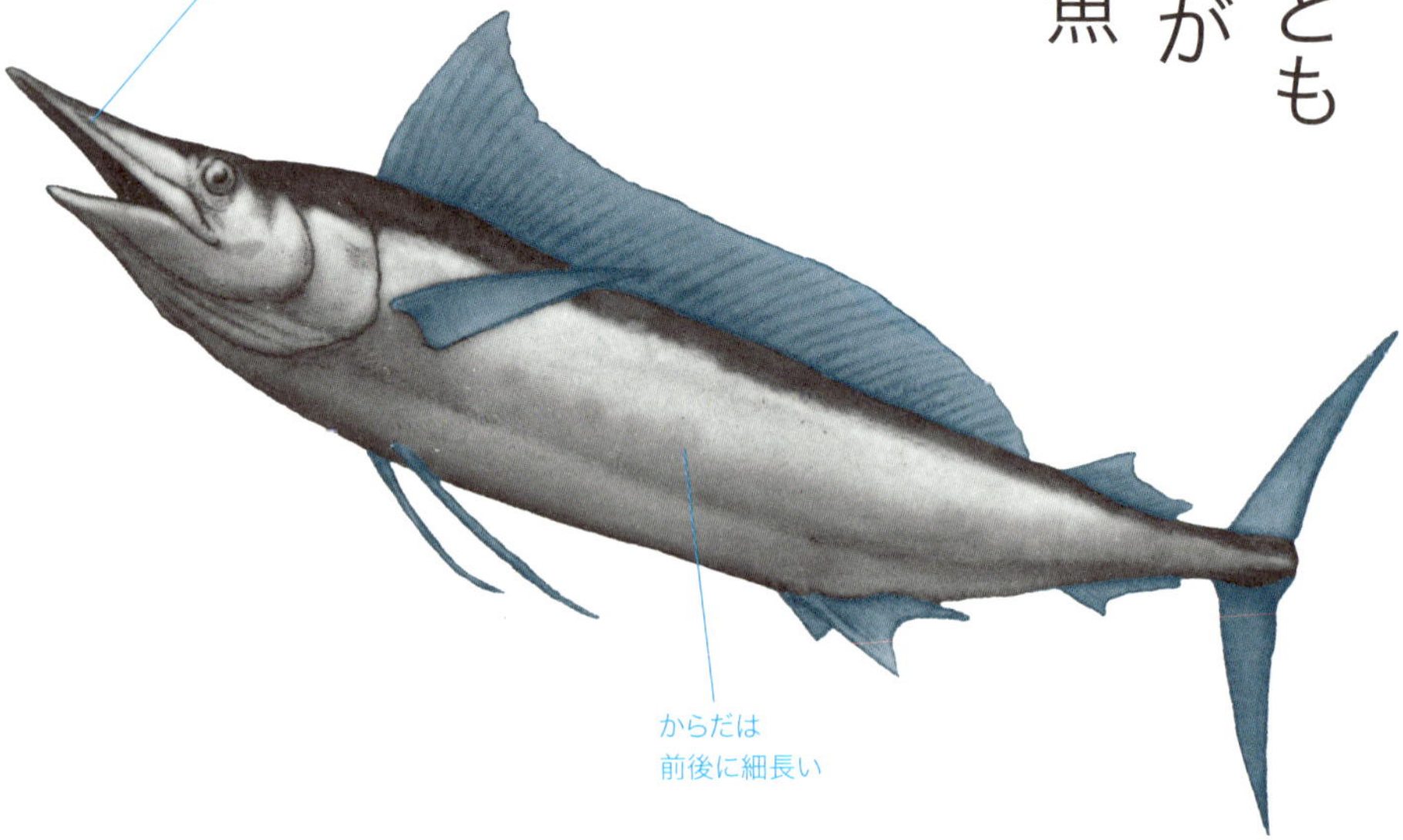

カジキの仲間としては
口先が短い
からだは
前後に細長い

フウライカジキ

フウライカジキは、外洋性の小型のカジキで、サンマに似ていることからサンマカジキとよばれることもあります。この魚は、魚のなかでも視力が非常に優れていることでも知られています。

海の表層を泳ぐ大型魚は、一般的に底層魚よりも視力がいいといわれます。ある研究では、フウライカジキはとくに視力が優れており、0・56ぐらいの視力をもっていることがわかりました。魚以外ではコウイカが0・89の視力をもっていることもわかっています。また、どれくらいはっきり見えるかという視力に対して、どれくらい短い時間の光に対して反応できるかという動体視力を調べた研究結果もあります。それによると、淡水域にすむブルーギルにはヒトが認識できる55分の1という短い点滅時間の光が認識できたそうです。これは、高速度カメラ並みの処理速度だということです。

分類　スズキ目マカジキ科
全長　2m
分布　本州中部以南、インド洋と太平洋の熱帯・亜熱帯域
生息環境　外洋の表層

生きものによって視力はさまざま

フウライカジキなど大型の魚の視力は0.3 ～0.5 ほどで、
沿岸にすむ魚は0.1 程度といわれている。水中にすむ生きものと陸上とでは
目のつくりも異なるが、魚の視力は基本的にあまりよくない。

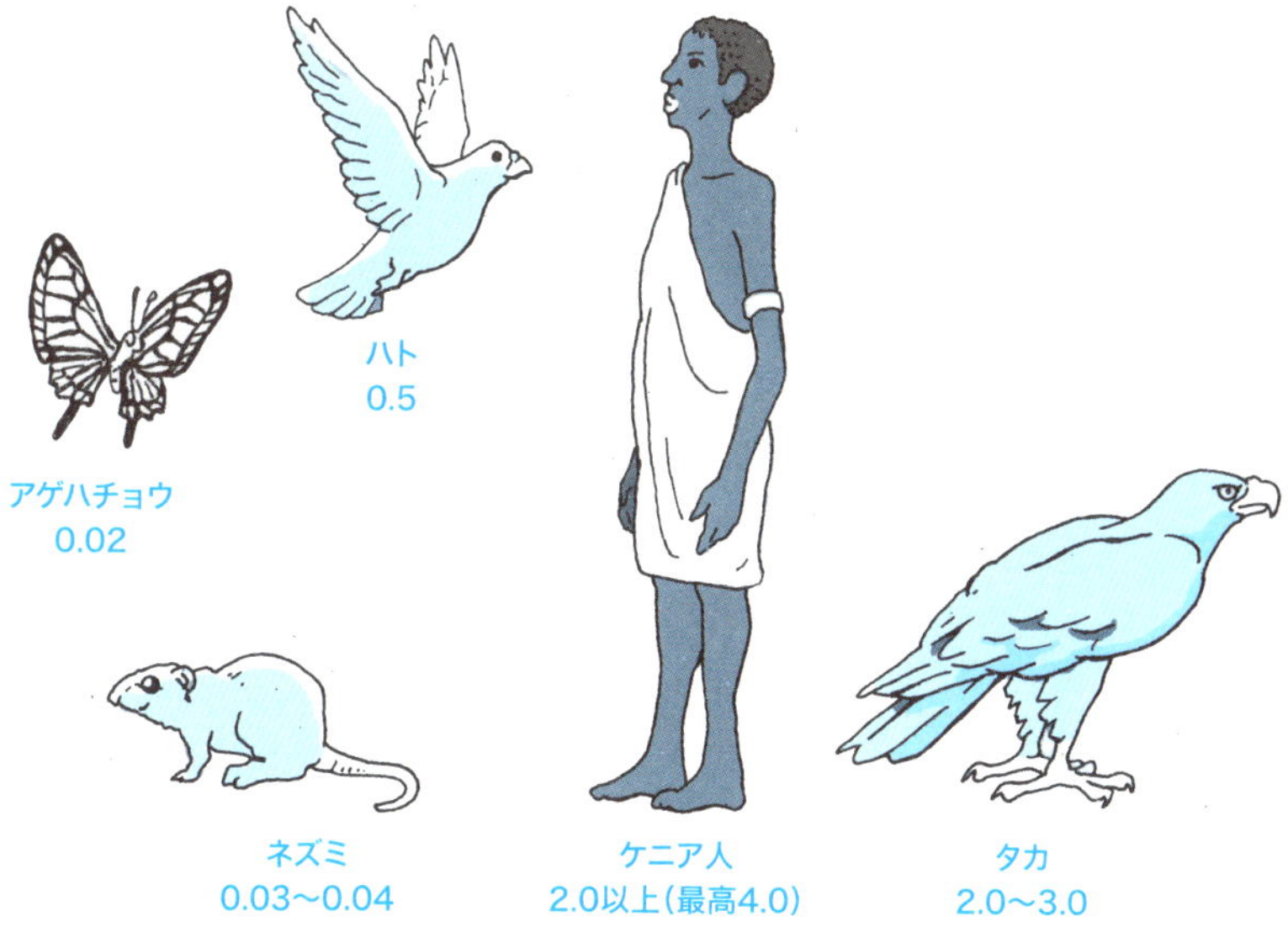

動体視力は優れている

ヒトの目だと0.05 ～0.1 秒より速い速度で点滅する光は、
連続して点灯しているように見える。一方、ブルーギルはこの55倍という
速さで点滅している光も識別できる。

点滅する光で会話をする魚

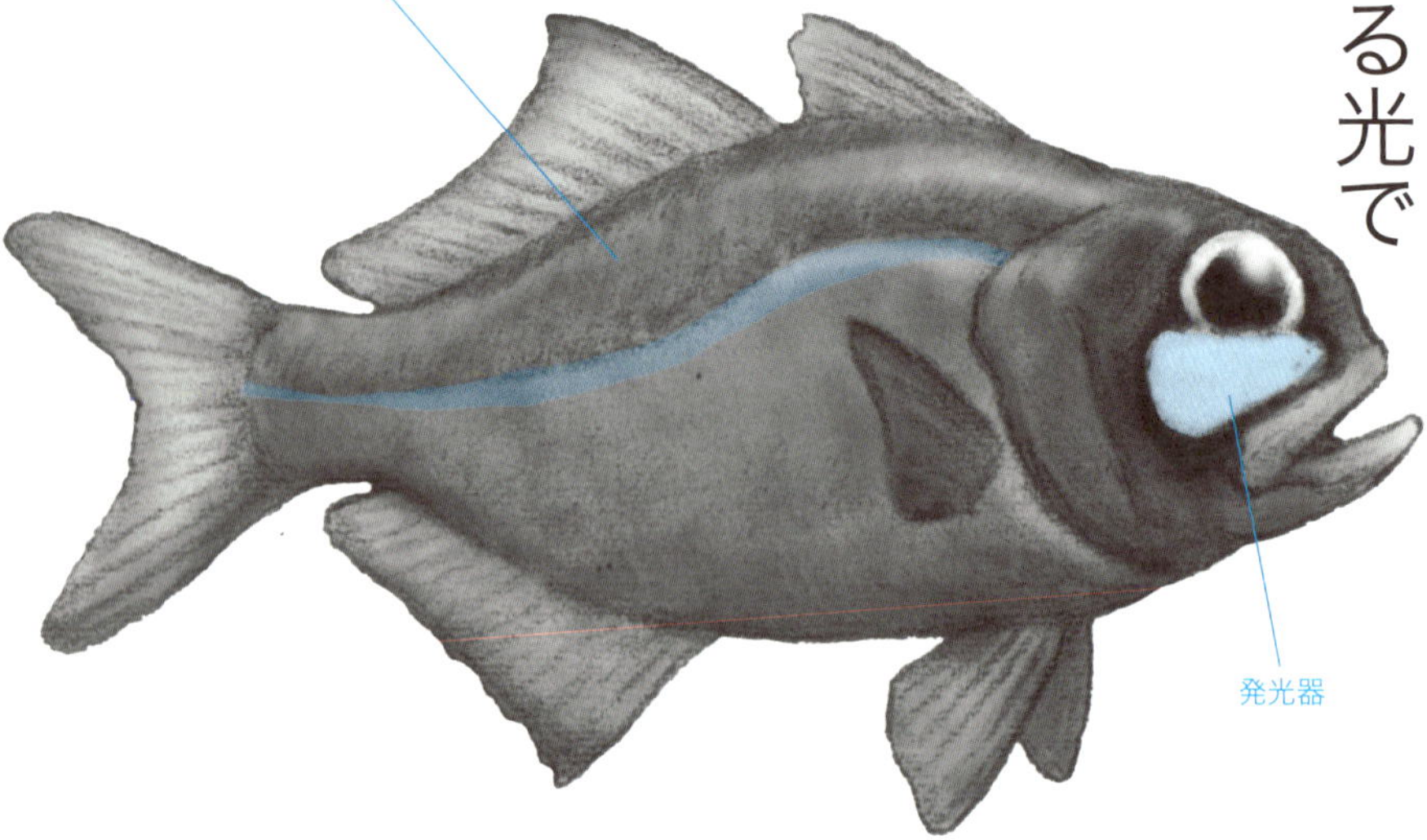

ヒカリキンメダイ

ヒカリキンメダイは、目の下に暗闇で光る発光器をもつ魚です。光る魚として有名なチョウチンアンコウが自分で発光物質をつくっているのに対して、ヒカリキンメダイは発光器のなかに発光バクテリアをとり込むことで発光しています。

発光器は楕円形をしていて、ふだんは黄白色の光る面を外側に向けてついていますが、発光器そのものを回転させ、裏側の黒色の面を外側に出すことで、光を細かく点滅させることができます。光を点滅させる理由はよくわかっていませんが、仲間どうしでコミュニケーションをとっているという説もあります。

同じ仲間のオオヒカリキンメは発光器を動かすことができません。そのかわりシャッターのような黒い膜を動かすことで光を点滅させせます。どちらも昼間は岩陰などの暗い場所に潜み、夜に活動しながら動物プランクトンなどを食べます。

分類	キンメダイ目ヒカリキンメダイ科
全長	30cm
分布	千葉県以南、インド洋・太平洋
生息環境	暖かく浅い海

光の使い方

群れでくらしていることが知られているヒカリキンメダイは、暗い場所でお互いに発光器を点滅させて、コミュニケーションを図っていると考えられている。

発光の正体はバクテリア

発光するバクテリアを発光器のなかにとり入れ、そこで繁殖させて光らせている。ヒカリキンメダイ自体が光ることはできない。

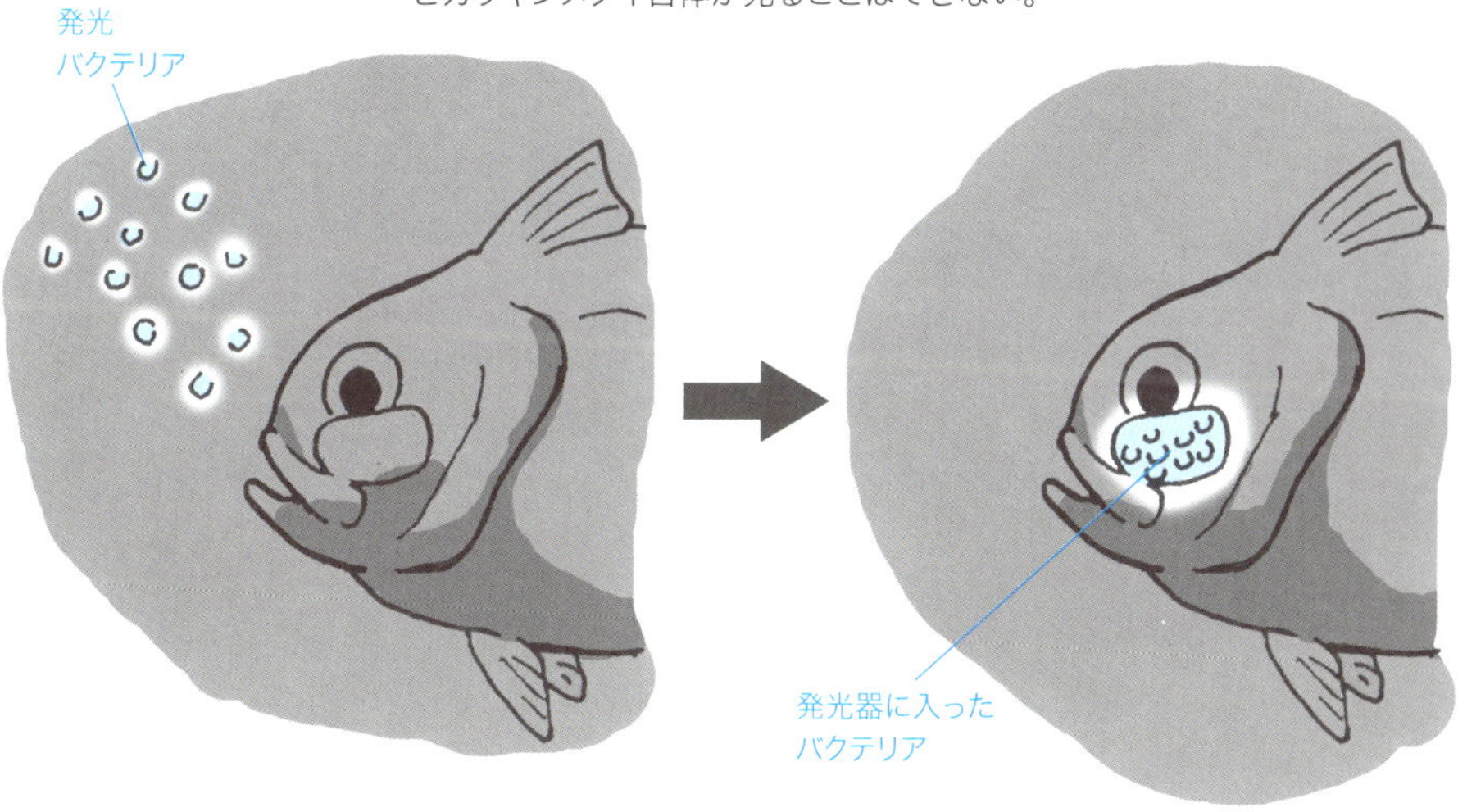

なぜか下あごだけを光らせる魚

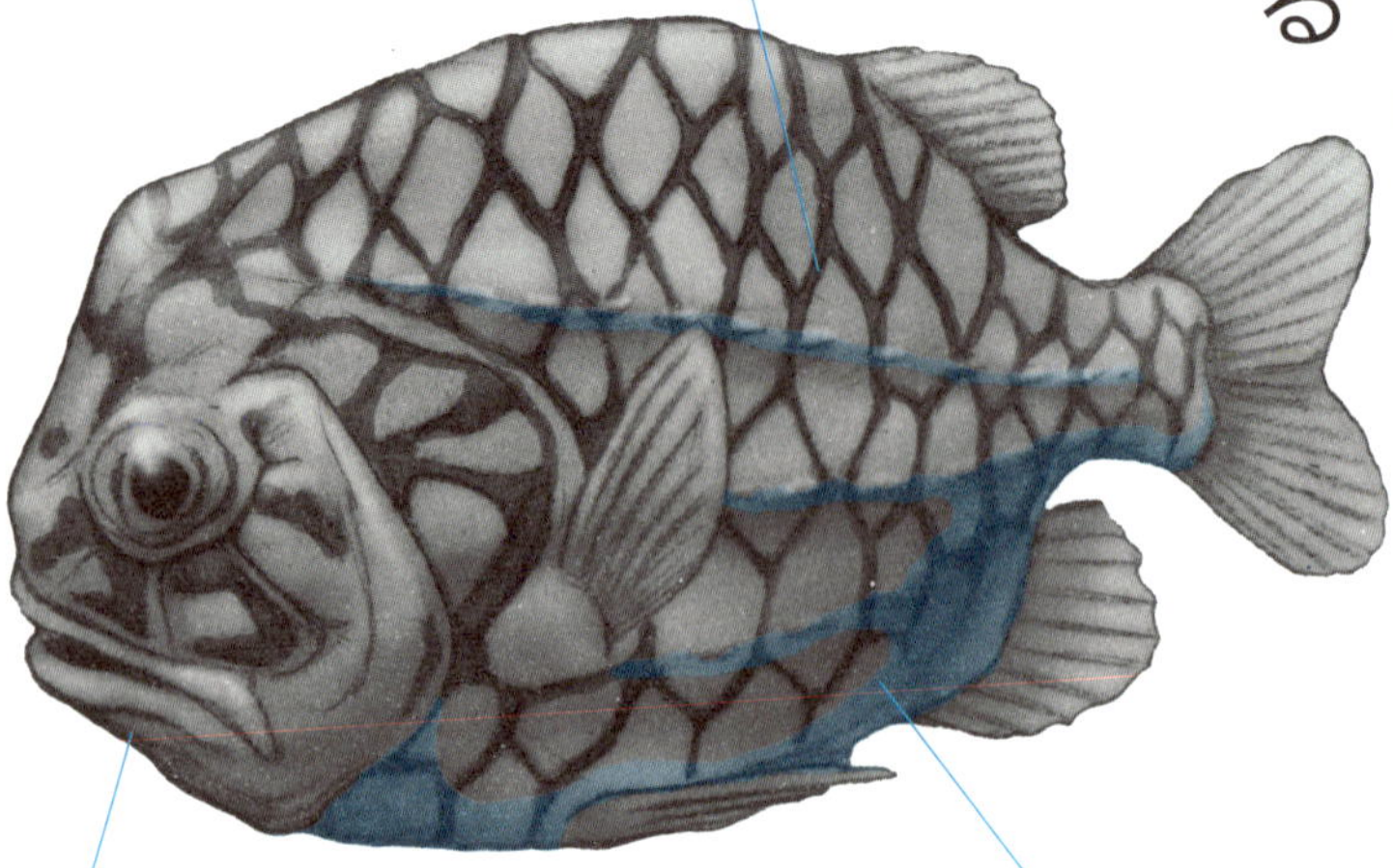
からだは
でこぼこしている
発光器
からだは薄い黄色

マツカサウオ

マツカサウオの仲間は、ヒカリキンメダイ（P.148〜149）などと同じように、発光バクテリアによって発光することで知られています。

マツカサウオの場合、発光器は下あごにあります。この部分に発光バクテリアをとり込み、繁殖させることで発光しているのです。ただし、光はヒカリキンメダイよりもやや弱く、バクテリアをどのようにとり込んでいるのかは、よくわかっていません。

また、発光の理由も研究されていますが、まだはっきりとした結論は出ていません。いまだに謎の多い魚です。

マツカサウオは、からだ全体が非常に硬いうろこに覆われており、その姿が松かさ（松ぼっくり）のように見えることから名づけられました。その見た目から、「ヨロイウオ」とよばれることもあります。

分類 キンメダイ目マツカサウオ科
全長 最大15cm
分布 北海道以南、インド洋
生息環境 やや深い岩礁

七色に輝く海の宝石

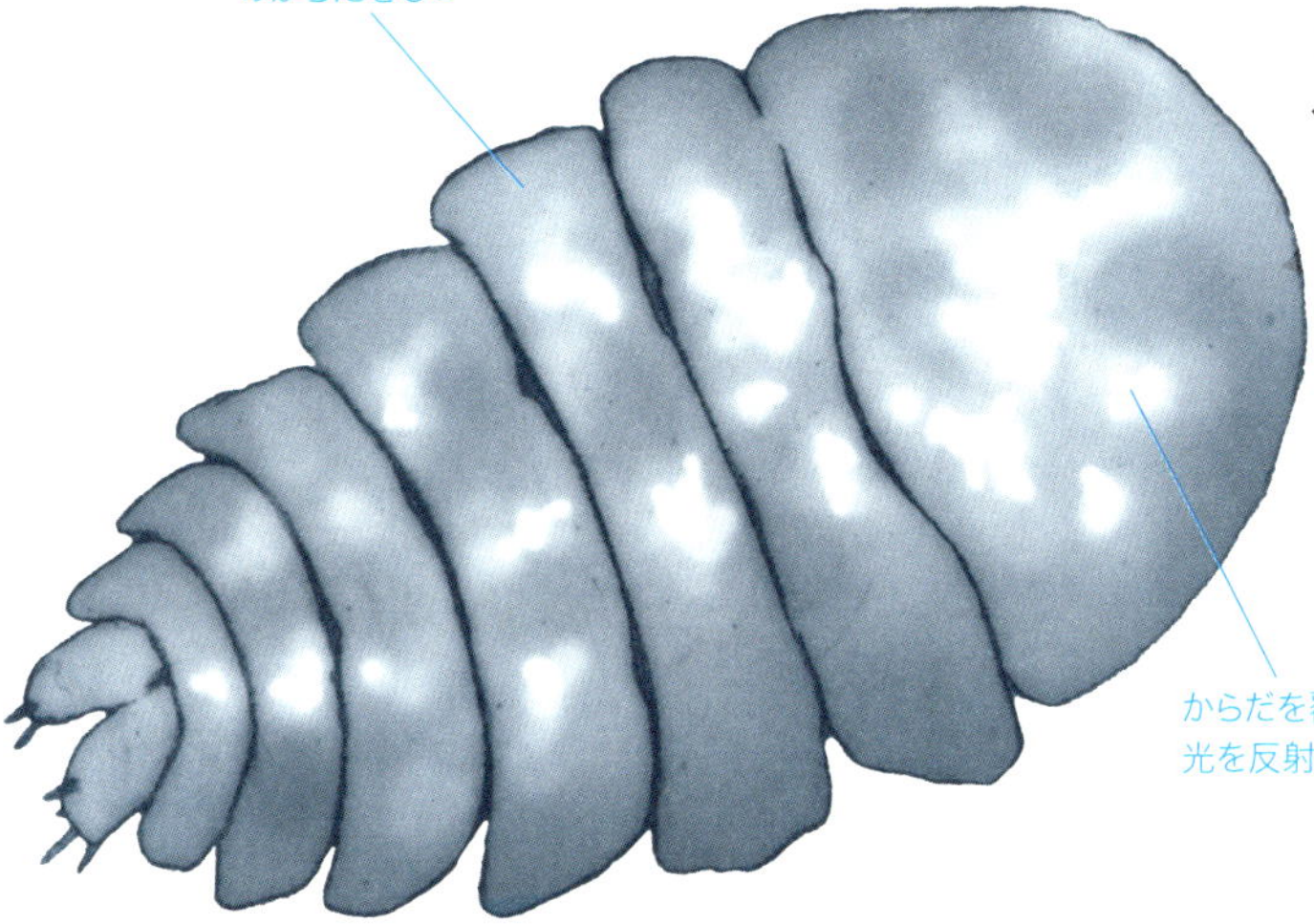
輝くのはオスのみで、メスは半透明のからだをもつ
からだを覆う甲らが光を反射する

サフィリナ・アングスタ

サフィリナ・アングスタという生きものは、虹色に輝いて見える非常に美しいプランクトンです。しかし自分から発光しているわけではありません。

サフィリナ・アングスタのオスの甲らは、結晶体※がいくつも重なってできています。この結晶体は光をよく反射するため、オスのからだは光が当たると宝石のように七色に輝いて見えるのです。なかには海中に入った光に対して背面を45度傾けると青色の光を紫外光に変え、人間の目には見えなくなる種類もいます。その美しさのため、「海の宝石」ともよばれることもあります。

サフィリナ・アングスタはカイアシ類の仲間です。カイアシ類は、ケンミジンコともよばれ、世界中の海に生息しています。多くは海中でプランクトンとして漂いながら生活していますが、なかには魚などに寄生して生活するものもいます。

分類……ポエキストロム目サフィリナ科
全長……3〜4㎜
分布……世界各地（北極・南極を除く）
生息環境……外洋

※無数の結晶が集まってできた物質。

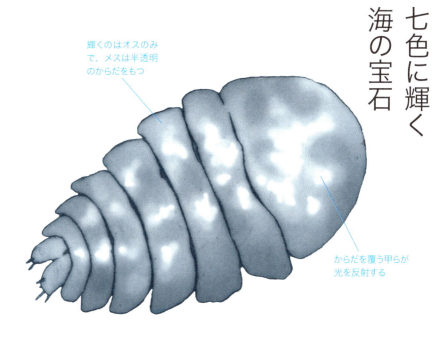

全身を光らせる臆病なイカ

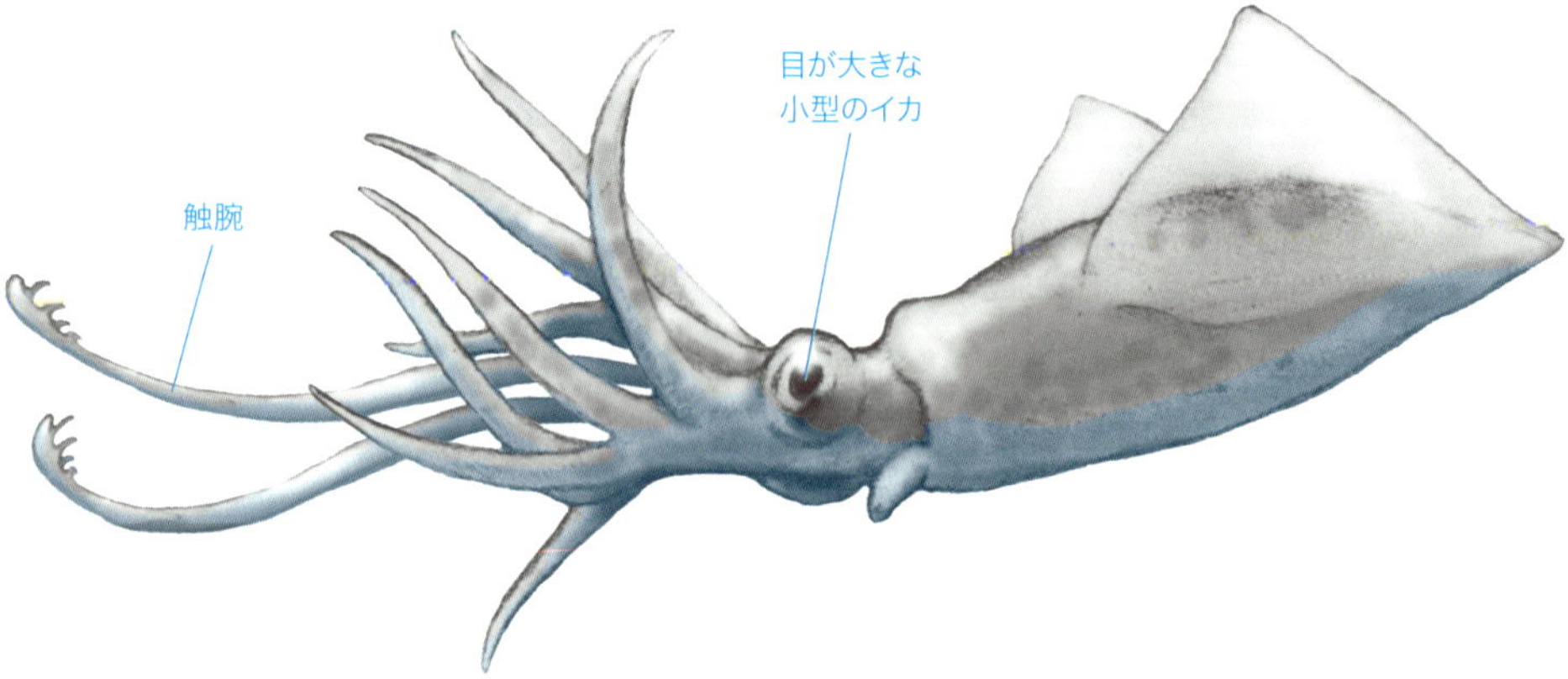

ホタルイカ

ホタルイカは、私たちにとってもっとも身近な、光る生きものの一つです。

水面近くを泳ぐホタルイカはおもにからだの下側を光らせます。水面から届く太陽の光に姿がとけ込み、下から見上げたときに影が消えて見つかりにくくなるためです。このようにして、より深い場所にいる敵から逃れているのです。これを「カウンターシェーディング」といいます。

また、身の危険を感じたときには触手の先にある発光器を光らせ、相手が驚いている間に逃げて身を守ります。どのようにして光っているのかはよくわかっていませんが、「ルシフェリン」という物質が関係していると考えられています。

ホタルイカは英語でも「ファイアフライ・スクイッド（蛍のイカ）」とよばれています。日本では春の味覚として広く食用にされており、とくに富山湾では名物となっています。

分類 ツツイカ目ホタルイカモドキ科

全長 4～6cm

分布 日本海・熊野灘以北の太平洋岸、北西太平洋

生息環境 水深200～700mの深海

暗闇で光る

大きな発光器は刺激を受けると光るしくみをもっている。小さな発光器はひれを除いた全身に700 ～1000個もあるが、泳ぐときの海面側にはほとんどなく、海底側に集中している。ホタルイカの青白い光は熱をもたない「冷光」ともよばれている。

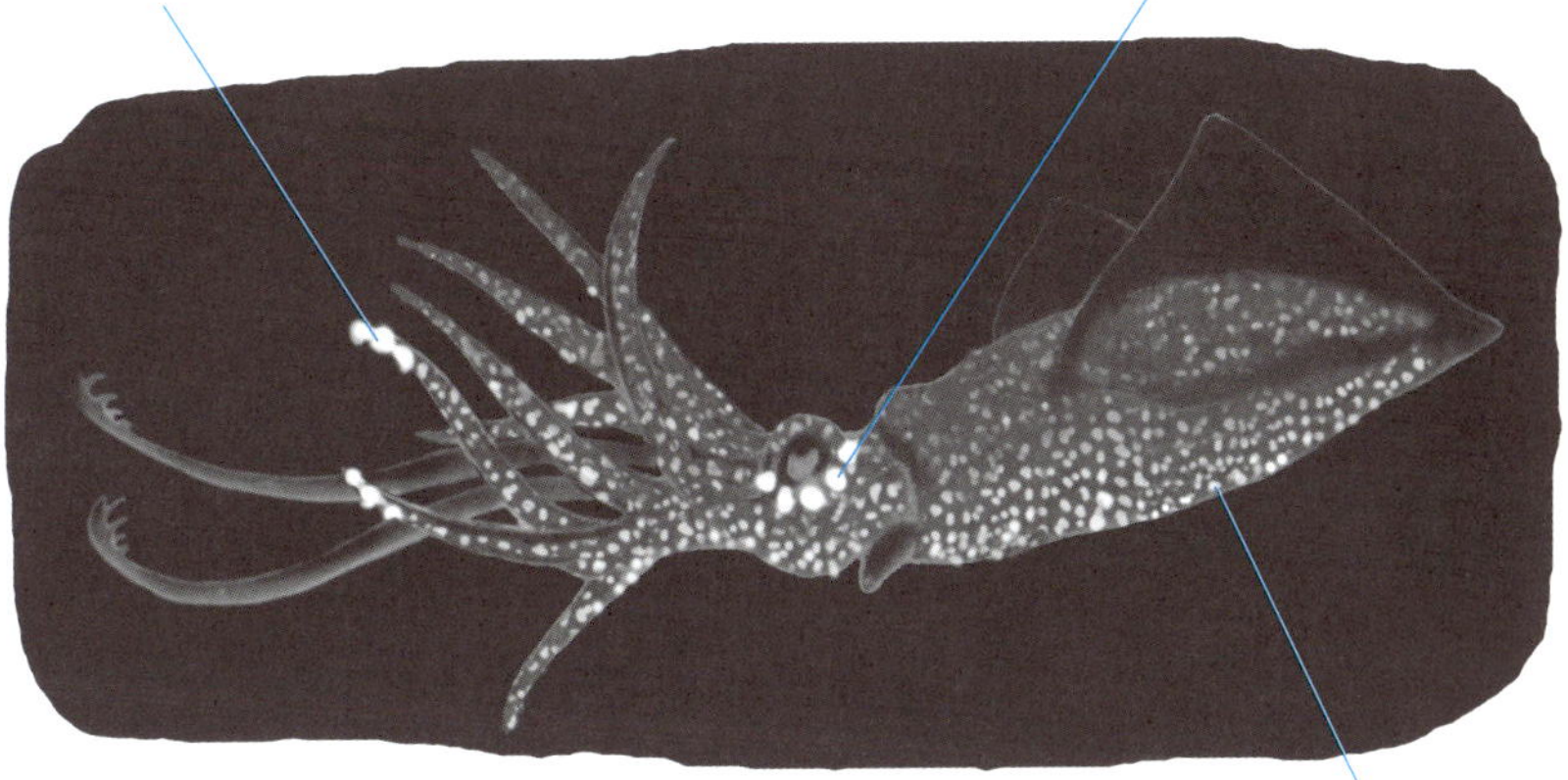

一対の腕の先には
大きな発光器が3個ある
目のまわりには大きな
発光器が5個ある
小さな発光器

光るには理由がある

急に光ることで天敵を驚かせて逃げる役割や、深い場所から見上げたときに海面から降り注ぐ光と同化して気づかれないようにする役割もある。

急に光る
ホタルイカ
驚く魚

からだの下側を
光らせる
ホタルイカ
?
気づかない魚

からだを半分だけ眠らせて泳ぎ続ける

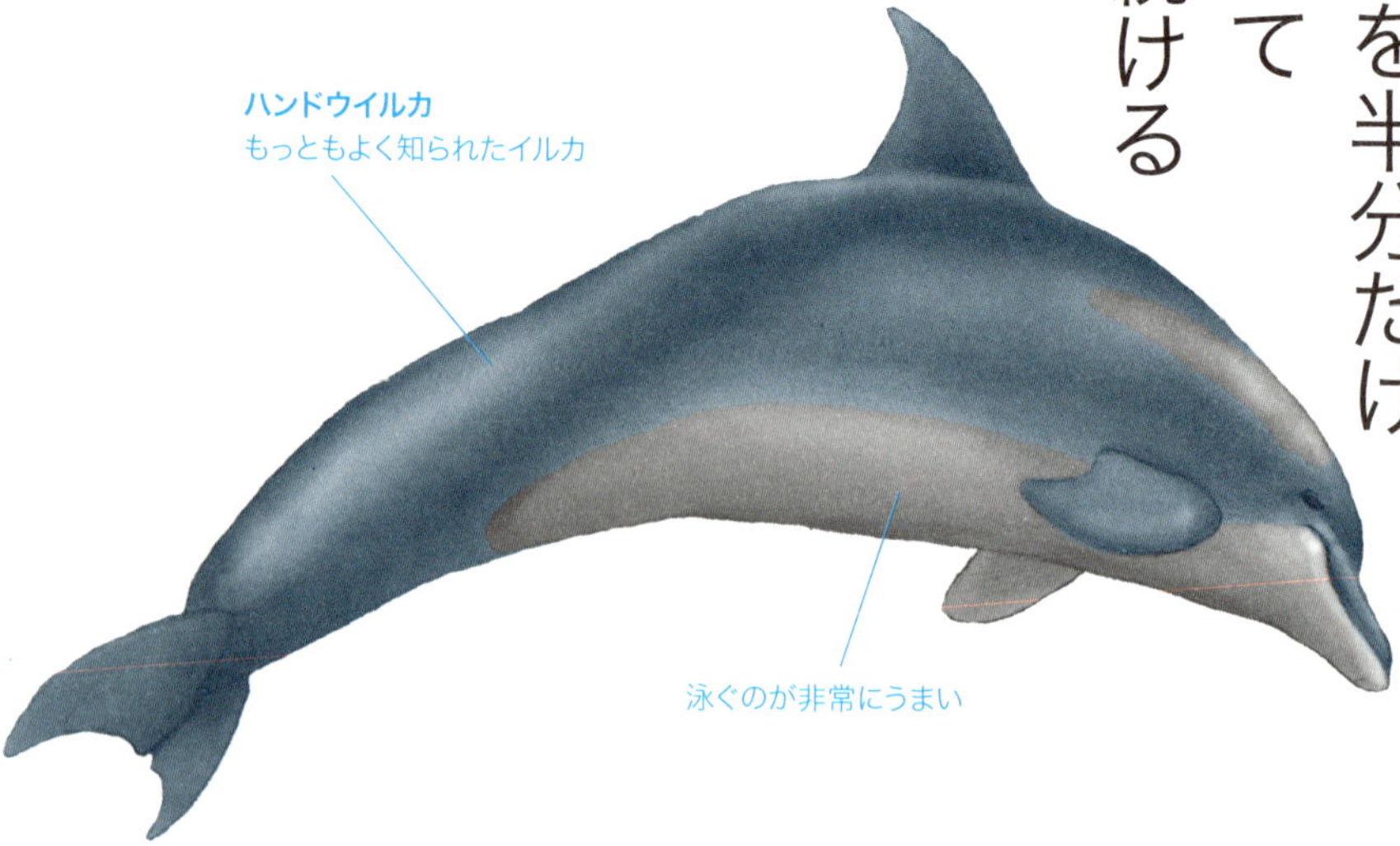
ハンドウイルカ
もっともよく知られたイルカ
泳ぐのが非常にうまい

イルカ

ほ乳類であるイルカの仲間は、陸上に上がることができないため、水中で眠ります。もちろん水族館などで飼育されているイルカも同様です。

水族館でイルカをよく観察していると、片目だけ閉じてあまり動かずに、ゆっくりと泳いでいることがあります。実はこのとき、イルカは眠っているのです。

私たちは眠るときに両目を閉じ、脳全体が休眠状態になります。ところが、イルカは脳の左半分と右半分を別々に休眠させることができます。からだの半分だけを眠らせ、残りの半分を起きた状態にさせることができるのです。開いている目は起きている状態で、閉じている目は眠っている状態というわけです。このような睡眠方法を「半球睡眠」といいます。

半球睡眠は、巣や寝床をもたないイルカが、眠っている間も周囲を警戒し、敵から身を守るために役立っています。

分類……偶蹄目ハクジラ亜目
全長……1・5〜4m
分布……世界中
生息環境……海上（一部は河川）

いろいろなイルカ

ハクジラ（歯をもつクジラ）の仲間のうち、比較的小型（一般的には4m以下）のものをイルカという。ハクジラとイルカの分類学上の違いはない。

もちろんどのイルカもずっと水中でくらすので、半球睡眠をおこなう。

イロワケイルカ
1.7〜2.3m

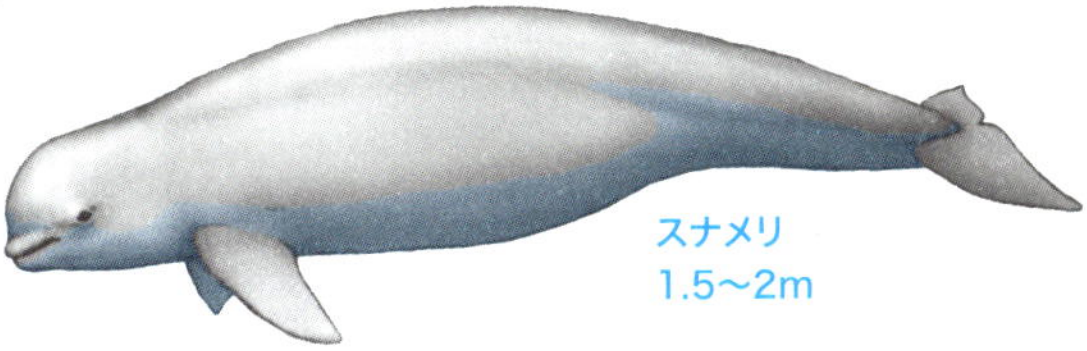

スナメリ
1.5〜2m

カマイルカ
2.5m

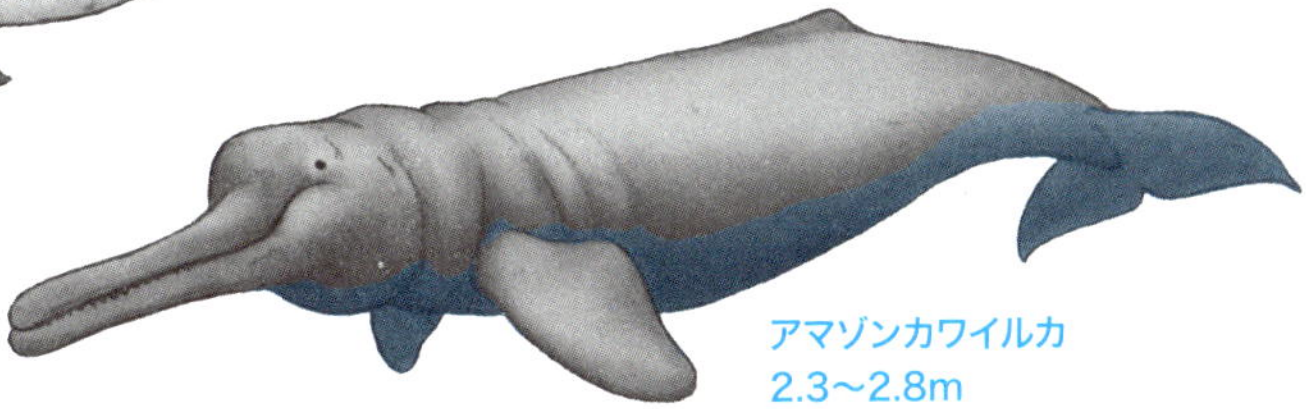

アマゾンカワイルカ
2.3〜2.8m

ほかの半球睡眠をする生きもの

イルカのほかに、カモメなどの渡り鳥も半球睡眠をすることで知られている。半球睡眠をしながら、陸から離れた海の上を飛び続ける。また、カモメは地上に降りたときには左右の脳をともに眠らせることもできる。

海に沈みながら眠るアザラシ

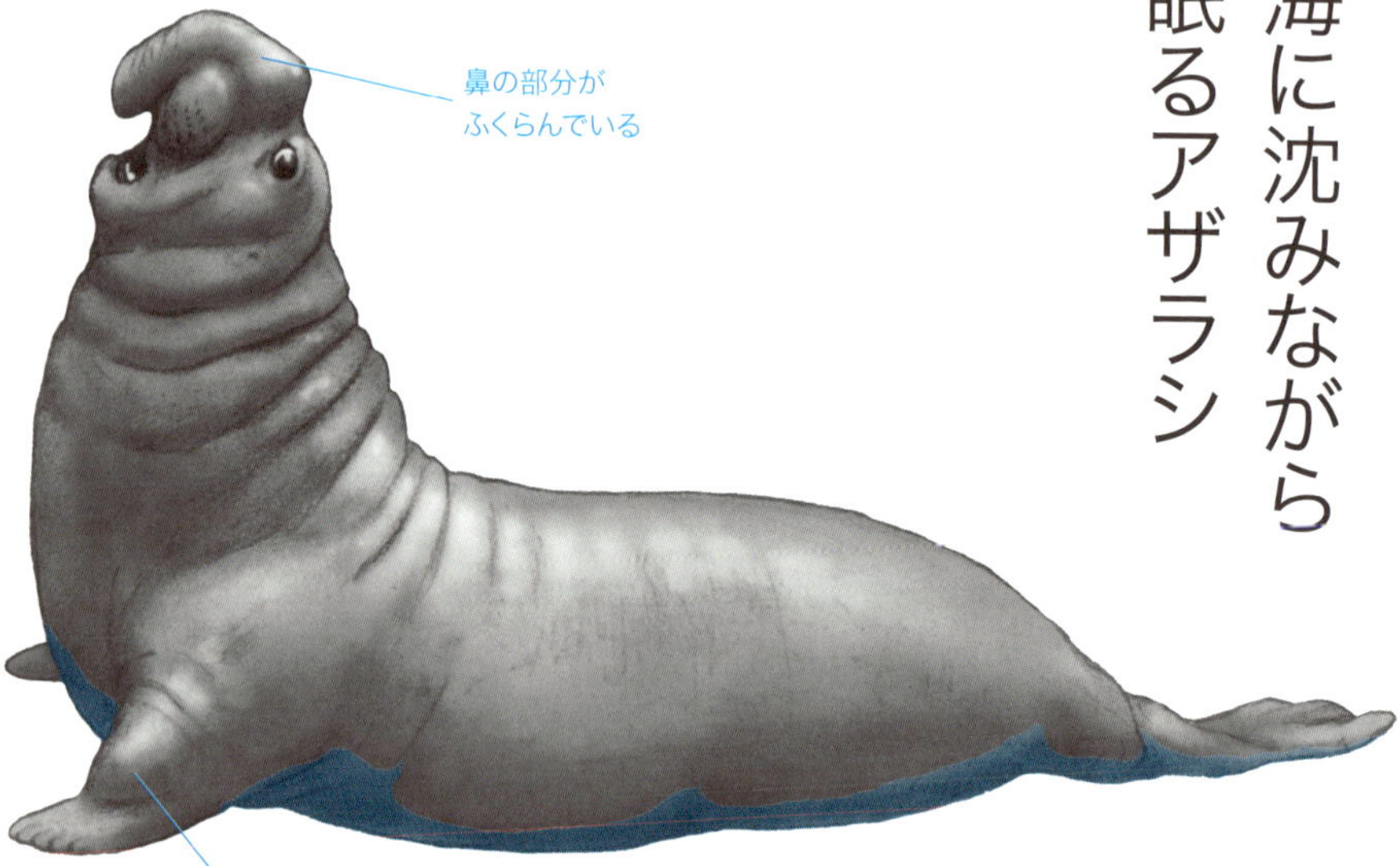
鼻の部分がふくらんでいる
人よりも早く走ることができる

キタゾウアザラシ

キタゾウアザラシは、アザラシのなかでもっともからだが大きい種類の一つです。鼻の部分が大きくふくらんでいてゾウのようにも見えることから「ゾウアザラシ」という名がつきました。

この仲間は2〜8ヶ月の間海に出たまま、まったく陸上に上がらずに回遊することがあります。その間、ずっと海のなかにいるため、回遊中は水深約150mで仰向けになり、落ち葉のようにゆっくりゆれて沈みながら眠ります。

ふだんから泳ぎが非常に得意なアザラシで、深海まで潜ってイカやタコ、魚などを捕らえて食べます。ときには小さなサメなどを食べることもあります。

1頭のオスが多くのメスを率いてハーレムをつくる一夫多妻制で、メスは体重が約650kgであるのに対して、オスは約1800kgと非常に大きくなることが知られています。

分類　食肉目アザラシ科
全長　250cm（メス）、380cm（オス）
分布　北アメリカ西岸
生息環境　沿岸部

一夫多妻制のハーレムをつくる

繁殖期になると、オスはより多くのメスを得るために争いを重ね、
メスを40 ～50 頭も集めたハーレムを形成する。この仲間は生涯のほとんどを海でくらすが、
そのなかのわずかな陸上生活も、生き延びて子孫を残すのに必死。

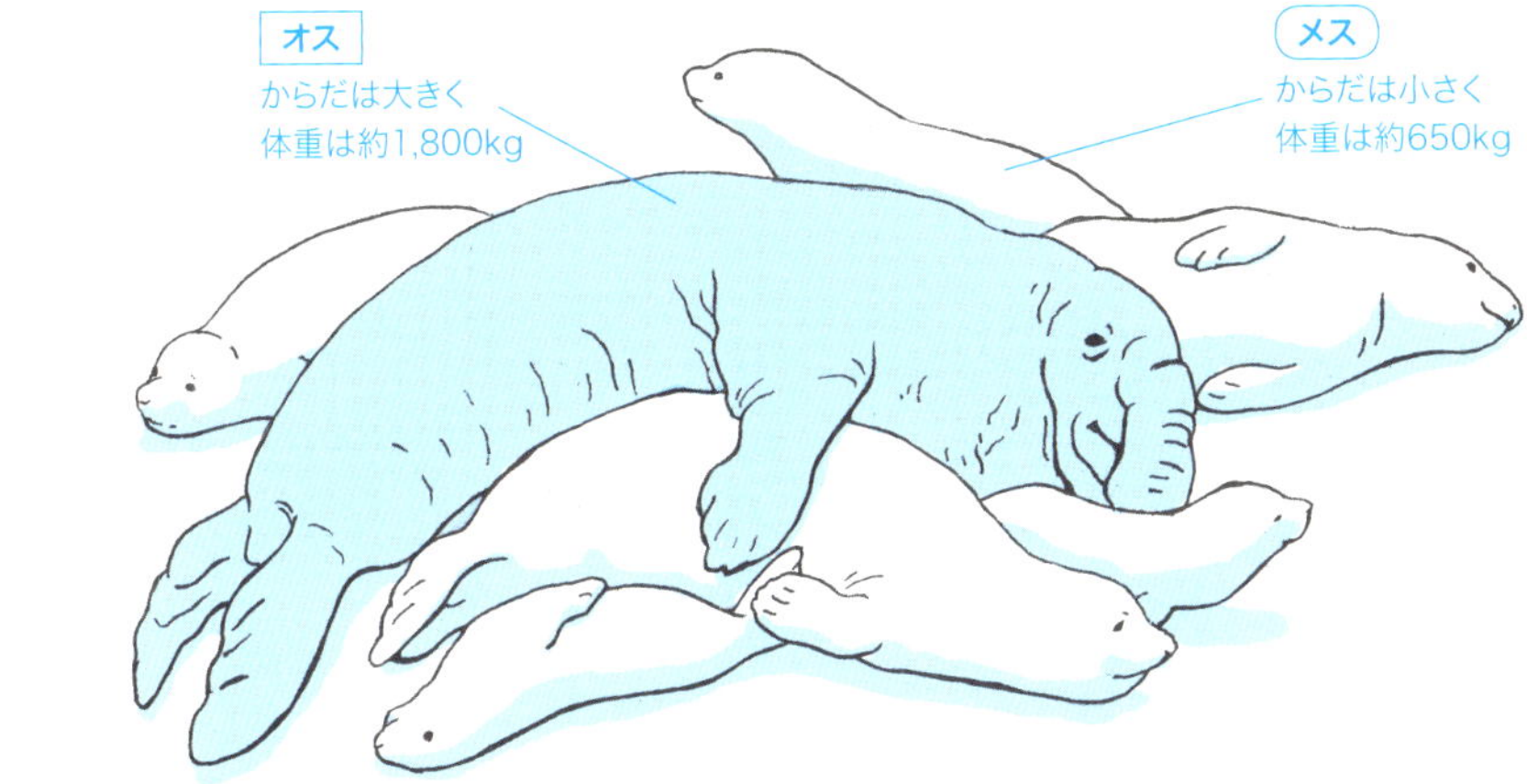
オス
からだは大きく
体重は約1,800kg
メス
からだは小さく
体重は約650kg

ゆっくり沈みながら眠る

北海道大学がキタゾウアザラシのからだにつけたセンサーを解析したところ、
回遊中には落ち葉のように沈みながら眠ることが判明した。
この眠り方には、敵の攻撃から身を守る目的があると考えられている。

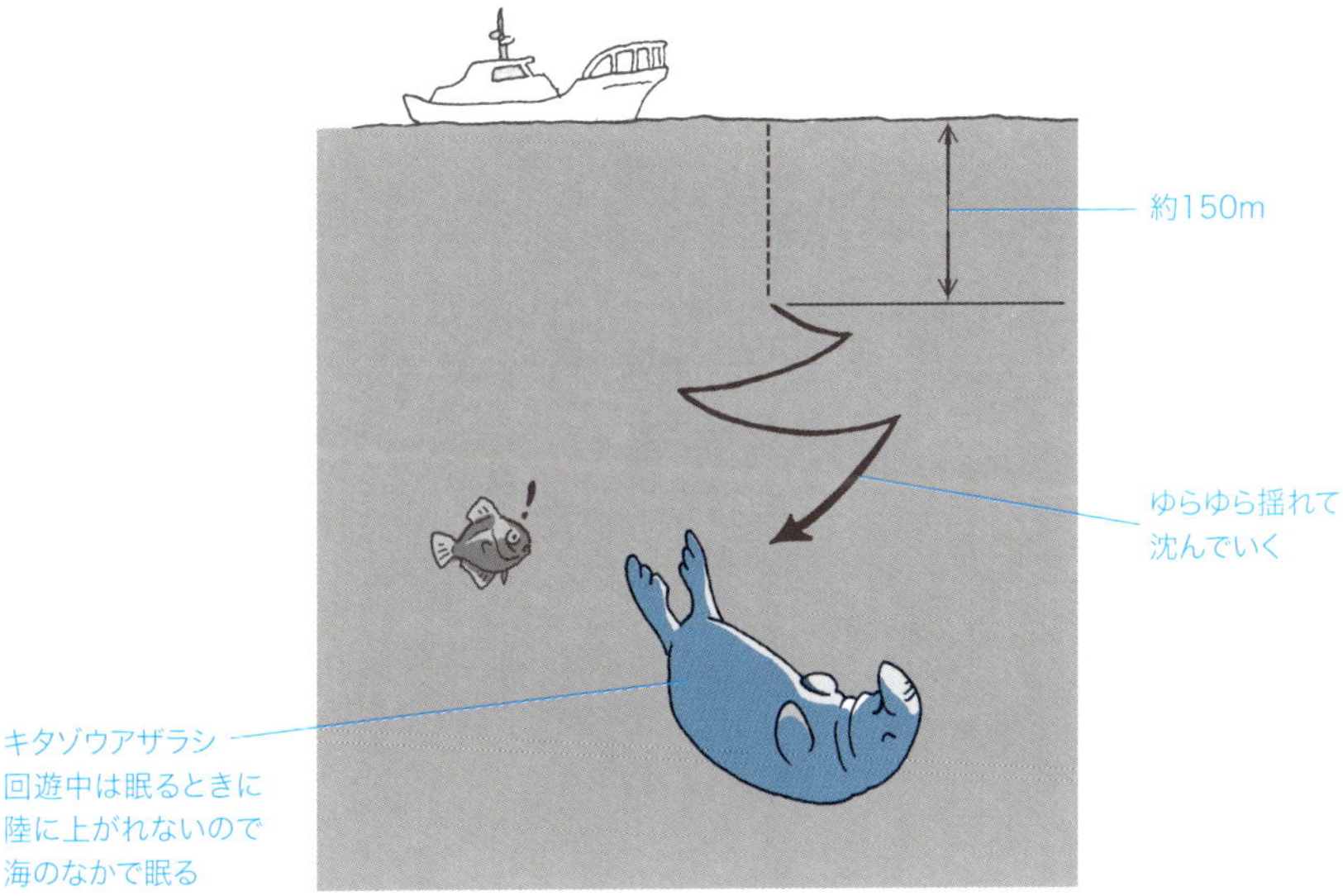
約150m
ゆらゆら揺れて
沈んでいく
キタゾウアザラシ
回遊中は眠るときに
陸に上がれないので
海のなかで眠る

500年も生きる！長寿すぎる貝

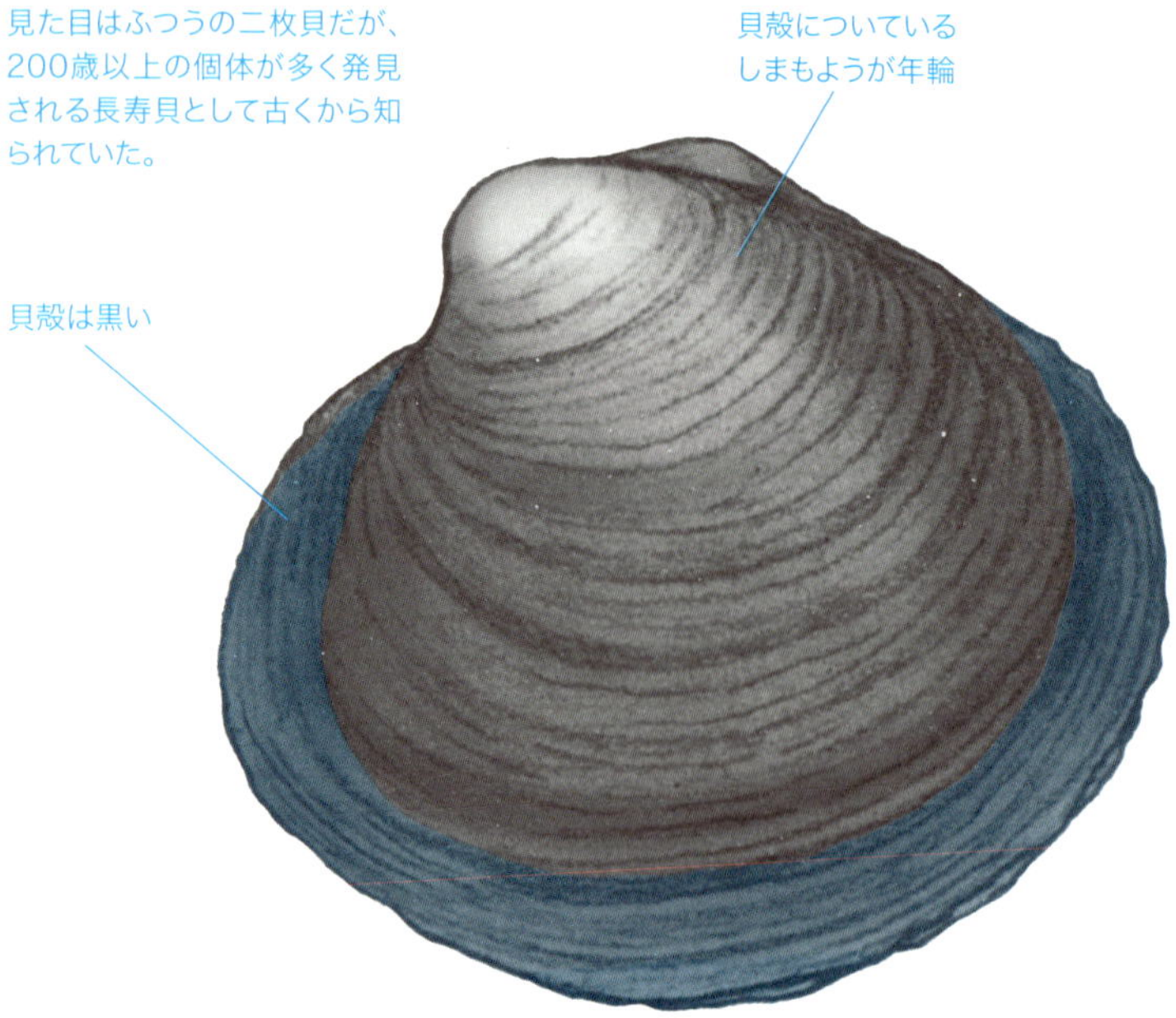
見た目はふつうの二枚貝だが、200歳以上の個体が多く発見される長寿貝として古くから知られていた。
貝殻についているしまもようが年輪
貝殻は黒い

アイスランドガイ

アイスランドガイは多くの動物のなかでも、飛びぬけて長生きをすることがわかっています。からだの活動を抑え、エネルギーの消費量を減らすことで老化を抑えるのです。なかでも2006年にアイスランド沖で発見された個体は、なんと507年間も生きていたことがわかりました。コロンブスが太平洋を駆けめぐっていたころからずっと生き続けてきたのです。

アイスランドガイは、ハマグリなどに比較的近い二枚貝の仲間で、ヨーロッパや北アメリカでは食用にもされている身近な貝です。この仲間は、成長にしたがって貝殻《かいがら》に年輪のようなしまもようができます。このしまもようの測定と、炭素が出す放射線から年代を測定する「放射性炭素年代測定法」によって、より正確な年齢がわかるのです。しかし、その際には長生きしてきた貝の命を奪わなければなりません。

分類 マルスダレガイ目アイスランドガイ科
全長 最大8・6cm
分布 北大西洋
生息環境 潮下帯の砂地

隠れ家を背負う臆病なカニ

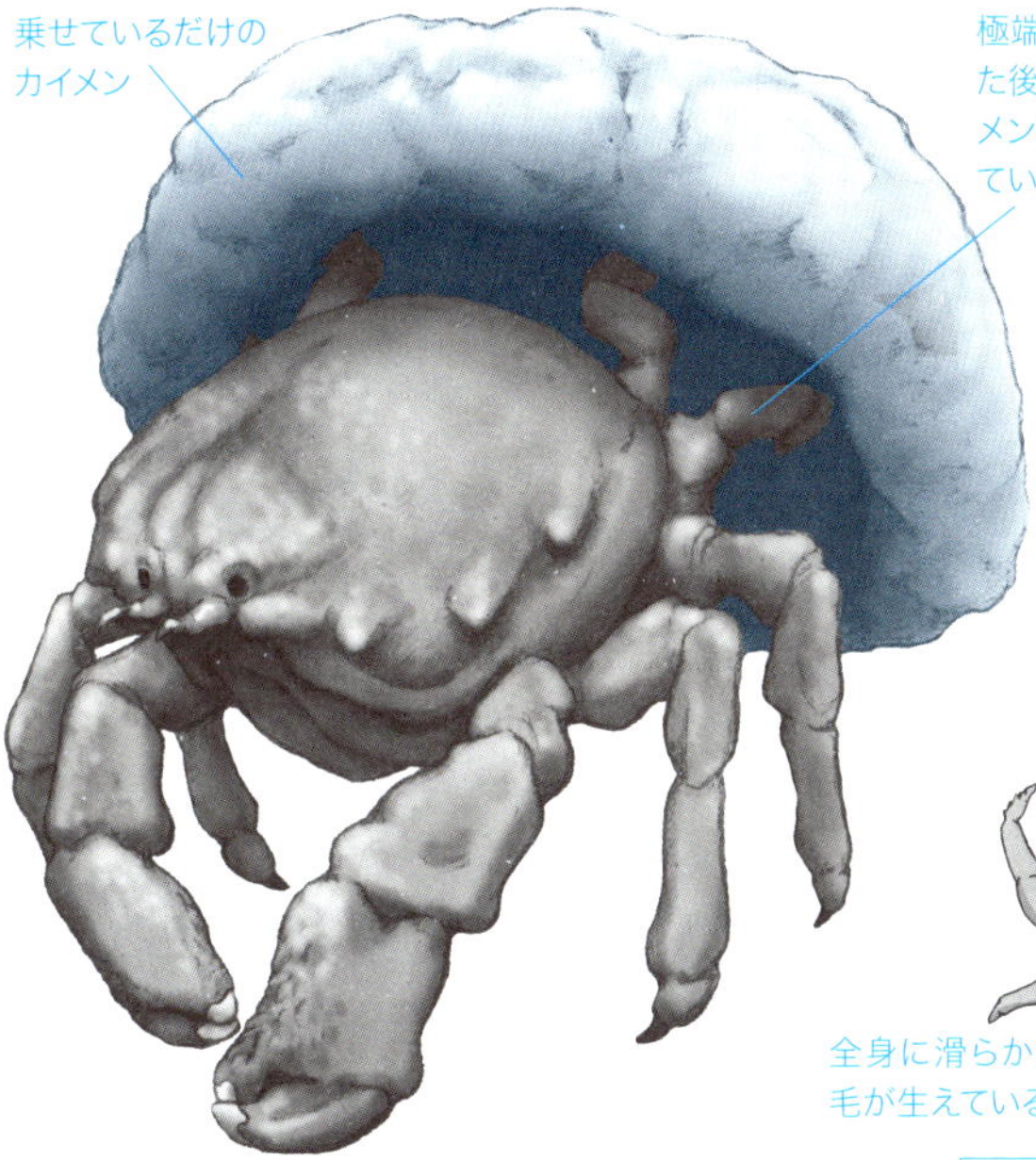
乗せているだけのカイメン
極端に短くなった後ろ足でカイメンなどを支えている

ハサミの指の部分が赤い
全身に滑らかな毛が生えている
短くなっている後ろ足

カイメンのない状態のカイカムリ

カイカムリ

カニやヤドカリのなかには、さまざまなものを被ってカモフラージュし、身を守っているものがいます。カイカムリというカニもその一つです。

「貝被り」という名がついていますが、被るものは貝殻《かいがら》ではありません。カイメンやホヤなど、さまざまなものを背負っています。背負っているものは、甲らに固定されているわけではなく、乗っているだけ。カイカムリは乗せているものが落ちないように、8本の足のうち短く変化した4本を使って、つねにこれらを支えているのです。

またカイカムリはカニであるにもかかわらず、横にではなく前後に移動するという変わった特徴ももっています。

カイメンを宿にするカイメンホンヤドカリというヤドカリもいます。このヤドカリは、巻き貝のかわりにカイメンを背負い、そのなかでくらしています。

分類	エビ目カイカムリ科
甲長	5cm
分布	日本海・東京以南の太平洋岸、東アジアから東南アジア・インド洋
生息環境	水深数十mの海底

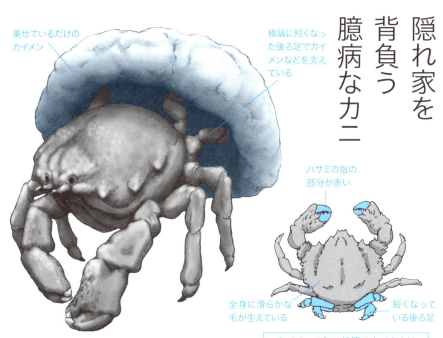

こんな姿で脳もある！植物のような動物

泳ぐウミシダ
腕を使って泳ぐ種類もいる。

羽枝《うし》
腕
巻き枝

ウミシダ

ウミシダの仲間は、その名のとおりシダ植物のようなかたちをした海生生物です。しかし、植物ではありません。棘皮《きょくひ》動物というウニやヒトデ、ナマコなどに近い動物です。

ウミシダは、ふだんは巻き枝という根のようなかたちの器官で海底の岩などにしがみついてくらしています。しかし、種類によっては自分の意思で激しくからだを動かして泳ぎ、移動することもできます。

棘皮動物は、多くの無脊椎《むせきつい》動物のなかでも私たち脊椎動物に比較的近いからだのしくみをもっていて、なかでもウミシダは脳や神経などが発達しています。

また、ちぎれた腕を元どおりにさせる高い再生能力をもっており、この能力には脳や神経が大きく関係しています。そのため、ウミシダの脳や神経を研究することで、ヒトの再生医療のヒントが見つかるのではないかと考えられています。

分類 ウミユリ綱ウミシダ目
全長 10〜20cm
分布 世界中（おもに熱帯域）
生息環境 岩礁から深海底

海底に咲く花のような「生きた化石」

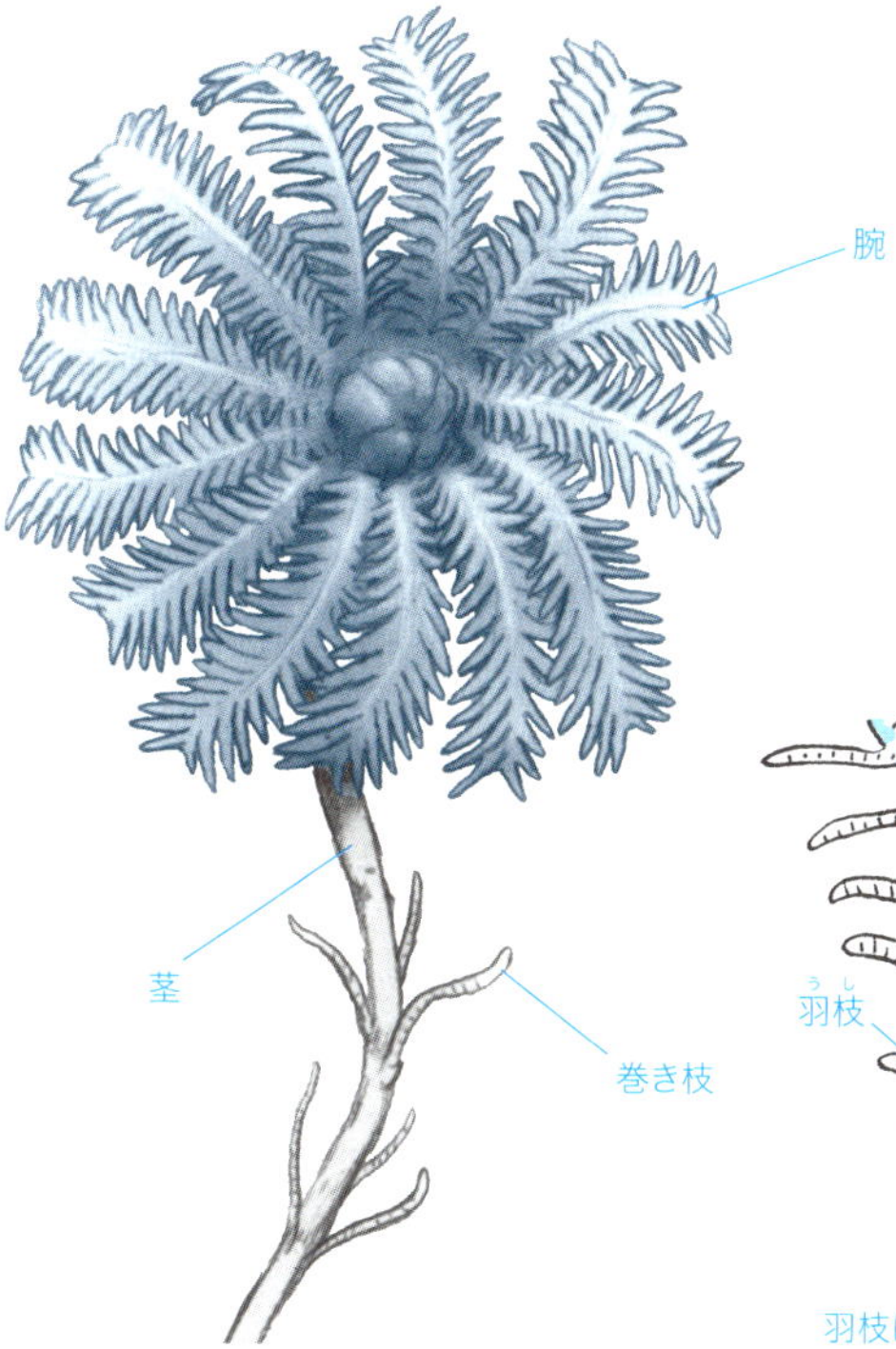

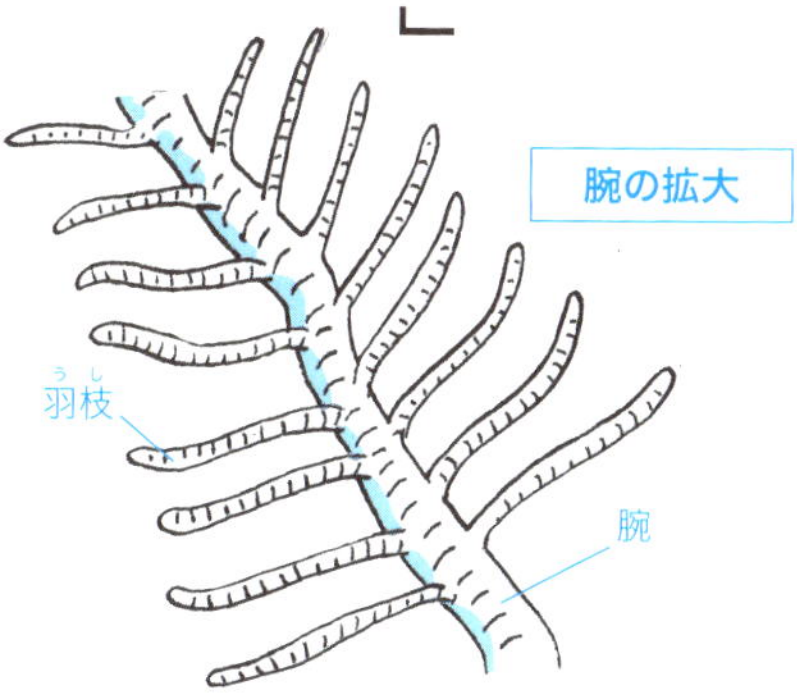

羽枝は腕の左右から交互に生えている。

ウミユリ

ウミユリの仲間は岩などにつき、長い茎のような柄の先に多くの腕を花のように広げている海生生物です。

まるで海に咲く植物のユリのように見えますが、ウミシダ（P.160）と同じ棘皮《きょくひ》動物で、腕を使って水中のプランクトンなどを捕らえて食べます。ウミシダと異なり、成体は岩を離れて水中を移動することはほとんどありません。

ウミユリとウミシダは、同じウミユリ綱という仲間に分類することができます。ウミシダは無茎《むけい》ウミユリ、ウミユリは有柄《ゆうへい》ウミユリともよばれます。ウミユリは、5億年近く前のオルドビス紀※にはすでに存在していたことがわかっており、「生きた化石」ともよばれています。

当時は海のなかで繁栄していましたが、その後種類が減り、現在は深海に生息する数十種類しか残っていません。

分類 ウミユリ綱有柄ウミユリ類
全長 30～35cm
分布 世界中
生息環境 おもに深海の海底

※生きものの多様化が進んだ約4億8830万年前から約4億4370万年前までを指す。オウムガイや三葉虫が繁栄していた。

透明で美しい猛毒クラゲ

カツオノエボシ

クラゲの仲間であるカツオノエボシは強力な毒をもち、海にすむ身近な生きもののなかで、とくに注意が必要だとされています。水のなかに垂れ下がった触手に触れると細かいとげが刺さって毒が注入され、強烈な痛みを感じます。2度目に刺されるとショック症状で命にかかわることもあります。この毒で身を守ったり、獲物を捕らえたりしているのです。

カツオノエボシは、私たちがよく知っているミズクラゲなどのような単体の生きものではありません。ヒドロ虫という小さな動物がたくさん集まった群体です。集まったヒドロ虫がかたちを変え、さまざまな器官のように働いて、一つの生きもののように振る舞うのです。

この仲間は自分で泳ぐことがほとんどできませんが、風船のようにふくらんだ浮き袋でヨットの帆のように風を受けて、海上を滑るように移動します。

分類 クダクラゲ目カツオノエボシ科
全長 10〜50m
分布 世界中の暖かい海
生息環境 水面

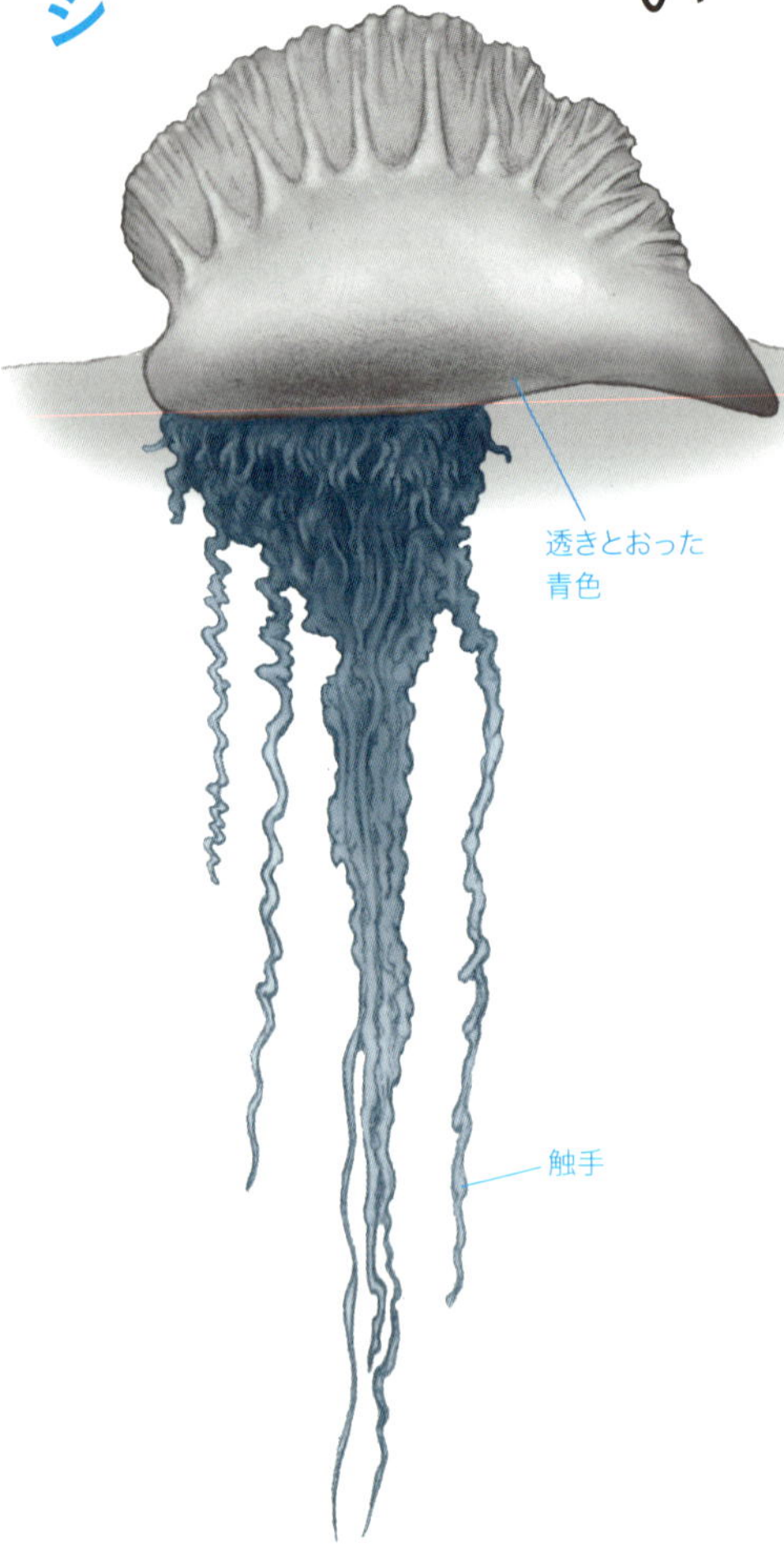

カツオが到来する季節に風に流されてやってきて海岸に漂着することと、浮き袋のかたちが烏帽子《えぼし》に似ていることから、この名がついた。

帆で風を受けて進むクラゲ

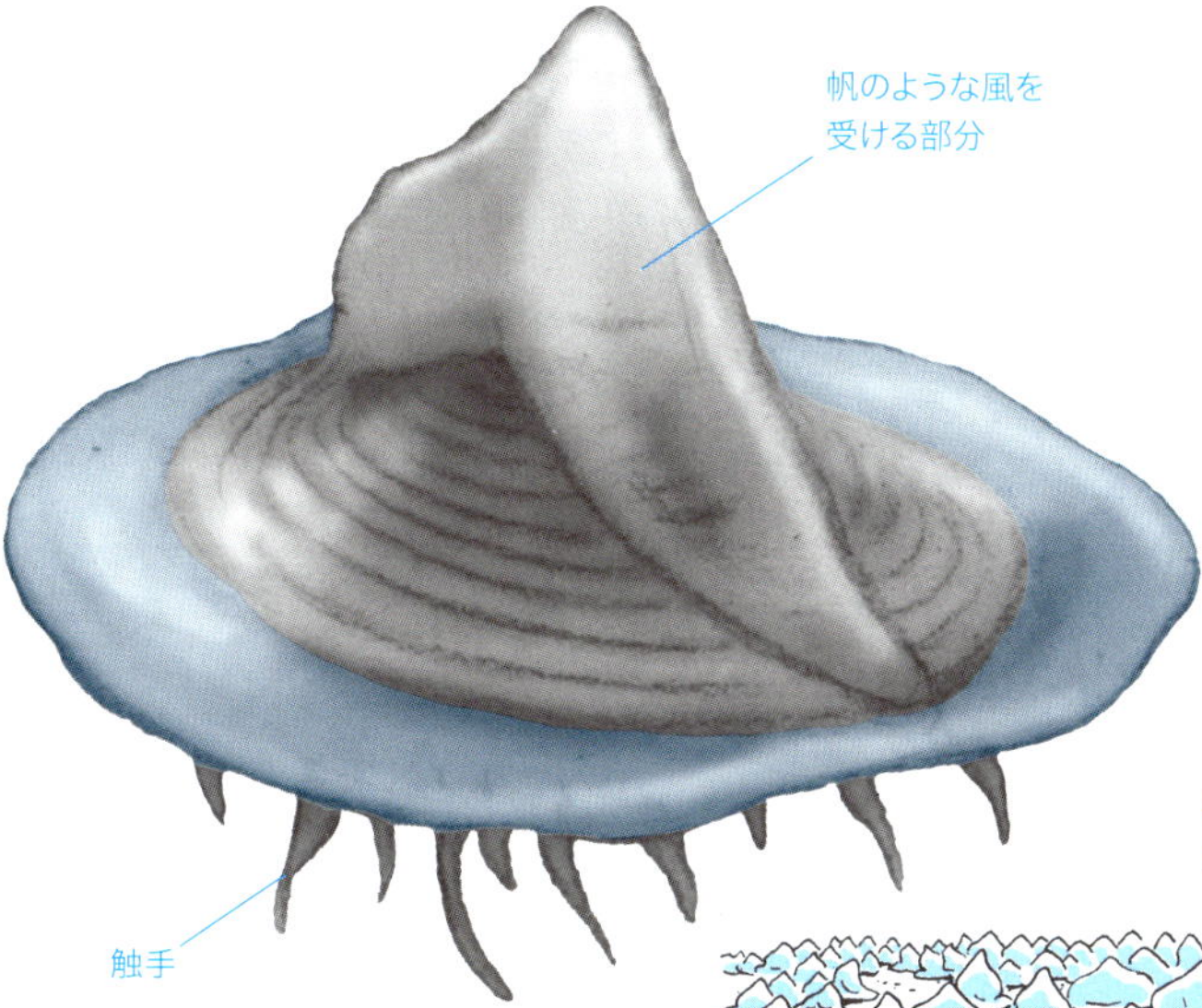

数億匹単位の群れが風に流されて海岸に打ち上げられることもある。

カツオノカンムリ

カツオノカンムリは、5cmほどの楕円形の青い板の上に、透明の帆のようなものが乗っているという、とても不思議なかたちをした生きものです。

自分の力で泳ぐことはほとんどできませんが、上部の帆のようなもので風を受けて海上を滑るように移動します。もともとは暖かい海にすんでいますが、風に乗って夏頃にカツオの群れとともに日本沿岸にやってくること、かたちが冠のように見えることから、この名がつきました。

カツオノエボシ（P.162）と同じようにヒドロ虫が集まってできた群体で、板状の部分の下には本体である「栄養体」があり、その周囲には獲物を捕らえるための触手などの「感触体」をもっています。この触手にあるとげから注入される毒は、カツオノエボシほどではありませんが強力で、魚などの獲物を麻痺《まひ》させることができます。

分類 ハナクラゲ目カツオノカンムリ科
全長 5cm
分布 世界中の暖かい海
生息環境 水面

貝なのに海に浮かぶいかだをつくる

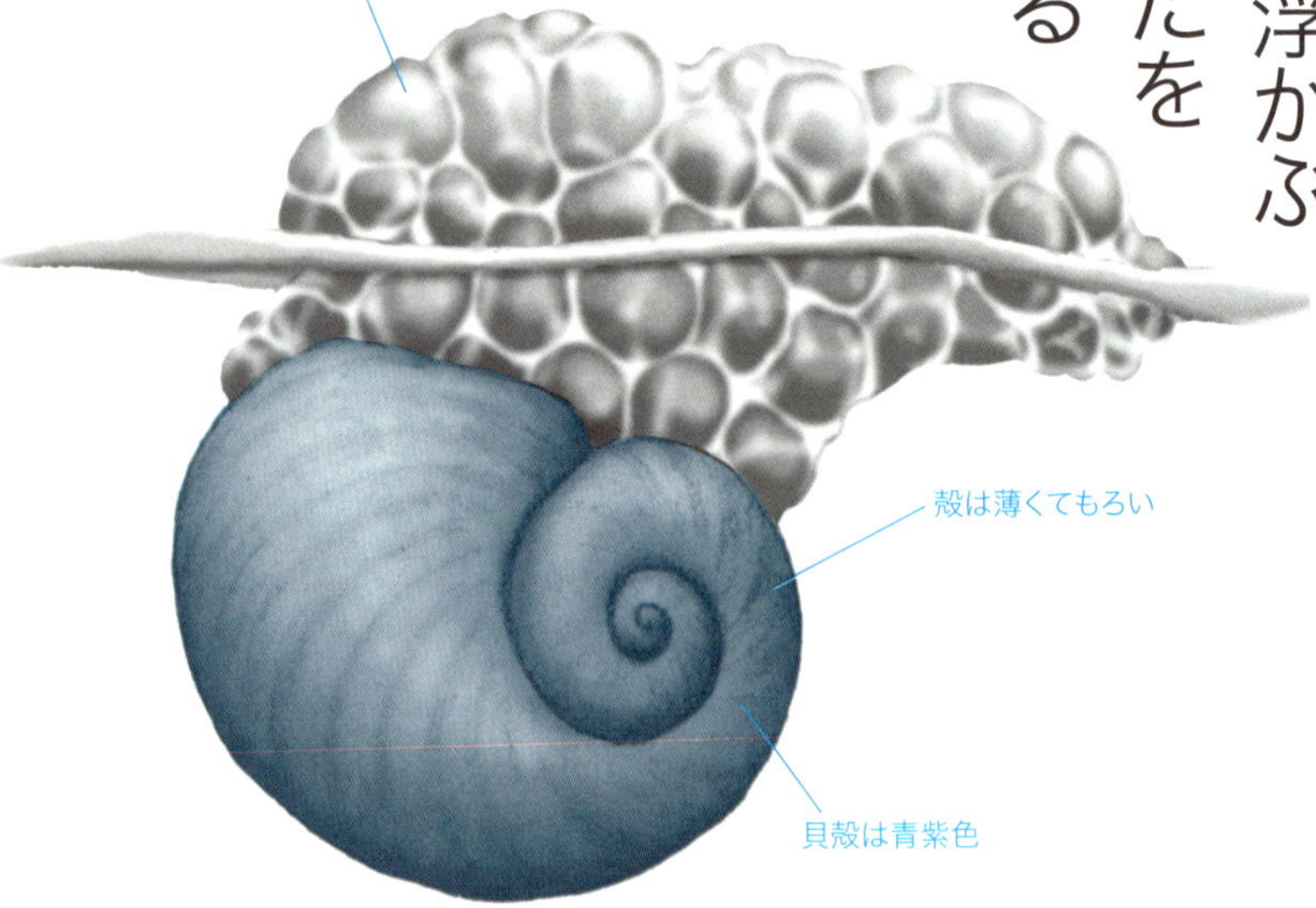
粘膜でできた
泡でつくったいかだ
殻は薄くてもろい
貝殻は青紫色

アサガオガイ

アサガオガイは、紫色の薄くもろい貝殻《かいがら》をもつ美しい巻貝の仲間です。この色がアサガオを連想させることから、アサガオガイと名づけられました。ふつうの貝のように岩の上や海の底などではなく、海に浮かびながらくらしている珍しい貝です。

アサガオガイは足の裏から、たくさんの泡を分泌します。この泡をつなぎ合わせていかだのようなものをつくり、その下側に逆さにぶら下がることで浮かぶのです。集団で浮かんでいることが多く、風に吹かれたり、海流に流される泡のいかだといっしょに移動しながら、カツオノエボシ（P.162）やカツオノカンムリ（P.163）などを捕らえて食べます。移動はすべて風や海流まかせで、自力ではほとんど移動することができません。そのため強い風が吹いた後には、集団で海岸に打ち上げられることもあります。

分類	翼舌目アサガオガイ科
全長	2～4cm
分布	世界中の熱帯および温帯の海
生息環境	水面

食事も海面でおこなう

アサガオガイの食事のようす。海面に浮かんでいるクラゲにとりついて食べる。
おもに食べるのはカツオノエボシなどの青い浮遊性の仲間。
その青色が殻の色に反映しているとの説もある。

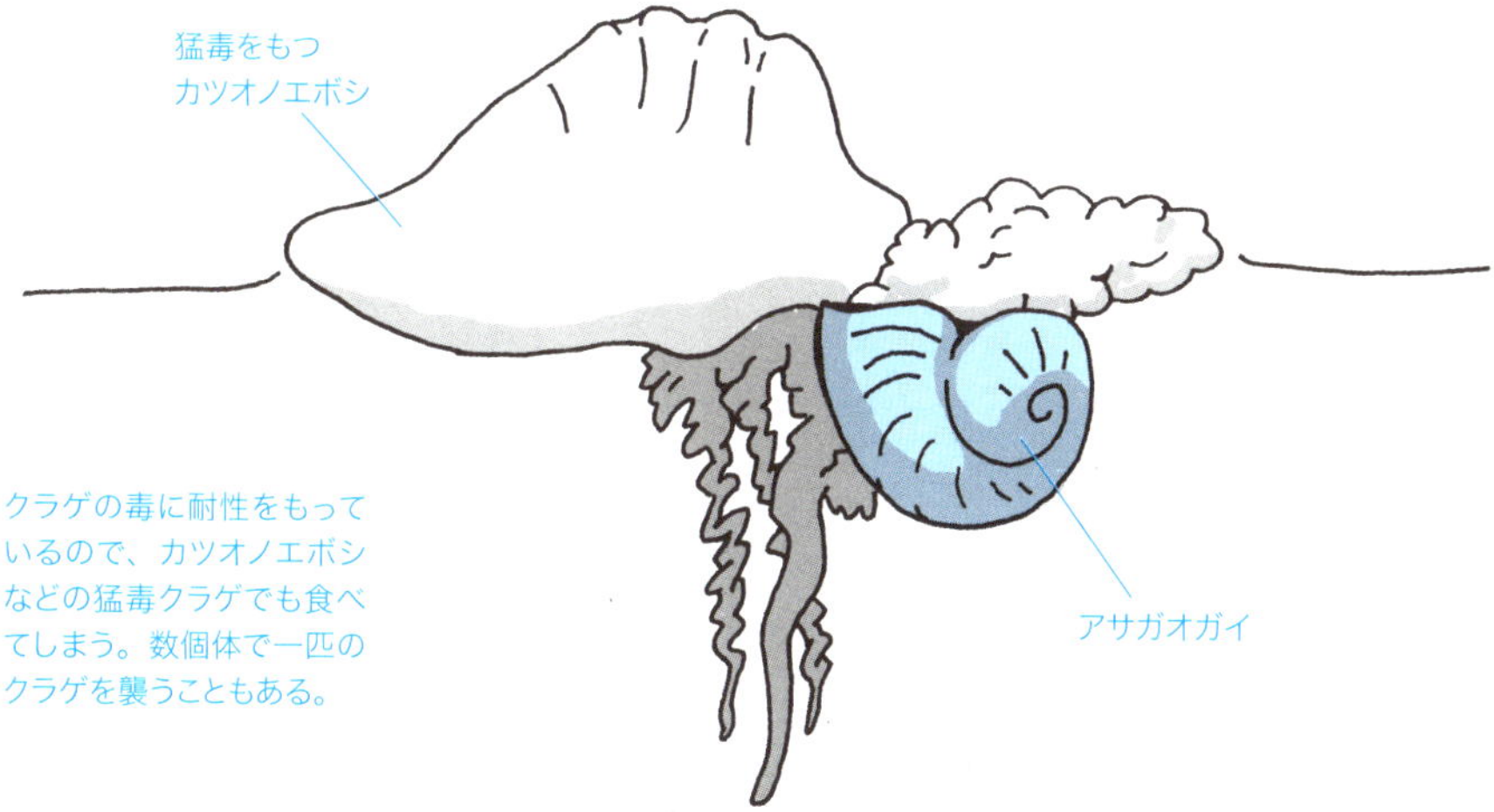

出産も海面でおこなう

雌雄同体で、いかだの下で卵をふ化させる「卵胎生《らんたいせい》」でもある。
ふ化した子どもは、※ベリジャー幼生という状態で海中に放出される。

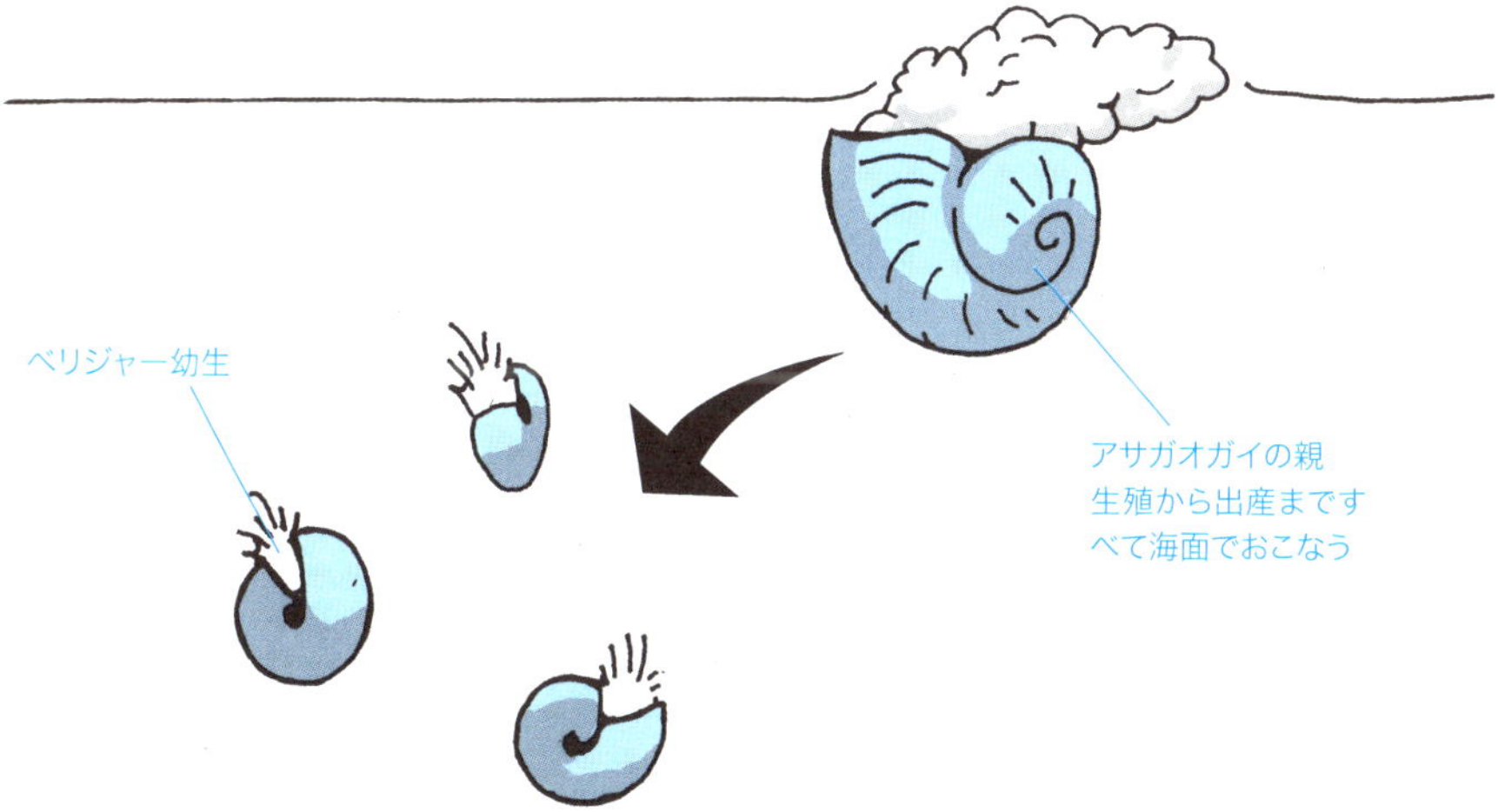

※二枚貝類や巻き貝類などの軟体動物の幼生期の形態の一つ。

メスのためにミステリーサークルをつくる魚

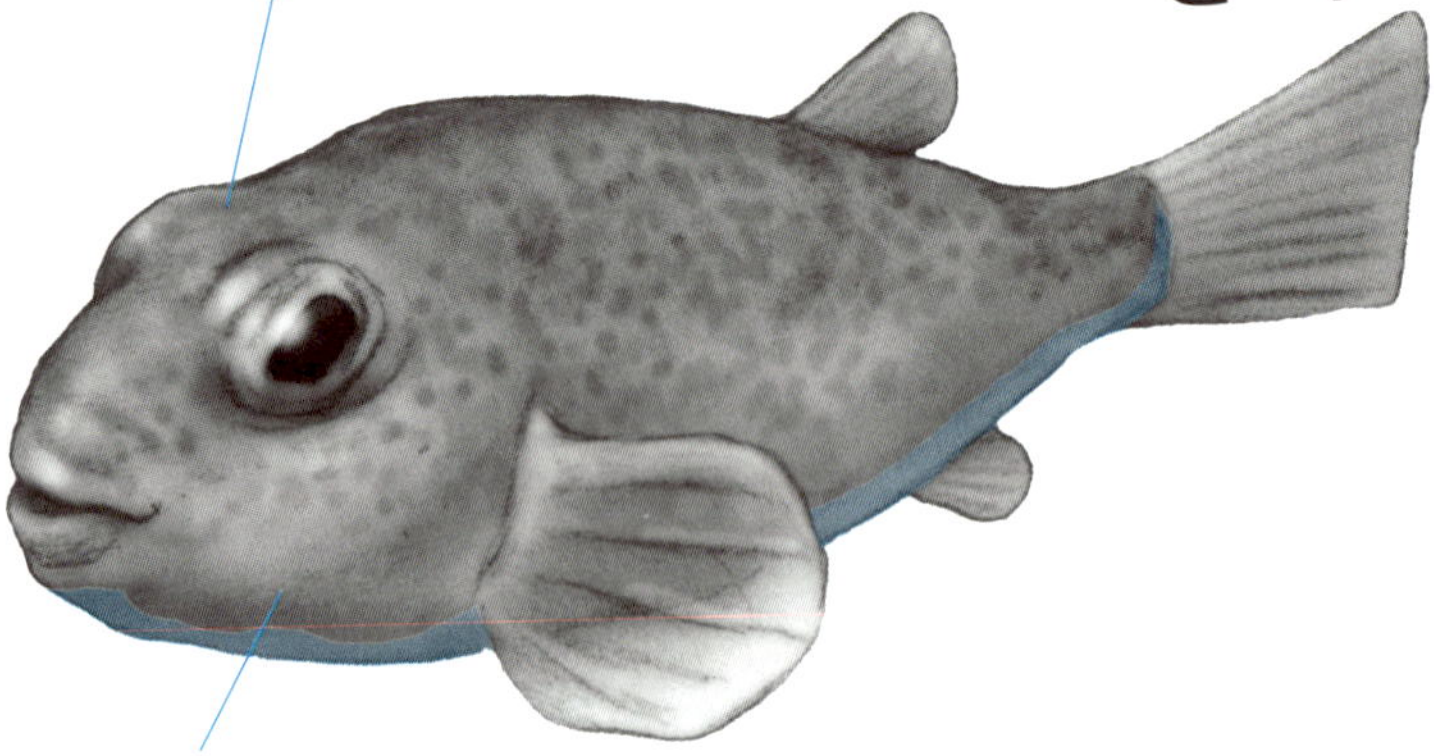

アマミホシゾラフグ

魚の仲間には、メスが産んだ卵を守り、稚魚を育てるための巣をつくる種類がいます。近年、新種として登録されたアマミホシゾラフグも、そんな巣をつくる魚の一つです。しかし、アマミホシゾラフグのつくる巣は、ほかの魚の巣よりも手が込んでいます。砂地に約30本の放射状の溝でつくられた直径2mほどの巣は、まるでミステリーサークルのような不思議なものです。このサークルはオスが約1週間かけてつくり、完成するとその中心にメスが卵を産むのです。

このサークルは、地元では以前から知られていましたが、どんな生きものがつくるのかはわかっていませんでした。しかし2012年、それが新種のフグの巣であることがわかり、そのフグはアマミホシゾラフグと名づけられたのです。その名は、全身にある水玉もようが星空のように見えることに由来しています。

分類　フグ目フグ科
全長　15cm
分布　奄美大島・琉球諸島
生息環境　水深10～30mの浅い海

オスが必死に巣をつくる

巣をつくる場所を選ぶと、オスはじゃまな貝殻《かいがら》などをどけ、
砂地にからだを押しつけながら泳いでもようを描く。
巣ができ上がるまで約1週間もかかる。

見た目はまるでミステリーサークル

幾何学的なもようの巣ができると、メスをよんで産卵させる。
出産するとこの巣は使われなくなるという。

直径は2メートルほど。

生きものの体内で一生くらすエビ

カイロウドウケツの拡大図

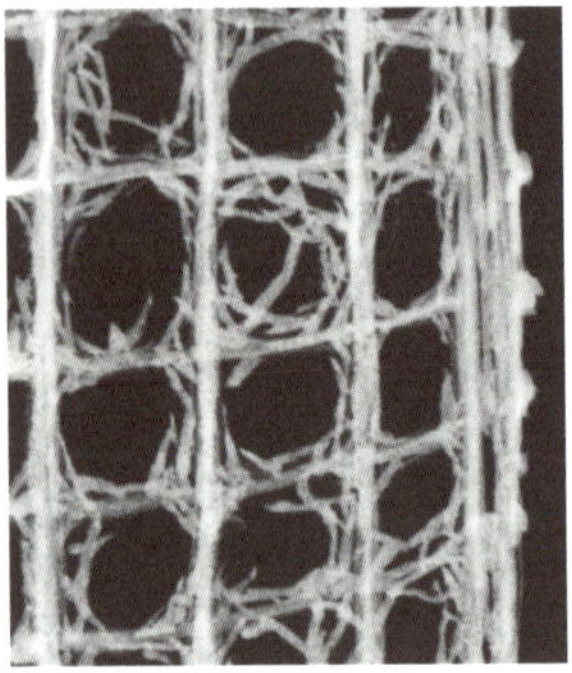

ドウケツエビは幼生のときに、この小さなすき間からなかに入る。

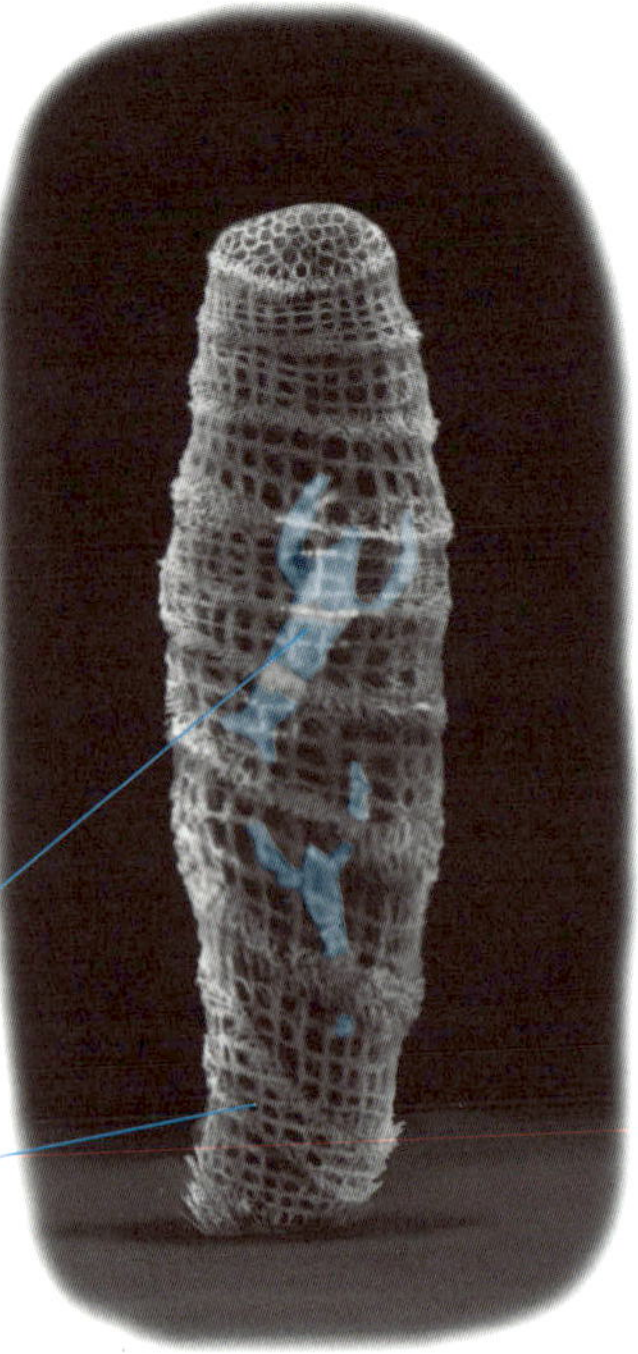

ドウケツエビ

ふつう、エビは自分で水中を移動しながらプランクトンや小さな魚、動物の死がいなどを食べてくらしています。しかし、ドウケツエビは、自分で移動することをやめ、ほかの生きもののなかに閉じこめられた状態で一生を過ごします。

このエビがすむのは、カイロウドウケツというカイメンの体内です。カイロウドウケツは円筒状のからだをもち、からだのなかにはガラス質の繊維でできたかごのような骨格があります。

ドウケツエビはからだの小さな頃に、このかごの隙間からからだのなかに入り込みます。成長して大きくなると、かごから出られなくなってしまうのです。

一般的に一つのカイメンのからだのなかに閉じ込められるのは、オスとメス各1匹ずつです。この2匹でつがいとなり、カイメンのなかで交尾、産卵をおこなって子孫を残すのです。

分類 エビ目ドウケツエビ科

全長 1.5cm

分布 相模湾や駿河湾など、全世界の熱帯・温帯域

生息環境 水深100〜1000mの深海

カイロウドウケツの内側は過ごしやすい？

カイロウドウケツは、海底についた状態でくらし、移動することはない。そのなかにすむドウケツエビも同じ場所で成長し、一生を終える。

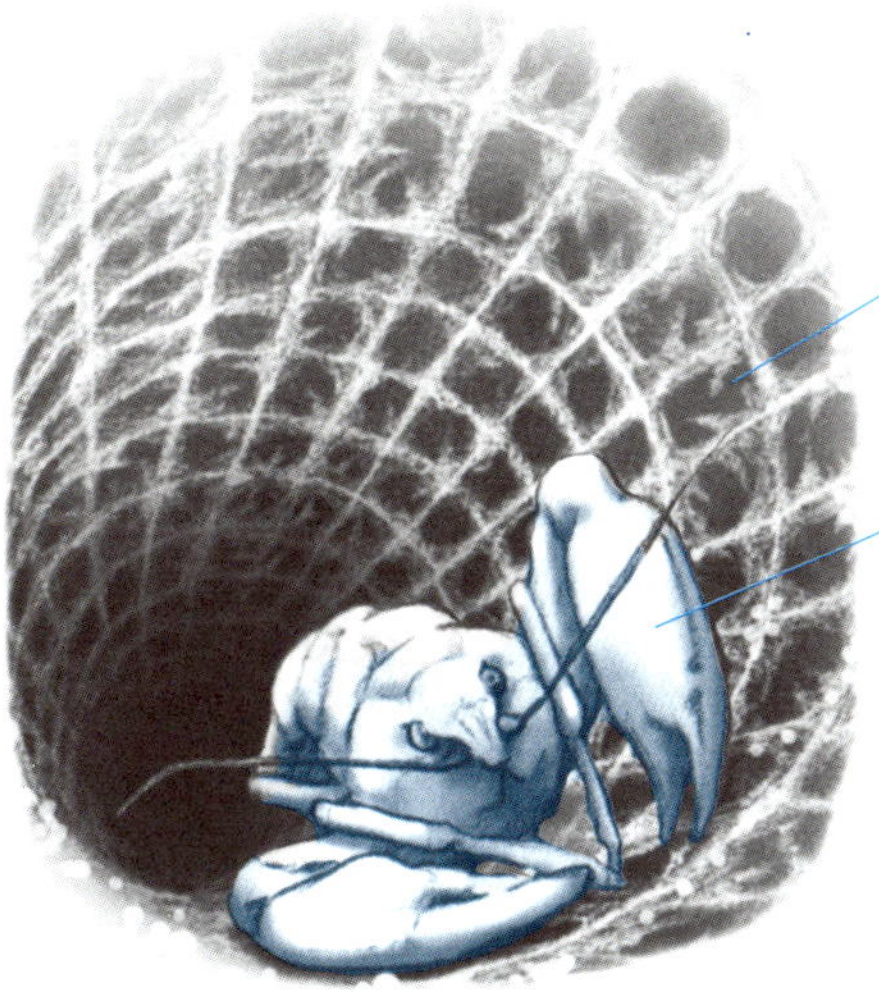

外敵もなかに入ることができないので安心してくらせる
ドウケツエビ
エビが成長すると外には出られなくなる

ドウケツエビの生活史

カイロウドウケツの網目からなかに入るとき、二匹のドウケツエビはまだオスとメスに分かれていないため、オスどうしやメスどうしの組み合わせにはならない。なかに入った後にオスとメスに分かれてつがいとなる。

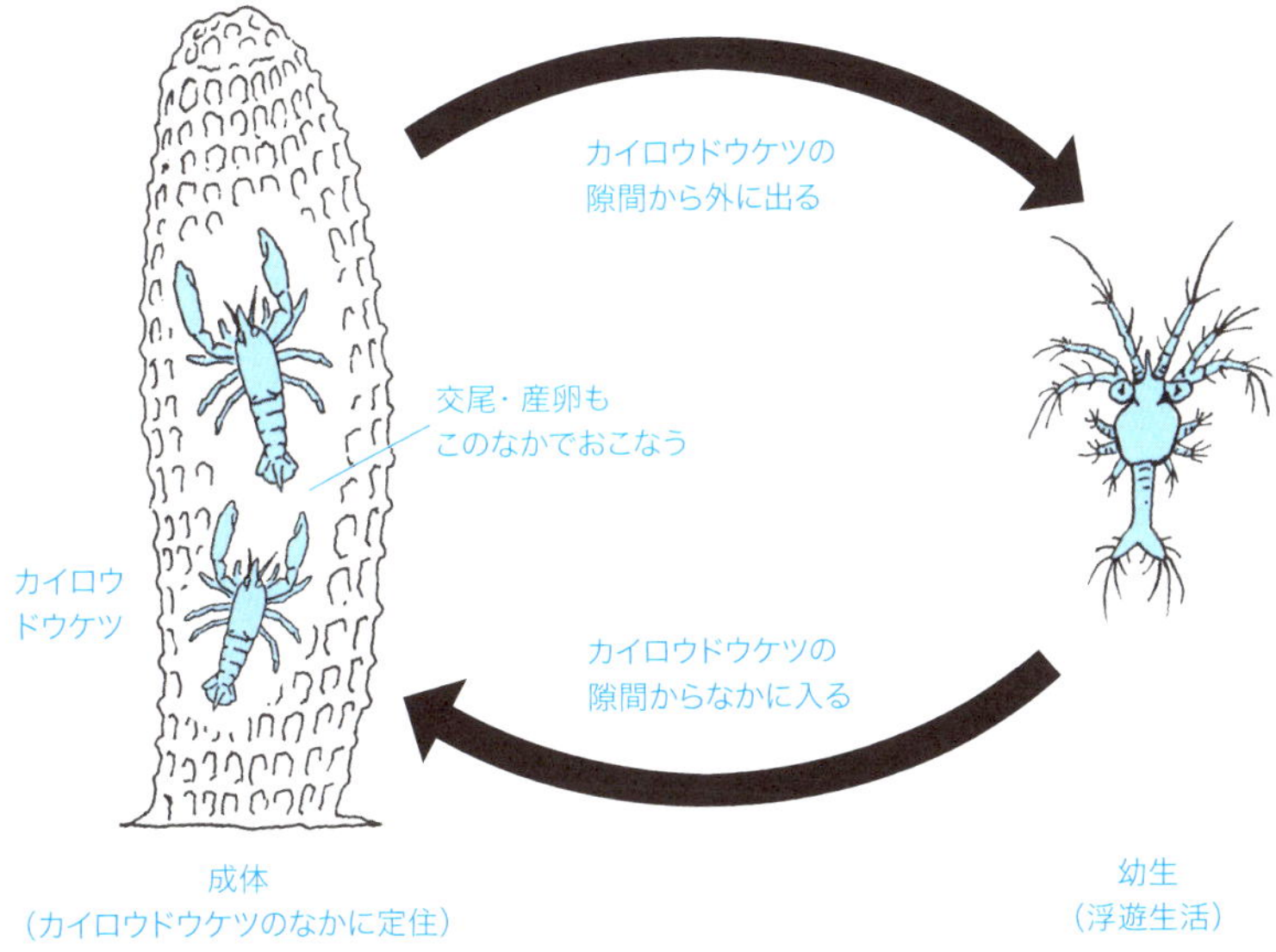

カイロウドウケツの
隙間から外に出る
交尾・産卵も
このなかでおこなう
カイロウ
ドウケツ
カイロウドウケツの
隙間からなかに入る
成体
（カイロウドウケツのなかに定住）
幼生
（浮遊生活）

盾から食事まで！猛毒クラゲを利用する魚

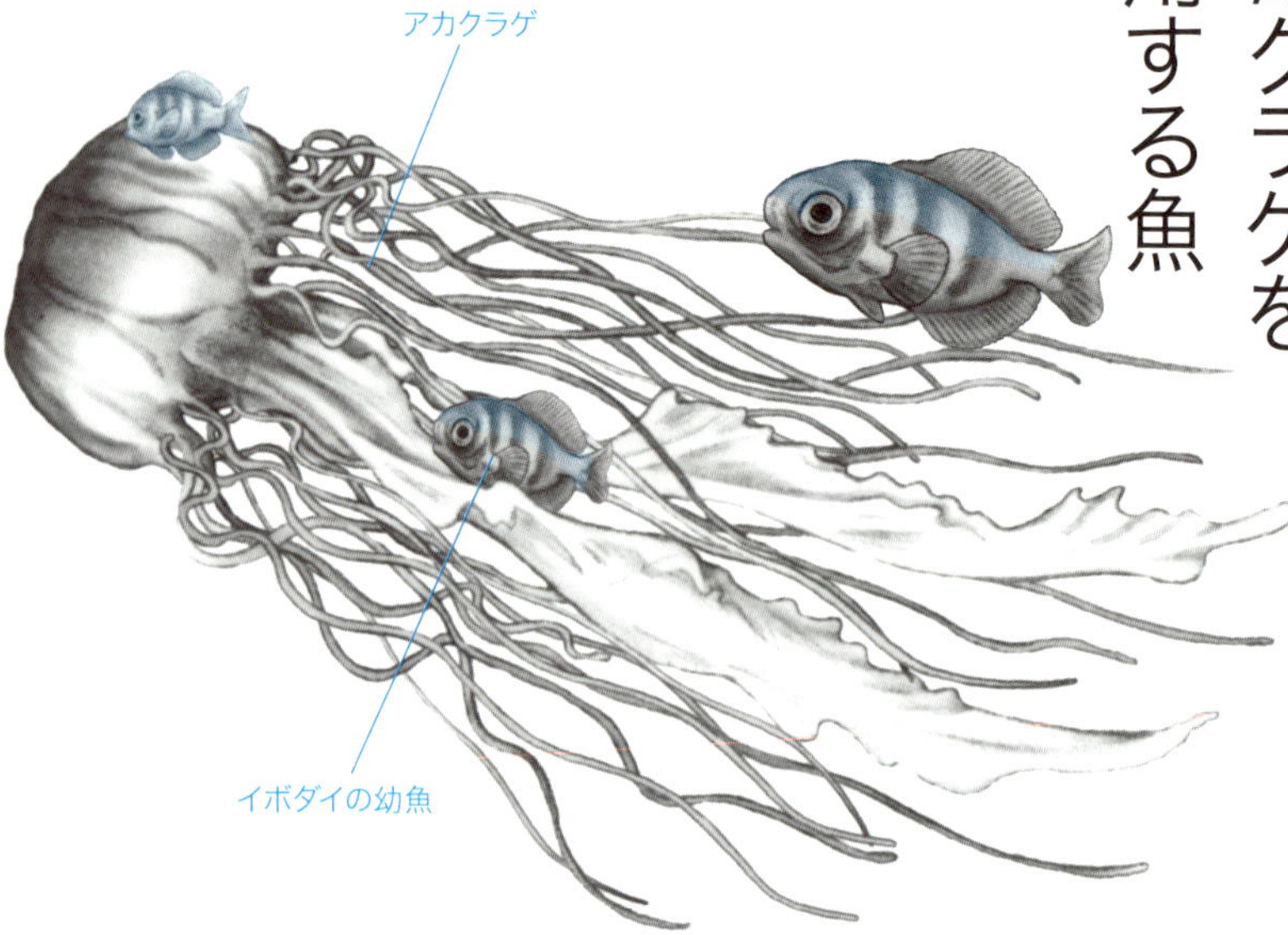

イボダイ

一般的にクラゲの仲間は、足のような部分（触手）にある刺胞《しほう》という小さな袋から毒針を発射して、その毒で小魚などをしびれさせて捕らえます。ところが、恐ろしい捕食者であるはずのクラゲの触手の間でくらしている魚もいます。そんな魚の代表格がイボダイです。

イボダイの幼魚は、おもに毒の強いアカクラゲなどといっしょにくらしています。イボダイはクラゲの毒に耐性をもっているので、クラゲに捕らえられてしまうことはありません。こうしてほかの魚から身を守ると同時に、いっしょにくらしているクラゲをついばみながら、食糧にしているのです。

このような魚はほかにも多くいます。なかでもアジの仲間には、敵に襲われそうになると、自分がいっしょにくらしているクラゲのかさをつつき、敵がいない方向に誘導するものがいます。まるでクラゲを操縦するように移動するのです。

分類	スズキ目イボダイ科
全長	25cm
分布	東北中部以南、東アジア
生息環境	温暖な沿岸海域

クラゲに逃げ込む

イボダイの幼魚は、敵が近づくといっせいにクラゲのかさのなかに潜り込む。
こうなると敵は手が出せない。つねにクラゲといっしょにいるため、
一部の地域ではクラゲウオともよばれている。

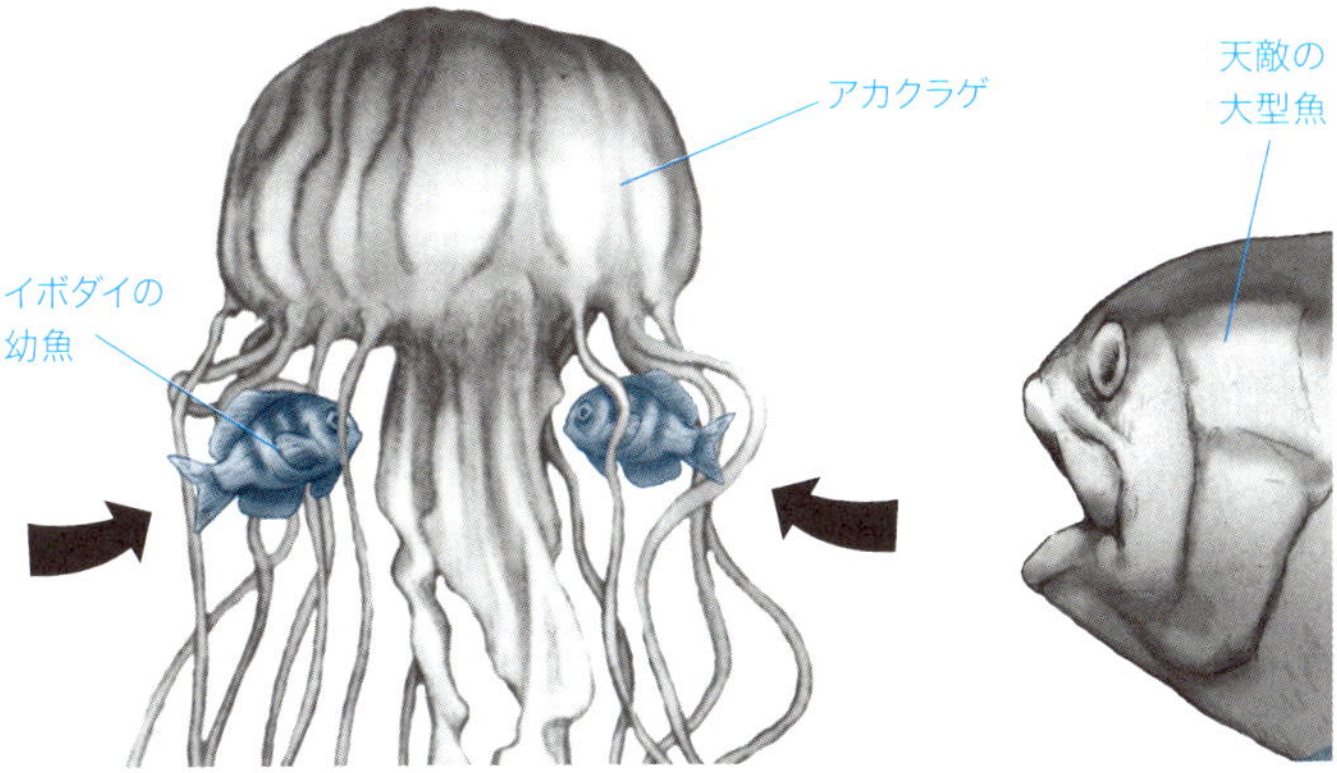

猛毒クラゲとくらす魚もいる

エボシダイもクラゲとくらす魚の一つ。体長10cm ほどの若魚は、猛毒の刺胞をもつ
クラゲとして知られるカツオノエボシ（P.162）から離れずにくらす。

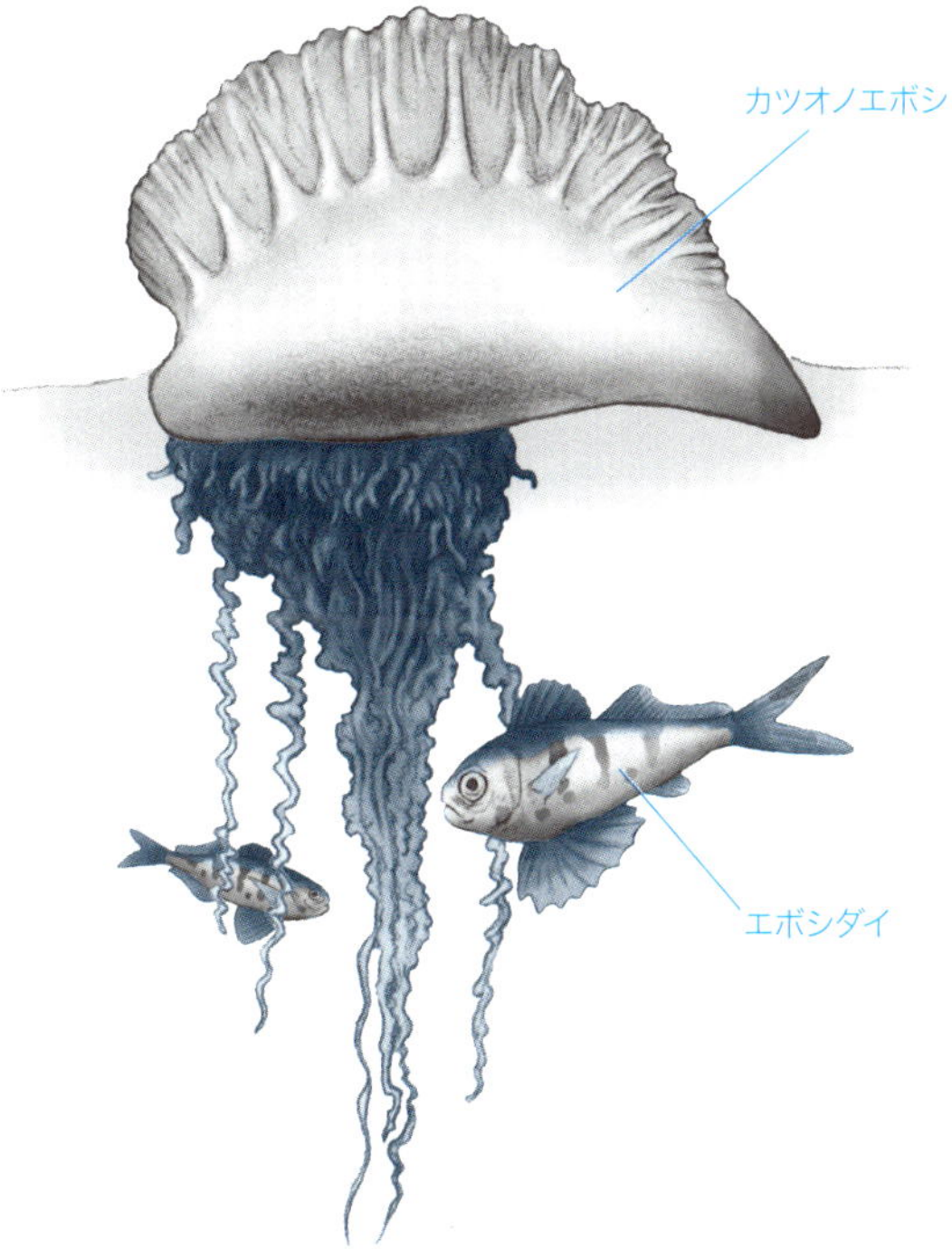

産んだら放置⁉ 約3億個もの卵を産む魚

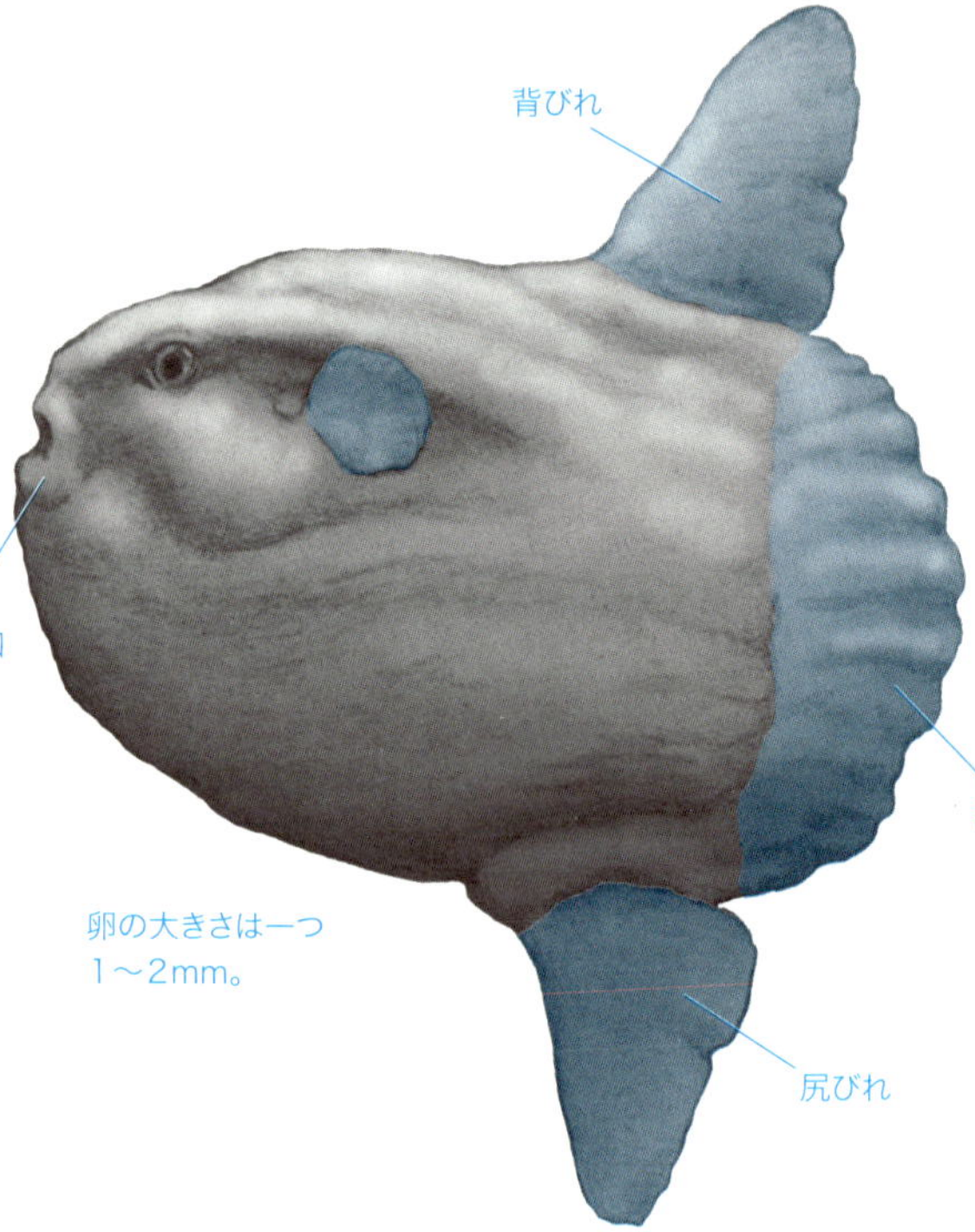
背びれ
小さな口
尾びれ
卵の大きさは一つ1〜2mm。
尻びれ

マンボウ

魚が一度に産卵する卵の数は、種類によってさまざまです。例えばトゲウオの仲間であるイトヨの産卵数はわずか数十個です。一方で、もっとも多くの卵を産む魚として知られているのがマンボウです。その数は約3億個にもなります。

もしそのすべてが成魚になって、半分がメスだとすると、次の世代にはマンボウの数は10京（1兆の10万倍）匹になり、3世代後にはもう数えきれません。海はマンボウで埋め尽くされてしまいます。

しかし、実際にはそのようなことにはなりません。マンボウは外洋で産卵しますが、卵は産みっぱなしで、親が保護するようなことはありません。また、岩や水草に付着させることもなく、海のなかを漂っているだけなので、多くがほかの魚に食べられてしまいます。そのため、約3億個のうち、無事成魚になるのは、たったの数個だといわれています。

分類――フグ目マンボウ科
全長――3・3m
分布――温帯・熱帯域
生息環境――水深0〜800mの外洋

魚の産卵数は生態によって左右される

魚が産む卵の数は、それぞれの子孫を残すための戦略と関係している。
産卵数が少ない種類は卵が敵に襲われるのを防ぎ、産みっぱなしで卵を守らない種類は
産卵数の多さでカバーしている。ちなみにマンボウの約3億個という数は、
脊椎《せきつい》動物のなかでもっとも多い。

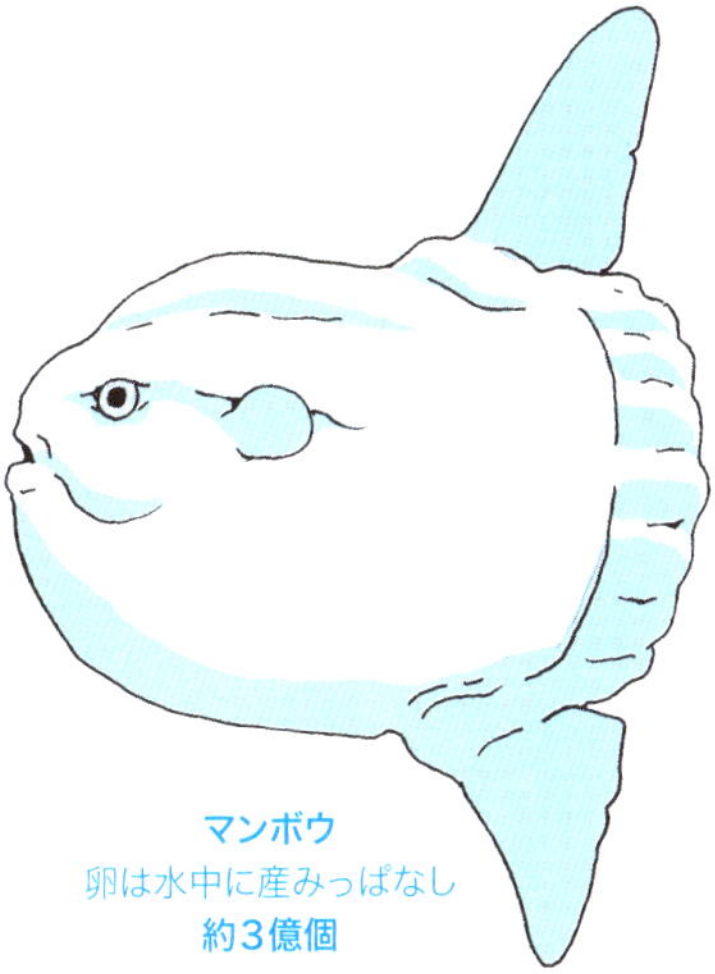

マンボウ
卵は水中に産みっぱなし
約3億個

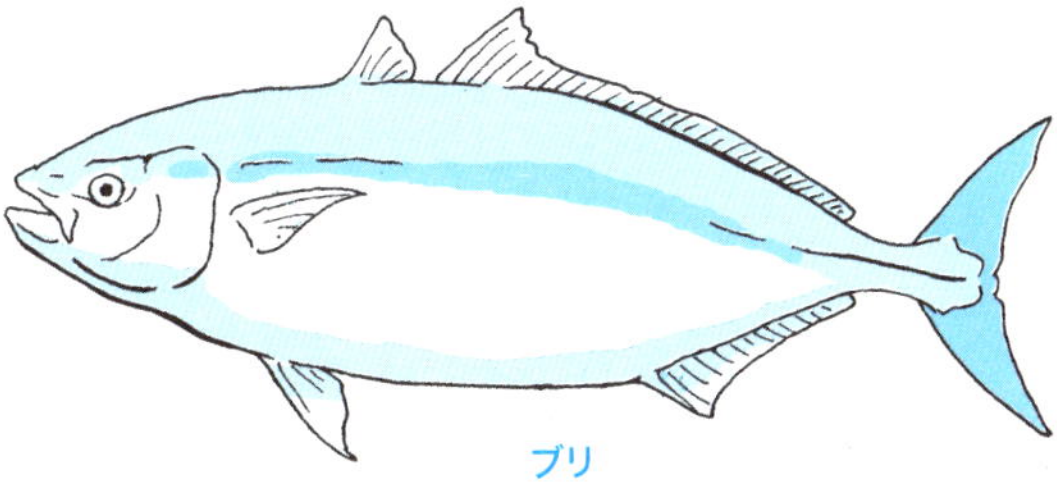

ブリ
卵は水中に産みっぱなし
約150万個

フナ
卵は水草などに付着させて産む
約9万個

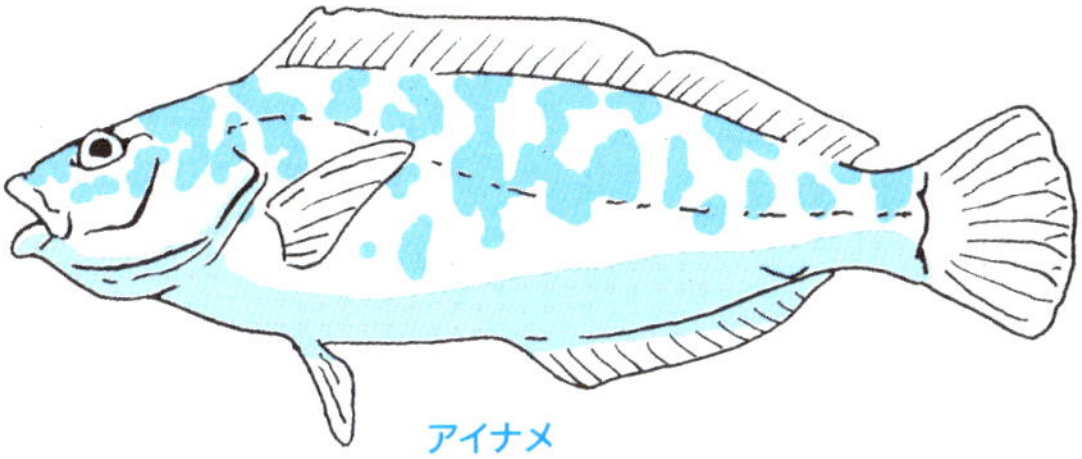

アイナメ
卵を産んだ後も世話をする
約6000個

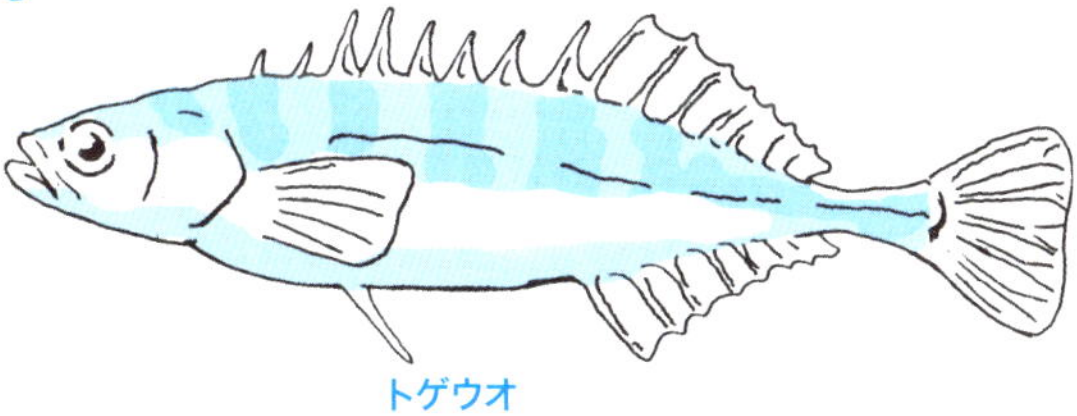

トゲウオ
巣をつくって卵を大事に守る
約100個

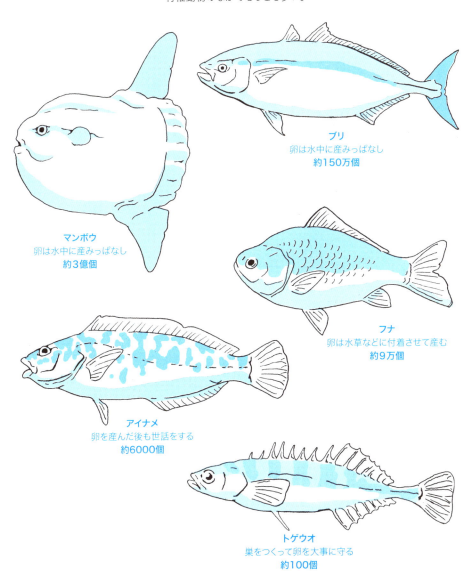

チューブワーム	Lamellibrachia sp.	*140-141*
ツノナシテッポウエビ	*Alpheus frontalis*	*118-119*
ツバサゴカイ	*Chaetopterus cautus*	*86*
ディスカス	*Symphysodon* sp.	*44-45*
テッポウウオ	*Toxotes jaculatrix*	*72-73*
テッポウエビ	*Alpheus brevicristatus*	*132-133*
デンキウナギ	*Electrophorus electricus*	*32-33*
ドウケツエビ	*Spongicola venusta*	*168-169*
トゲツノヤドカリ	*Diogenes edwardsii*	*124*
ナンヨウブダイ	*Chlorurus microrhinos*	*116-117*
ニシキカンザシヤドカリ	*Paguritta gracilipes*	*113*
ニセクロスジギンポ	*Aspidontus taeniatus*	*105*
ネオランプロローグス・ブリシャルディ	*Neolamprologus brichardi*	*22-23*
ノソブランキウス	*Nothobranchius* sp.	*14-15*
バイカル湖のヨコエビ	Gammaridea sp.	*30*
ハイギョ	Dipnoi sp.	*8-9*
ハイランドカープ	*Xenotoca eiseni*	*48-49*
ハス	*Nelumbo nucifera*	*27*
ハナデンシャ	*Kalinga ornata*	*87*
ヒイラギ	*Nuchequula nuchalis*	*84-85*
ヒカリイシモチ	*Siphamia tubifer*	*97*
ヒカリキンメダイ	*Anomalops katoptron*	*148-149*
ヒカリボヤ	*Pyrosoma* sp.	*143*
ヒカリモ	*Chromophyton vischeri*	*12-13*
ヒラタブンブク	*Lovenia elongata*	*96*
ファロステサス・クーロン	*Phallostethus cuulong*	*40-41*
フウライカジキ	*Tetrapturus angustirostris*	*146-147*
フクリンアミジ	*Rugulopteryx okamurae*	*91*
フレームスキャロップ	*Lima scabra*	*134*
ベニクラゲ	*Turritopsis nutricula*	*108-109*
ペリソーダス・ミクロレピス	*Perissodus microlepis*	*18-19*
ボウズハゲギス	*Pagothenia borchgrevinki*	*138-139*
ホタテガイ	*Mizuhopecten yessoensis*	*88*
ホタルイカ	*Watasenia scintillans*	*152-153*
ホライモリ	*Proteus anguinus*	*26*
ホンダワラ	*Sargassum fulvellum*	*79*
マガタマモ	*Boergesenia forbesii*	*128-129*
マツカサウオ	*Monocentris japonica*	*150*
マナティー	*Trichechus* sp.	*92-93*
マンボウ	*Mola mola*	*172-173*
ミジンコウキクサ	*Wolffia globosa*	*17*
ミステリークレイフィッシュ	*Procambarus fallax*	*60-61*
ミツクリエナガチョウチンアンコウ	*Cryptopsaras couesii*	*142*
ミツボシクロスズメダイ	*Dascyllus trimaculatus*	*101*
ムギツク	*Pungtungia herzi*	*50-51*
ムジナモ	*Aldrovanda vesiculosa*	*11*
無節サンゴモ	Corallinaceae sp.	*77*
ヤクチクラゲ	*Sugiura chengshanense*	*106-107*
ヨツメウオ	*Anableps* sp.	*74*
ラビリンスフィッシュ	Anabantoidei sp.	*28-29*
リオバンバフクロアマガエル	*Gastrotheca riobambae*	*68-69*
リムノネクテス・ラーヴァエパーツス	*Limnonectes larvaepartus*	*66-67*
ルソンヒトデ	*Echinaster luzonicus*	*130-131*

索 引

名前	学名	頁数
アイスランドガイ	*Arctica islandica*	158
アカククリ	*Platax pinnatus*	120
アカマンボウ	*Lampris guttatus*	136-137
アゴアマダイ	*Opistognathus hopkinsi*	126-127
アサガオガイ	*Janthina janthina*	164-165
アナハゼ	*Pseudoblennius percoides*	104
アマミホシゾラフグ	*Torquigener albomaculosus*	166-167
アヤニシキ	*Martensia jejuensis*	90
アロワナ	Osteoglossinae sp.	58-59
アンフィロフス・キトリネルス	*Amphilophus citrinellus*	24-25
イシガイ	*Unio douglasiae*	56-57
イトグサの仲間	*Polysiphonia* sp.	114-115
イトヨ	*Gasterosteus aculeatus*	38-39
イボダイ	*Psenopsis anomala*	170-171
イルカ	Odontoceti sp.	154-155
ウミシダ	Comatulida sp.	160
ウミホタル	*Vargula hilgendorfii*	83
ウミユリ	Crinoidea sp.	161
ウルシグサ	*Desmarestia japonica*	82
ウロコフネタマガイ	*Chrysomallon squamiferum*	144-145
エレファントノーズフィッシュ	*Gnathonemus petersii*	36-37
オオウキモ	*Macrocystis pyrifera*	76
オオオニバス	*Victoria amazonica*	16
オーランチオキトリウム	*Aurantiochytrium* sp.	64-65
オヨギイソギンチャク	*Boloceroides mcmurrichi*	89
カイカムリ	*Lauridromia dehaani*	159
カエルアンコウ	*Antennarius striatus*	102
カクレクマノミ	*Amphiprion ocellaris*	110
カツオノエボシ	*Physalia physalis*	162
カツオノカンムリ	*Velella velella*	163
カワゴロモ	*Hydrobryum japonicum*	62
キタゾウアザラシ	*Mirounga angustirostris*	156-157
キッシンググラミー	*Helostoma temminkii*	34-35
コパディクロミス・プレウロスティグマ	*Copadichromis pleurostigma*	20-21
コマチコシオリエビ	*Allogalathea elegans*	125
ゴマフシビレエイ	*Torpedo californica*	80-81
コモリウオ	*Kurtus gulliveri*	42-43
コリドラス	*Corydoras* sp.	46-47
サカサクラゲ	*Cassiopea ornata*	94-95
サフィリナ・アングスタ	*Sapphirina angusta*	151
サンショウモ	*Salvinia natans*	63
シンフォドゥス・オケラトゥス	*Symphodus ocellatus*	122-123
スタッグホーンハーミットクラブ	*Manucomplanus varians*	121
造礁性サンゴ	Anthozoa sp.	112
ダーウィンハナガエル	*Rhinoderma darwinii*	70-71
ダイナンギンポ	*Dictyosoma burgeri*	103
タコクラゲ	*Mastigias papua*	78
ダスキーシャイナー	*Notropis cummingsae*	52-53
タツノオトシゴ	*Hippocampus* sp.	100
タナゴ	*Acheilognathus melanogaster*	54-55
タヌキモ	*Utricularia vulgaris*	10
タマノミドリガイ	*Berthelinia schlumbergeri*	98-99

【参考文献】
『子育てする魚たち　性役割の起源を探る』海游舎　『世界の動物　原色細密生態図鑑2　魚Ⅰ』講談社
『世界の動物　原色細密生態図鑑3　魚Ⅱ』講談社　『世界の動物　原色細密生態図鑑4　両生類・爬虫類』講談社
『ふしぎ！なぜ？大図鑑　いきもの編』主婦と生活社　『小学館の図鑑NEO　魚』小学館　『釣り魚カラー図鑑』西東社
『クラゲの不思議 全身が脳になる？ 謎の浮遊生命体』誠文堂新光社　『ネイチャーウォッチングガイドブック 海藻』誠文堂新光社
『ネイチャーウォッチングガイドブック　ヤドカリ』誠文堂新光社　『ビジュアル博物館　第20巻』同朋舎
『サンゴ礁のエビハンドブック』文一総合出版　『日本クラゲ大図鑑』平凡社　『動物大百科12　両生類・爬虫類』平凡社
『動物大百科14　水生動物』平凡社　『日本動物大百科6　魚類』平凡社　『日本動物大百科7　無脊椎動物』平凡社

監　修　　武田正倫
イラスト　　川崎悟司

執筆協力　　山内ススム
デザイン・DTP　MORNING GARDEN INC.
校正　　株式会社みね工房
編集協力　　株式会社童夢

海・川・湖の
奇想天外な生きもの図鑑

2016年 4月 1日　初版第一刷発行

発行者　　澤井聖一
発行所　　株式会社エクスナレッジ
http://www.xknowledge.co.jp/
〒106-0032
東京都港区六本木 7-2-26
問合先　　編集
TEL.03-3403-1381
FAX.03-3403-1345
info@xknowledge.co.jp
販売
TEL.03-3403-1321
FAX.03-3403-1829

無断転載の禁止　本書掲載記事（本文、写真等）を当社および著作権者の許諾なしに無断で転載（翻訳、複写、データベースへの入力、インターネットでの掲載等）することを禁じます。